数据驱动下的
配电网负荷预测

国网浙江省电力有限公司经济技术研究院 / 组编

中国电力出版社
CHINA ELECTRIC POWER PRESS

内 容 提 要

本书基于电力大数据应用，提出了系统、科学的电力负荷预测方法，为配电网规划提供了可靠依据。本书共 5 章，分别为空间负荷预测与数据驱动方法发展综述、数据驱动的自下而上空间负荷预测方法、配电网新元素对负荷预测结果的影响分析、配电网近期负荷预测方法、面向综合能源系统的多能流负荷预测研究。全书内容具有前瞻性和实用性，既有深入的理论分析和技术解剖，又有典型案例介绍和应用成效分析。

本书适用于配电网规划工作的开展，可供配电网规划设计人员及专项咨询研究人员参考使用。

图书在版编目（CIP）数据

数据驱动下的配电网负荷预测 / 国网浙江省电力有限公司经济技术研究院组编. —北京：中国电力出版社，2023.2

ISBN 978-7-5198-7396-7

Ⅰ．①数… Ⅱ．①国… Ⅲ．①配电系统 – 电力负荷 – 预测 Ⅳ．①TM715

中国版本图书馆 CIP 数据核字（2022）第 243160 号

出版发行：中国电力出版社
地　　址：北京市东城区北京站西街 19 号（邮政编码 100005）
网　　址：http://www.cepp.sgcc.com.cn
责任编辑：匡　野
责任校对：黄　蓓　朱丽芳
装帧设计：王红柳
责任印制：石　雷

印　　刷：河北鑫彩博图印刷有限公司
版　　次：2023 年 2 月第一版
印　　次：2023 年 2 月北京第一次印刷
开　　本：787 毫米×1092 毫米　16 开本
印　　张：16.5
字　　数：308 千字
印　　数：0001—1000 册
定　　价：98.00 元

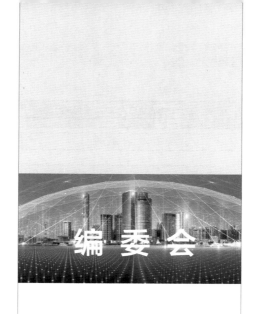

编 委 会

主　编　王　蕾

副主编　王　坤　叶承晋　戴　攀

编写组　万　灿　王洪良　孙黎滢　朱　超

　　　　　冯　昊　孙飞飞　王曦冉　但扬清

　　　　　沈志恒　邹　波　张笑弟　郑朝明

　　　　　顾益磊　何英静　兰　洲　黄晶晶

　　　　　张曼颖　胡哲晟　刘塁煜　钟宇军

　　　　　谷纪亭　孙秋洁　刘林萍　朱克平

　　　　　赵天煜　董丹煌　翁秉宇　沈舒仪

　　　　　叶玲节　李　帆　张清周

前言

　　近年来，随着经济的不断发展和社会用电需求的增长，电网最大负荷利用小时数不断上升，尖峰负荷问题日益突出，在此过程中，配电网的运行负担也在急剧加重，可控负荷等新型负荷的出现也对配电网的运行控制提出了新的要求。在实际配电网规划编制中，目前用于负荷预测的方法很多，较为新的算法主要有神经网络法、时间序列法、回归分析法、支持向量机法、模糊预测法等，但这些方法主要针对的是常规的用电负荷预测，传统负荷预测方法多关注于目标年负荷水平、特定负荷增长过程，对负荷特性各类指标变化过程涉及较少。空间负荷预测仅进行了远期饱和负荷测算，中间年的负荷预测依据饱和水平的比例给出估算结果，中间过程年负荷预测不够精细精准。多元空间负荷预测自2020年能源互联网成为热点后进入了初步研究阶段，但大多只聚焦于综合能源领域和建筑冷热负荷的预测分析，也未从受入、送出、平衡等能源平衡类型对网格的规划场景开展进一步的分析，对新型电力系统下配电网规划的支撑不足。另一方面，温控负荷、电动汽车资源、分布式电源，尤其是分布式光伏以及储能设备接入配电网的规模日益增大，极大地增加了配电网的运行与控制的不确定性。因此，亟需一本基于电力大数据应用的系统、科学的电力负荷预测方法，为后续配电规划提供可靠依据。

　　本书立足双碳目标下能源转型的背景现状，深入分析国内外负荷预测方法的合理性与完整度，利用大数据手段，研究典型用户、新能源、电动汽车负荷、5G基站负荷等多元负荷特性随时间的演变过程，提出负荷特性过程指标体系；基于数据分析，建立典型用户负荷曲线和负荷特性推演参考模型，为供电单元、供电网格内的用户负荷预测提供参考；考虑多种能源的协同互补、相互转化，提出区域多能流综合预测方法，为电网公司未来装机容量的规划提供参照。

　　虽然编写人员付出了巨大努力，但随着社会经济产业多元化发展，电力负荷新要素、新业态将层出不穷，加上编者水平有限，书中难免有不足与疏漏之处，恳请读者批评指正。

作　者

2022年11月

目 录

前言

1 空间负荷预测与数据驱动方法发展综述

　　空间负荷预测是当前配电网规划前期负荷预测的常用方法，近年来空间负荷预测发展迅速，与大数据方法结合成为了新的研究趋势，本章将围绕空间负荷预测、聚类算法以及神经网络的发展历程与现状展开。首先分析了随着电气采集、数据通信技术发展，电网数据越来越丰富的背景下，模型驱动的方法将转向数据驱动的趋势。然后介绍了空间负荷预测的发展历程与主要分析方法以及发展现状，讲述了当前空间负荷预测的主要研究方向与热点。随后，讲述了聚类算法的相关研究现状与主要方法。最后，本章还介绍了神经网络的发展现状与相关理论。

1.1　由模型驱动到数据驱动

1.1.1　模型驱动的局限性

在电力系统研究领域，数学模型的使用十分广泛。系统的数学模型是描述系统特性的一个状态函数，已经成为包含控制理论在内的众多领域科研工作的核心和基础，研究人员利用数学模型来进行电力系统中的仿真、训练、分析、监控、控制系统优化、控制器设计、故障检测等。

数学模型的使用在为这些工作提供便利的同时，也带来了一些困难。当数学模型能够被精确地建立时，可以根据所构建的数学模型来设计目标功能达到满意的规划效果或控制效果；而当数学模型与实际受控对象有一定的差异，即存在模型不确定或模型失配时，则针对数学模型设计的规划或控制策略有可能无法达到满意的性能，存在不可忽视的误差。

即使提出了一些提高数学模型鲁棒性的方案，如优化控制、综合建模策略等方法来解决模型不确定性问题，但还是只能有限地抑制一些小的模型干扰。当模型有较大偏差时，这类控制方法还是无法达到满意的控制性能或设计目标。如何实现对一些无法精确建模甚至无法建模的复杂工程系统分析和控制，成为目前各学者迫切需要解决的问题。

对于电网规划中需要的空间负荷预测而言，利用地块类型、面积，并结合环境、政策等因素实现各地块、网格的远景负荷预测，从而支撑电网的未来合理规划，尽可能提高对未来负荷发展趋势定量预测的准确性，这是空间负荷预测方法出现的目标。为了提高空间负荷预测的准确程度，通常空间负荷预测方法都设置了多级指标体系来刻画影响空间负荷预测结果的影响元素，在现实的应用中，空间负荷预测精度的提高已经为配电网规划提供了重要的数据依据与支撑，有着明显的经济效益。

空间负荷预测技术方法中，传统的基于模型驱动的方法是首先分析掌握地块等基本负荷单元的特性，建立反映地块负荷特征的指标体系与数学模型，通过映射求解对应的负荷密度与同时实现空间负荷预测的计算。由此可见，传统的空间负荷预测技术主要是基于对地块网格进行精确建模基础之上的。

然而随着如 SCADA、PMS 等数据采集管理系统的性能提高以及 5G、物联网等通信技术的整体发展，电网运行过程中能采集储存的数据越来越丰富、颗粒度越来越细致。同时，经济发展，电力先行，随着社会经济的不断发展，电力作为国民经济的晴雨表，人们对电网合理准确规划的需求也不断提高，空间负荷预测的重要性也日益突出。在此背景下，传统模型驱动的空间负荷预测方法已经遇到明显的瓶颈与局限，主要体现在以下方面：

（1）模型驱动的空间负荷预测消耗时间长、过程繁琐、消耗大量人力，需要花大量的时间对收集到的数据进行筛选整理，并根据各地域不同的环境因素、社会因素等进行负荷密度与同时率模型的描绘设计。若信息不全面、不明确，将耗费更多的时间进行建模修正与改进。

（2）模型驱动的空间负荷预测能实现的精度较低，模型驱动的方法对负荷预测的理解程度最多能达到模型设计者的理解水平，而由于模型规模的限制与理解水平的局限，设计者在进行空间负荷预测的建模过程中往往只对主要因素进行了粗略归纳，而忽视了很多影响空间负荷预测的潜在因素与细节，或由于规模、精力等限制没有纳入模型中考虑。

（3）模型驱动的空间负荷预测方法灵活性不足，模型设计完毕后想要改进或者修正，将耗费巨大的精力与时间。同时，建模以及预测过程中，繁琐的预测过程很容易导致人员的操作失误，影响整个预测结果的准确性。

1.1.2 数据驱动应运而生

配电网结构复杂，设备种类多、数量大、分布广，运行方式多变，容易受到各种外部因素的影响。随着智能电表、馈线终端单元（FTU）等设备以及配电自动化（DAS）、用电信息采集（CIS）等应用系统的大范围推广，配电网逐渐积累了海量电力数据。这些数据不仅包含配电网规划、运行、检修等主要业务信息，也直接或间接与配电网的性能和效益相关。同时，智能配电网数据来源众多，如配电管理系统（DMS）、数据采集与监视控制（SCADA）系统、生产管理系统（PMS）、地理信息系统（GIS）、电网气象信息系统等，如何有效利用电力数据对区域配电网进行客观的描述是现在需要解决的紧迫问题。

智能电网和城市规划的发展也对空间负荷预测提出了一些新的要求和挑战：① 电网精准投资对预测精度提出了更高的要求，要求负荷密度指标和同时率选取更为科学；② 用户接入、负荷控制等要求预测分辨率细化至低压层面。为分析分布式电源和电动汽车等对不同时段网供负荷影响，要求规划阶段的空间负荷预测结果需拓展至时域。③ 用电信息采集、GIS 等系统广泛应用，要求空间负荷预测与电网和现代城市中积累的大量价值数据相结合。

数据信息暴增与准确规划双重需求极大地促进了对于空间负荷预测技术的理论研究，使之成为电力系统应用领域和理论研究领域的共同主要课题。针对以上提出的空间负荷预测模型驱动过程遇到的种种困难，数据驱动的空间负荷预测在当前计算机算力不断提高的潮流下成为新兴的负荷预测手段。目前，电力系统领域数据驱动的关键技术主要包括以下几个方面：

1. 电气大数据的集成管理技术

电力数据集成管理技术主要是将不同来源、格式、特点以及性质的数据在逻辑上和综合存储介质上有机地集中，并为系统存储一系列相对稳定的、能够充分反映历史变化的数据集合。通过集成管理技术的应用，能够很好地解决内部各系统间的数据冗余以及信息孤岛。此外大数据还具备有多样化的特点，这也就意味着数据的来源需要非常的广阔，并对数据的处理工作带来了很大的挑战。为了获得良好的大数据处理效果，还需要进行数据源的抽取跟集成处理，然后在数据源中提取到一系列的实体跟关系，在经过了关联聚合之后采用统一结构进行这些数据的存储，来保障数据的可靠性。

2. 复杂数据处理技术

（1）数字化监测技术。数字化监测技术的应用能够更好地满足电力大数据的精细化管理需要，从各个方位、各个时间出发展开监测。智能电网电力大数据技术的应用能够实现电力系统的良好运行，在提高设备运行有效性的同时提高其可靠性和安全性。同时，借助电脑终端能够确保继电保护器和电气大数据编程的有效运行，方便各个节点数据的顺利接收和发送，更好地展现数字化监测技术效能。此外，数字化监测技术的应用能够对电力系统进行综合性操控，促进电力系统的良好发展。

（2）智能化数据监控技术。在 21 世纪，智能化数据监控技术被广泛应用于智能电网控制系统之中，对该系统的安全调控起到了重要作用，一般来讲，智能化数据监控系统组成部件摄像头、电缆和监视器，以此实时记录电力系统的运行状况。在智能化数据监控系统之中，摄像头作为前端设备，主要负责信息的采集，电缆属于传输设备，能够进行数据传输，监视器不仅可以发挥显示、记录作用，而且能够实施智能电网控制与处理。

（3）关系型数据库系统。在智能电网中，结构化数据依然占据绝对主体地位，这也就需要做好结构化数据的管理跟存储工作。通过数据库管理系统的应用，其还具备有使用方便以及功能强大的应用优势，并能够在多种数据环境下很好地运行。此外在智能电网的运行过程中，还有着数据繁杂的特征，这也就需要在结合电网实际运行情况的基础上进行存储数据方式的合理选择。

3. 数据分析技术

对于电力系统数据驱动技术而言，其根本驱动力在于直接将电力运行号转变为数据，然后将数据分析为信息，再通过数据信息来保障电力决策的科学性跟合理性。通过电力大数据分析技术的应用能够在智能电网运行过程中的海量数据中找出其潜在的模态跟规律，来给该电力企业的管理人员提供足够多的决策支持。在大数据研究过程中较之于传统的逻辑推理研究还存在有一定的区别，其需要就巨大数量的数据进行统计性的搜索跟分类，因为也继承了统计学科的相关特征。在相关分析的过程中，其目的在于找出各种数据集中所隐藏的关系网，并能够用来进行支持度、可信度以及兴趣度等参数相关性的有效反映。

1.2 空间负荷预测发展综述

随着负荷需求的迅速增长和配电网络的日益复杂，以及电力系统的管理由粗放型向精益化的转变，传统负荷预测方法只预测未来负荷的大小，并不给出其较为精细的位置分布。传统预测方法提供的信息无法满足规划的要求，空间负荷预测方法应运而生。

1.2.1 空间负荷预测发展历程

空间负荷预测（SLF，spatial load forecasting）概念最早由美国的 Willis 于 1983 年提出，其定义为：在未来电力部门的供电范围内，根据规划的城市电网电压水平不同，将城市用地按照一定的原则划分成相应大小的规则或不规则的小区，通过分析规划每年城市小区土地利用的特征和发展规律，进而预测相应小区中电力用户和负荷分布的位置、数量和产生时间。相较于传统预测方法，空间负荷不仅能够给出未来负荷的大小，还能够给出传统负荷预测无法提供的负荷精细位置分布。

空间负荷预测是配电网规划和城市规划的前提和基础，与城市用地规划具有紧密的联系。土地开发的现状和规划直接决定了电力负荷在地理位置、时间和数量上的分布情况。因此在空间负荷预测中，首先需要确定规划目标的土地利用规划。同时，将城市用地规划应用在电网负荷预测中，是电网规划真正具有可操作性的有效手段之一。如果电力负荷预测规划期内土地的功能用途可以确定，就能在很大程度上提高空间负荷预测的准确性。

城市规划是土地利用规划的一个重要分支，是一定时期内城市建设的总体部署，也是城市建设的管理依据，一般来说可以分为总体规划和详细规划两个阶段。城市总体规划的任务是根据城市规划纲要，综合研究和确定城市规模、性质、容量和发展形态，统筹计划城乡建设用地，合理配置城市各项基础设施，引导城市合理、良性的发展。总体规划的成果除文本和附件外，图纸也可作为空间负荷预测的重要参考，包括城市现状图、市域城镇体系规划图、道路交通规划图、城市总体规划图、各项专业规划图及近期建设规划图等。

空间负荷预测工作可与城市规划工作相结合。以主干交通线、铁路、主要街道及河流等为边界将城市分区，称为土地低分解状态，土地低分解状态适用于城市整体规划，具有可用于空间负荷预测的面积信息。将城市按小区划分叫作土地高分解状态，土地高分解状态适用于城市区域详细规划，结果适用于需要明确土地利用功能与性质的空间负荷预测方法。城市的用地根据城市规划所确定的土地利用功能与性质对土地做出划分，每块土地具有一定的用途，如用于工业生产的称为工业用地，用于绿化的称为绿地等。随着规划的深化，相应土地的用途可进一步细化。将市政规划的分类分区结果利用到空间负荷预测中，不仅能清楚确定现状年已有小区的负荷类型，而且对于规划期内新建的小区负荷类型及投产年份也有重大的参考价值。

国内关于空间负荷预测的研究起步相对较晚，最早明确使用空间负荷预测术语的文献出现在 1989 年。近 20 年来，空间负荷预测理论研究取得深入进展，地理信息系统（GIS）平台的深化应用。进一步扩展了该技术的应用范围。目前，空间负荷预测一般应用于城市电网规划中，然而随着新农村规划建设的实施，农村负荷集中度提高，也为空间负荷预测的研究提供了条件。

为了能够直观方便地看出国内外关于空间负荷预测技术的发展历程，图 1-1 给出了空间负荷预测取得重要进展的时间节点。

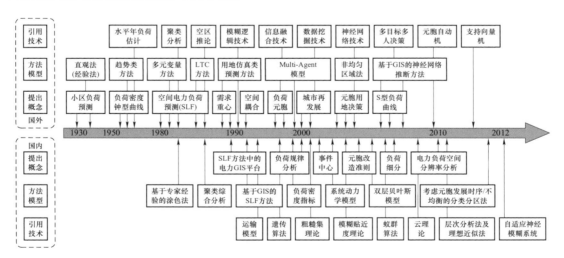

图 1-1　空间分布负荷预测技术发展重要时点和阶段性事件

现有的空间负荷预测方法有几十种之多，空间负荷预测方法根据预测过程是否可以写出解析表达式，可分为两大类：解析方法（analytic methods）和非解析方法（non-analytic methods）。非解析方法是更多地依靠规划人员的经验和主观判断来决定负荷的大小和分布，虽然在一定程度上缺乏必要的科学性，但可作为解析方法的辅助手段。解析方法是运用数学工具分析小区的各项原始数据（如：历史负荷、相关经济指标和用地数据等），进而预测小区负荷的发展趋势；按照负荷预测的原理分类，可分为用地仿真类预测法、负荷密度指标法、多变量预测法以及趋势类预测法；若从确定元胞负荷与总量负荷的先后顺序来说，可分为自上而下的预测方法和自下而上的预测方法，具体分类情况如图1-2所示。

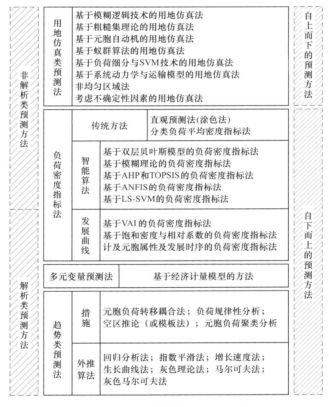

图1-2 空间负荷预测方法分类

接下来介绍空间负荷预测各方法的发展历程与大致流程。

1.2.2 空间负荷预测方法综述

1. 趋势法

趋势法是所有基于负荷历史数据外推负荷发展趋势的方法的总称，例如回归分析法、指数平滑法、灰色系统理论法、动平均法、增长速度法、马尔可夫法、灰色马尔可夫法、生长曲线法等。早在 20 世纪 70 年代，基于曲线拟合的回归分析的趋势类空间负荷预测方法已被提出，该方法利用多项式对各元胞历史负荷数据分别进行曲线拟合，通过回归分析求解待定系数，进而求出空间负荷预测结果。

当前的趋势类空间负荷预测方法，一般是在待测区域内按照变电站或馈线的供电范围生成元胞，分别研究每个元胞的历史负荷数据变化趋势，并据此外推其规划年的负荷值，进而得到规划年负荷在整个待测区域内的空间分布。其实现步骤如图 1-3 所示。

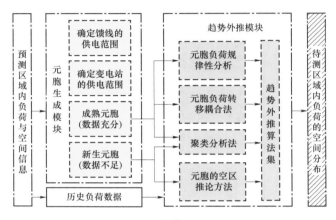

图 1-3　趋势法流程图

趋势法有两个最显著的优点：一是方法简单；二是仅需要小区负荷的历史数据，所需数据量少。趋势法虽然简单方便，数据需求量小，但是存在着一些局限：① 小区负荷通常在几年内增长到饱和，即呈 S 型增长，负荷增长曲线的平滑性和连续性都比较差；② 若估计未来小区可能是一片空地，则难以进行趋势外推；③ 在对负荷变化趋势进行预测时，不能考虑到那些"相关因素"（如：经济发展水平的变化，用地性质的变更等）；④ 小区历史负荷数据常包含馈线或变电站间的负荷转移量，不能正确地反映小区负荷的增长。

近年来趋势法的最新研究主要包含以下方面：

（1）空间负荷预测中的负荷规律性分析。针对元胞负荷的非平稳增长，即元胞的历史负荷曲线呈"S"型增长的导致预测精度不高的问题，可采用远景年（也称水平年 horizon year）负荷饱和值控制技术、元胞历史负荷进行规律性分析等方法，达到提高预测结果精度的目的。

（2）元胞负荷转移耦合法。为了消除元胞间的负荷转移给空间负荷预测带来的不利影响，可采用负荷转移耦合（load transfer coupling，LTC）法解决。

（3）元胞的空区推论方法。针对新生元胞历史负荷数据为空白或不充足的问题，可采用空区推论（VAI）法来解决。它的基本思路是：外推有历史负荷区域的负荷发展趋势，然后外推加上空白区域后的较大区域的总负荷发展趋势，最后根据两者之差推算出空区的负荷。

2. 多变量法

多元变量法简称多变量法，它是以每个元胞的年负荷峰值历史数据和其他多个能够影响到该负荷峰值变化的变量为基础，来预测目标年的元胞负荷峰值。多变量法假定同一区间的控制数据和待求数据之间存在着某种关系，通过它们之间的关系，可由历史年和未来年一系列控制数据预测待求数据。实际上，具体到空间负荷预测时，小区负荷就是待求数据，而影响其变化的相关量就是控制数据。多变量法中比较成功的是由 WileKer，Strintsis 和 Long 于 1979 年在 EPRI 的资助下开发成功的多变量预测程序。

多变量法进行空间负荷预测的基本流程如下：

首先建立用于分析每个元胞负荷发展的相关变量（介于 1～60 之间），它们分别反映人口水平、气候条件、GDP、居民消费指数、固定资产投资、产业结构等众多因素对负荷变化的影响。多元变量法把这些相关变量作为控制数据，在此基础上建立相应的外推模型来预测元胞未来年的负荷。由每个元胞的多个变量构成的"数据向量"如式（1-1）所示。

$$V_k(t) = v_{1,k}(t), v_{2,k}(t), \cdots, v_{I,k}(t) \qquad (1-1)$$

式中，$v_{i,k}(t)$ 为第 k 个元胞在 t 年的第 i 个变量，$i = 1, \cdots, I$，I 为变量总个数；$k = 1, \cdots, N$，N 为元胞总个数；其他一些变量就是负荷数据。

多变量法通过在时间序列上的一系列迭代外推来预测目标年的负荷，如式（1-2）所示。

$$V(t+a) = G[V(t), C(t+a)] \qquad (1-2)$$

式中，$V(t)$ 为包含所有 $V_k(t)$ 的向量集；$C(t+a)$ 为控制集；a 为预测迭代期；通常为 1～3 年；G 为多变量预测函数。

多变量法要求每个小区的年峰值负荷、人口、产值等历史数据，对短、中和长期预测都较适合，但存在以下缺点：

（1）对数据质和量的要求都比。影响元胞负荷变化的较多，所数太大；所使用的空间分辨率要尽可能低（即元胞面积较大），否则难以准确统计各种数据；不同空间分辨率下的数据和变量之间也很难交互使用。

（2）很难对初生元胞进行预测。由于初生元胞内原来是空地，或者才出现电力用户不久，无法获得足够的各种原始数据实现外推算法，所以很难利用本方法对初生元胞进行预测。

（3）有效预测期较短。从多元变量法的原理来看，可知对每个元胞的负荷峰值和相关变量进行综合地趋势外推是该方法的一个重要环节，其中预测迭代期一般取 1~3 年，即该方法的有效预测期就是 1~3 年。

总之，因为多元变量法的可操作性差，预测精度也不高，所以国内外学者对其研究相对较少，甚至有文献指出其在 20 世纪 80 年代已被逐步淘汰。但是随着"大数据时代"的到来，重新激活多元变量法还是大有可能的。

3. 负荷密度指标法

负荷密度指标法一般先把负荷分类（如居民、商用、市政、医疗等），然后在待预测区域内按功能小区边界生成元胞，通过预测分类负荷的负荷密度，根据小区面积构成，计算出各个小区的负荷值。在该方法中，所有小区相同性质的负荷做统一处理，这样所有小区的同类负荷聚合为一大类，整个供电区域内小区负荷预测就可归结为各大类负荷及其分布的预测。该类方法的核心就是在各类用地面积及其位置已知的条件下，求取分类负荷密度指标。因该方法先对负荷分类，后给待测地块分区（即生成元胞），故又称之为分类分区法。负荷密度指标法实现的流程图如图 1-4 所示。

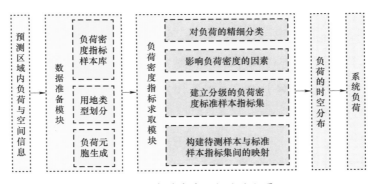

图 1-4　负荷密度指标法流程图

该类方法的思路是，首先通过大量调研，搜集并整理相关数据，对负荷进行精细分类，形成尽可能全面的负荷密度指标样本库，并按类确定影响负荷密度的主要因素，构建分级的负荷密度标准样本指标集；然后在待预测区域内按照功能小区的边界生成元胞；最后根据已经规划好的用地信息及元胞的输入特性，对各元胞进行正确的属性分类，并与标准样本指标集相对照，从而获取各元胞的负荷密度指标。

负荷密度指标法具有简单方便，计算量小，基础数据易获得，易于适应城市规划方案的变化和灵活性强等优点，但存在以下局限性：

（1）负荷密度的取值容易受人为因素影响，分类分区预测法通过简单的修正来弥补采用统一负荷密度的误差，规划结果比较粗略；

（2）对于缺乏历史数据的新区进行负荷密度预测，往往不能得到满意的结果；

（3）分类分区预测法是一种自下而上的预测方法，它是直接针对规划区域内各个小区进行研究，使得各个小区预测结果的叠加很难与系统负荷相匹配。

4. 用地仿真法

用地仿真类空间负荷预测法是通过分析土地利用的特性及发展规律，来预测土地的使用类型、地理分布和面积构成，并在此基础上将土地使用情况转化为空间负荷。其具体做法通常是将预测区域划分为大小一致的网格，每个网格为一个元胞，通过分析它的空间数据及相关信息，将其空间属性与用地需求相匹配，以评分的方式对各元胞适合于不同用地类型发展的程度进行评价。同时，结合整个预测区域的总量负荷预测结果与分类负荷密度预测结果，推导出未来年各用地类型的使用面积。根据元胞用地评分，建立用地分配模型，将分类土地使用面积分配到各元胞内，得到预测区域用地分布预测结果，结合分类负荷密度预测值，从而求出空间负荷分布，进而还可得到预测区域内匹配后的系统负荷。

用地仿真法的流程图如图 1－5 所示。

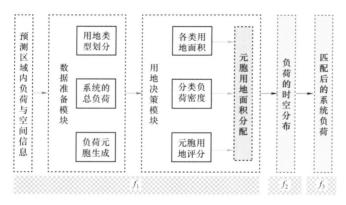

图 1－5　用地仿真法流程图

由于早期的仿真法要求收集小区用地的历史资料，为了获得这些基础数据，1977 年出现了利用土地卫星摄影照片获取历史年和现状年城市土地资料的方法，为土地资料的获取和仿真方法的使用奠定了基础。目前国内众多学者也常采用用地仿真法来解决空间负荷预测问题，且大都一致地选用 GIS 为该方法的数据存储管理平台，利用其强大的空间数据管理能力及网络拓扑功能对预测过程所需的大量空间数据进行存储。

用地仿真法具有以下优点：① 由于系统负荷预测的方法较多，精度也较好，而且城市的接入电网（输电系统和子输电系统）都是根据系统负荷进行规划的，所以用地仿真法能充分利用系统负荷预测的结果，并在此基础上预测未来配电网负荷的空间分布。② 用地仿真法采用用地仿真模型和负荷模型两个因素来详细分析影响负荷增长的原因。其中：用地仿真模型描述由于用户数目及位置发生变化而引起的电力负荷分布变化；负荷模型描述了每个用户的电力负荷变化。③ 由于用地仿真法适于进行多方案研究，可以模拟每个小区的未来发展，预测精度较高，能满足长期规划的目的。

但是，用地仿真法也存在以下缺点：① 用地仿真法在应用时需要收集各小区用地的历史资料，且数据比较繁多、计算量较大，这就成为了阻碍用地仿真法应用的一个瓶颈。② GIS 的引入解决了用地仿真法在数据存储和计算方面的缺陷，但是这类方法是基于模拟小区未来用地类型的发展来进行的，不适用于在土地交易自由度小的地区进行预测。

1.2.3　空间负荷预测发展现状

近几年，国内外相关研究人员在基本模式的基础上提出了一些新的空间负荷预测方法，其中大多是运用不同的智能方法来确定小区未来的土地使用决策，如：基于模糊推理理论的空间负荷预测、基于粗糙集理论的空间负荷预测、基于元胞自动机理论的空间负荷预测，随着计算机技术的发展，地理信息系统也被引入到空间负荷预测的研究中来。也有研究人员针对各种土地类型负荷密度进行了研究。通过对这些方法的分析，可以为进一步研究和发展空间负荷预测技术，提高预测结果的准确性奠定基础。

虽然对空间负荷预测的研究已经取得了许多成果，但这些成果主要集中于预测的方法，而具体预测方法的提出和实现势必会受到所使用的基础数据、应用的环境与条件、预测的空间误差及其评价标准等因素的影响和制约，所以在空间负荷预测领域仍有很大的研究空间值得去深入探索。

1. 空间负荷预测所需基础信息和数据的优化整合

空间负荷预测所需基础信息和数据比较庞杂，来源不同，门类性质各异，但都会不同程度地决定着空间负荷预测目标的确定、预测模型的建立、预测方法的选用或提出、预测结果的精度及评判，因此必须解决如何有效整合、合理利用这些信息和数据的问题，即不但要知道空间负荷预测所需各类信息和数据有哪些，更需要明确它们之间在空间负荷预测过程中的相互匹配关系，并以此为线索来探寻怎样合理地组织和使用它们，形成相应的优化整合技术，从而更好地满足空间负荷预测的要求。

2. 确定空间负荷预测所需的电力负荷空间分辨率

在空间负荷预测过程中，如何生成元胞（划分供电小区）是一个至关重要的问题，它决定了可以对电力负荷的历史数据或预测结果进行可信分析的最佳单位空间。

3. 空间电力负荷规律性分析与多场景分析

对空间电力负荷规律性的分析，就是在研究负荷自身的本质属性，即其内在固有的东西，如果能够把握好负荷的规律性，那么就能够保证预测的准确性。然而，空间电力负荷的数据处理量大，随着空间分辨率的提高，系统中供电小区的数目越来越多，可谓量大面广，各个供电小区的负荷变化规律又有其各自的特点，预测人员难以逐一深入分析其特点。所以，需进一步开展多尺度空间分辨率下的电力负荷规律性研究。对于重大的不确定性因素给空间负荷预测带来的不利影响，则可利用多场景分析技术来解决。

4. 基于多尺度空间分辨率的电力负荷多级协调

无论采用自上而下的空间负荷预测方法，还是采用自下而上的空间负荷预测方法，都面临着不同尺度空间分辨率下的电力负荷多级协调问题。所以，不但需要开展与不同层级电力设备供电范围对应的空间分辨率下的空间负荷预测方法，而且还需要努力揭示各尺度空间分辨率下电力负荷总量之间内在的关联关系，以多尺度空间分辨率匹配原则为基础，从时间维度和空间维度考察负荷水平，分别建立总量负荷可信度模型和元胞负荷可信度模型，最终构造出负荷的多级协调指标。

5. 空间负荷预测的方法、模型和模式

如前所述，已有的空间负荷预测方法众多，能否在全面权衡和比较之后，指出在什么场合下，推荐使用哪一种或几种空间负荷预测方法呢？对此，通过对空间负荷预测的预测模式开展研究可以得出答案。这里所谓空间负荷预测的预测模式是一种参照性指导方略，是解决空间负荷预测类问题的方法论，它标志了各预测要素之间隐藏的规律关系，而这些预测要素并非必须是基础数据、预测方法、预测模型，也可以是数据、方法、模型之间的匹配关系，甚至是思维的方式。在正确预测模式的指导下，不但能从已有空间负荷预测方法中选用最适宜者，而且还可能提出在某种条件下更为有效的空间负荷预测新方法。

6. 构建空间负荷预测结果的空间预测误差评估体系

在预测后的误差评估方面，以往通常只做负荷数值大小的统计性分析，而很少顾及不同误差空间分布的影响，因此缺乏有效的与城市电网规划相结合的空间预测误差评估体系。对于空间负荷预测而言，因其预测结果中特有的二元性质（即幅值大小和空间位置），更使得对空间预测误差的评判增加了很大的难度，仅仅计算预测结果的相对误差、绝对误差、绝对误差平均值、绝对误差方均根值来评价预测效果是不够充分的。

1.3 聚类算法发展综述

数据挖掘技术（data mining）是从大量的、不完全的、有噪声的、模糊的、随机的实际应用数据中，发现并提取隐含在其中未知的、可信的、有用的模式的过程。目前，数据挖掘已广泛应用于大中型企业、商业、银行、保险、医学等领域，成为未来 3～5 年内对工业有重大影响的关键技术之一。

聚类是将物理或抽象对象的集合组成为由类似的对象组成的多个类的过程。由聚类所组成的簇是一组数据对象的集合，这些对象与同一簇中的对象彼此类似，与其他簇中的对象相异。在许多应用中，可以将一些簇中的数据对象作为一个整体来对待。

聚类是研究数据间逻辑上或物理上的相互关系的技术，其分析结果不仅可以揭示数据间的内在联系与区别，还可以为进一步的数据分析与知识发现提供重要依据。它是数据挖掘技术中的重要组成部分。作为统计学的重要研究内容之一，聚类分析具有坚实的理论基础，并形成了系统的方法学体系。

聚类的一般步骤的细节如下：

（1）特征选择。必须适当地选择特征，尽可能多地包含任务关心的信息。在特征中，信息多余减少和最小化是主要目的。

（2）相似性度量。用于定量度量两个特征向量之间如何"相似"或"不相似"。一个简单的度量如欧氏距离经常被用来反映两个特征向量之间的非相似性。

（3）聚类算法。已经选择了合适的相似性度量，这步涉及选择特定的聚类算法，用于揭示数据集中的聚类结构。

（4）结果验证。一旦用聚类算法得到结果，就需要验证其正确性。

（5）结果判定。在许多情况下，应用领域的专家必须用其他实验数据和分析判定聚类结果，最后做出正确的结论。

1.3.1 聚类算法发展现状

聚类分析有很多种算法，每种算法都是优化了某一方面或某几方面的特征。聚类算法的优劣标准本身就是一个值得研究的问题，对于聚类的评价有不同的标准。现在通用的聚类算法都是从几个方面来衡量的，而没有完全使用量化的客观标准。聚类的主要标准如下：

（1）处理大的数据集的能力。

（2）处理任意形状，包括有间隙的嵌套的数据的能力。

（3）算法处理的结果与数据输入的顺序是否相关，也就是说算法是否独立于数据输入顺序。

（4）处理数据噪声的能力。

（5）是否需要预先知道聚类个数，是否需要用户给出领域知识。

（6）算法处理有很多属性数据的能力，也就是对数据维数是否敏感。

传统聚类算法主要有划分方法、层次方法、基于密度的方法、基于网格的方法、基于模型的方法、基于约束的方法等。

划分方法：给定一个包含 n 个数据对象的数据集，划分法构建数据的 k 个划分，每个划分表示一个类，并且 $k \leqslant n$。同时满足如下的要求：① 每个组至少包含一个对象；② 每个对象属于且仅属于一个组。给定要构建的划分的数目 k，创建一个初始划分。然后采用一种迭代的重定位技术，尝试通过对象在划分间移动来改进划分。其代表算法有 K – MEANS、K – MEDOIDS、大型数据库划分方法（CLARANS）等。

其中 K – MEANS 聚类算法是一种经典的聚类算法，其主要思想是找出数据集的类中心，把数据集划分为多个类，使得数据集中的数据点与所属类的类中心的相异程度之和最小。该算法的缺点是对初值敏感，优点是算法简单易于实现。

若要将集合中的元素根据相似程度划分为 k 个类别，实现的算法如下：

第一步，从集合中随机取 k 个元素，作为 k 个簇的各自的中心；第二步，分别计算剩下的元素到 k 个簇中心的相异度，将这些元素分别划归到相异度最低的簇；第三步，根据聚类结果，重新计算 k 个簇各自的中心，计算方法是取簇中所有元素各自维度的算术平均数；第四步，将集合中全部元素按照新的中心重新聚类；第五步，重复第四步，直到聚类结果变化量小于阈值，输出结果。

层次方法：层次聚类算法通过递归地对对象进行合并或者分裂，直到满足某一终止条件为止。层次聚类的结果可用谱系图或二分树表示，树中的每个节点都是一个聚类，下层的聚类是上层聚类的嵌套，每一层节点构成一组划分。

根据谱系图生成的顺序，算法可分为合并型层次聚类算法和分解型层次聚类算法。合并型层次聚类算法是一种自底向上方法，将每个对象看作是一个聚类，把它们逐渐合并成越来越大的聚类。在每一层中，根据一些规则相距最近的两个聚类被合并，直到满足预设的终止条件。相反，分解型层次聚类是自顶向下的方法，首先将所有对象作为一个聚类，然后将其逐渐分解成更小的聚类，直到达到终止条件。

采用最小距离的凝聚层次聚类算法流程为：首先，将每个对象看作一类，计算两两之间的最小距离；其次，将距离最小的两个类合并成一个新类；接着重新计算新类与所有类之间的距离；最后，重复 A、B，直到所有类最后合并成一类。

层次方法中代表算法有 BIRCH、CURE、ROCK、CHAMELEON 算法等。

基于密度的方法：绝大多数划分方法基于对象之间的距离进行聚类，这样的方法只能发现球状的类，而在发现任意形状的类上有困难。因此，出现了基于密度的聚类方法，其主要思想是：只要邻近区域的密度（对象或数据点的数目）超过某个阈值，就继续聚类。也就是说，对给定类中的每个数据点，在一个给定范围的区域内必须至少包含某个数目的点。这样的方法可以过滤"噪声"数据，发现任意形状的类。但算法计算复杂度高，一般为 $O(n^2)$，对于密度分布不均的数据集，往往得不到满意的聚类结果。其代表算法有DBSCAN、OPTICS 和 DENCLUE 等。

基于网格的方法：基于网格的方法把对象空间量化为有限数目的单元，形成一个网格结构。所有的聚类操作都在这个网格结构（即量化空间）上进行。这种方法的主要优点是它的处理速度很快，其处理速度独立于数据对象的数目，只与量化空间中每一维的单元数目有关。但这种算法效率的提高是以聚类结果的精确性为代价的。它的代表算法有 STING、CLIQUE、WAVE–CLUSTER 等。

基于模型的方法：基于模型的聚类算法为每簇假定了一个模型，寻找数据对给定模型的最佳拟合。一个基于模型的算法通过构建反映数据点空间分布的密度函数来定位聚类。基于模型的聚类试图优化给定的数据和某些数据模型之间的适应性。这样的方法经常是基于这样的假设：数据是根据潜在的概率分布生成的。基于模型的方法主要有两类：统计学方法和网络神经方法。其中，统计学方法有 COBWEB 算法，网络神经方法有 SOM 算法。

其中，SOM 算法假设在输入对象中存在一些拓扑结构或顺序，可以实现从输入空间（n维）到输出平面（2 维）的降维映射，其映射具有拓扑特征保持性质，与实际的大脑处理有很强的理论联系。SOM 网络包含输入层和映射层。输入层对应一个高维的输入向量，映射层的神经元相互连接，构成 2 维网格，映射层同时通过权重向量与所有输入神经元相连。学习过程中，找到与之距离最短的输出层单元，即获胜单元，对其更新。同时，将邻近区域的权值更新，使输出节点保持输入向量拓扑特征。其算法流程为：首先建立 SOM 网络，并对其进行初始化，对输出层每个节点权重赋初值；然后从输入样本中随机选取输入向量，找到与输入向量距离最小的权重向量；定义获胜单元，在获胜单元的邻近区域调整权重使其向输入向量靠拢；提供新样本、进行训练；最后，收缩邻域半径、减小学习率、重复，直到小于允许值，输出聚类结果。

基于约束的方法：真实世界中的聚类问题往往是具备多种约束条件的，然而由于在处理过程中不能准确表达相应的约束条件、不能很好地利用约束知识进行推理以及不能有效利用动态的约束条件，使得这一方法无法得到广泛的推广和应用。这里的约束可以是对个体对象的约束，也可以是对聚类参数的约束，它们均来自相关领域的经验知识。该方法的一个重要应用在于对存在障碍数据的二维空间数据进行聚类。COD（clustering with obstructed distance）就是处理这类问题的典型算法，其主要思想是用两点之间的障碍距离取代了一般的欧氏距离来计算其间的最小距离。

近年来，通过数学工具的不断改进和革新，涌现了新的一批聚类算法，如基于模糊的聚类方法、基于粒度的聚类方法、量子聚类、核聚类、谱聚类等。

基于模糊的聚类方法：传统的聚类分析是一种"硬"聚类（crisp clustering）方法，隶属关系采用经典集合论中的要么属于要么不属于来表示，事物之间的界限有着截然不同的区别。然而，现实生活中很多事物特征无法给出一个精确的描述，这样的分类判别是经典分类解决不了的问题。模糊聚类分析方法为解决此类问题提供了有力的分析工具。该方法把隶属关系的取值扩展到 [0，1] 区间，从而更合理地表示事物之间存在的中介性。

伴随着模糊聚类理论的形成、发展和深化，针对不同的应用，人们提出了很多模糊聚类算法，比较典型的有基于目标函数的模糊聚类方法、基于相似性关系和模糊关系的方法、基于模糊等价关系的传递闭包方法、基于模糊图论的最小支撑树方法，以及基于数据集的凸分解、动态规划和难以辨别关系等方法。其中最受欢迎的是基于目标函数的模糊聚类方法，其中，FCM 算法的理论最为完善、应用最为广泛。算法引入隶属度函数来对数据初始聚类中心进行软划分，不但可以避免陷入局部最优解，而且能够更客观地反映聚类结果，因此在负荷特性分类中等许多领域得到了广泛应用。

算法实现步骤如下：第一步，标准化数据矩阵；第二步，建立模糊隶属矩阵和聚类中心矩阵，并对聚类中心矩阵进行初始化，完成始代的分类；第三步，由上一代的分类结果更新隶属矩阵和聚类中心矩阵，迭代至目标函数收敛到极小值；第四步，根据迭代结果，由最后的隶属矩阵确定数据所属的类，显示最后的聚类结果。

基于粒度的聚类方法：从表面上看，聚类和分类有很大差异——聚类是无导师的学习，而分类是有导师的学习。具体说来，聚类的目的是发现样本点之间最本质的抱团性质；分类需要一个训练样本集，由该领域的专家指明，而分类的这种先验知识却常常是主观的。如果从信息粒度的角度来看，就会发现聚类和分类的相通之处：聚类操作实际上是在一个统一粒度下进行计算的；分类操作是在不同粒度下进行计算的。在粒度原理下，聚类和分类的相通使得很多分类的方法也可以用在聚类方法中。作为一个新的研究方向，虽然目前粒度计算还不成熟，尤其是对粒度计算语义的研究还相当少，但是相信随着粒度计算理论本身的不断完善和发展，在今后几年，它将在数据挖掘中的聚类算法及其相关领域得到广泛应用。

量子聚类：在现有的聚类算法中，聚类数目一般需要事先指定，如 KOHENON 自组织算法、K－MEANS 算法和模糊 K－MEANS 聚类算法。然而，在很多情况下类别数是不可知的，而且绝大多数聚类算法的结果都依赖于初值，即使类别数目保持不变，聚类的结果也可能相差很大。受物理学中量子机理和特性启发，可以用量子理论解决此类问题。一个很好的例子就是基于相关点的 Pott 自旋和统计机理提出的量子聚类模型。它把聚类问题看作一个物理系统。并且许多算例表明，对于传统聚类算法无能为力的几种聚类问题，该算法都得到了比较满意的结果。

量子力学研究的是粒子在量子空间中的分布，聚类是研究样本在尺度空间中的分布情况。很多文献对量子聚类（quantum clustering，QC）算法进行了深入的研究，并应用于生物信息学的研究。QC 算法不需要训练样本，是一种无监督学习的聚类方法。又因为它是借助势能函数，从势能能量点的角度来确定聚类中心的，所以它同样是基于划分的。实践已经证明 QC 算法有效。

核聚类：核聚类方法增加了对样本特征的优化过程，利用 Mercer 核把输入空间的样本映射到高维特征空间，并在特征空间中进行聚类。核聚类方法是普适的，并在性能上优于经典的聚类算法，它通过非线性映射能够较好地分辨、提取并放大有用的特征，从而实现更为准确的聚类；同时，算法的收敛速度也较快。在经典聚类算法失效的情况下，核聚类算法仍能够得到正确的聚类。

通过近年来对核聚类的积极研究，许多基于核的聚类算法不断涌现，诸如支持向量聚类，基于核的模糊聚类算法，基于模糊核聚类的 SVM 多类分类方法，一种硬划分的核聚类算法，进一步又提出了模糊核聚类算法，并将模糊核聚类算法推广到分类属性的数据中。而核聚类的研究为非线性数据的有效处理带来了突破口，也拓宽了本领域的研究范围。

谱聚类：传统的聚类算法，如 K－MEANS 算法、EM 算法等都是建立在凸球形的样本空间上，但当样本空间不为凸时，算法会陷入局部最优。为了能在任意形状的样本空间上聚类，且收敛于全局最优解，学者们开始研究一类新型的聚类算法，称为谱聚类算法（spectral clustering algorithm）。该算法首先根据给定的样本数据集定义一个描述成对数据点相似度的亲合矩阵，并计算矩阵的特征值和特征向量，然后选择合适的特征向量聚类不同的数据点。谱聚类算法最初用于计算机视觉、VLSI 设计等领域，最近才开始用于机器学习中，并迅速成为国际上机器学习领域的研究热点。

谱聚类算法建立在图论中的谱图理论基础上，其本质是将聚类问题转化为图的最优划分问题，是一种点对聚类算法，对数据聚类具有很好的应用前景。但由于其涉及的理论知识较多，应用也还处于初级阶段，因此国内这方面的研究报道非常少。

在聚类分析中，除了聚类算法，距离函数、类目数的确定和算法评估也是其中关键问题。

距离函数：数据点间亲密度或距离如何定义直接影响着聚类结果能否正确获得。对于很多数据集，用欧氏距离作为定义数据点间亲密度的基础，即可获得较好的聚类结果。可以说欧氏距离是聚类分析中最为常见的数据点间距离定义方法（或数据点间亲密度定义的基础）。另外常见的"距离函数"定义还有皮尔森相关距离、Minkowski 距离、Mahalanobis 距离、余弦距离等。

距离函数的定义要具体问题具体分析，不一定要满足度量公理，如可以是广义距离，也可以是某些距离的组合。距离函数定义得是否合适，直接影响着最终的聚类结果是否正确。

类数目的确定：一个数据集的数据点可以分为多少个类（子结构），一直是聚类分析的一个研究热点，目前为止，还没有一个很好的办法可以保证获得准确的类数目，这是聚类分析中一个较为关键和困难的问题。通常确定类数目的方法是：先提出衡量数据集分类结果好坏的评估指标可能只有一个也可能有多个，然后对于类数目 r 从最小值（通常可设为 2）开始，到用户设定的最大类数目结束进行循环，对这个过程中的每个给定的类数目 r，执行 k 次聚类算法。运行 k 次是因为聚类算法多含有参数，对参数取不同的参数值可获得不同聚类结果。然后以类数目 r 为横坐标，以对应于类数目 r 的不同参数值聚类结果中计算得到的最优值作为纵坐标，类目数为横坐标形成折线或曲线，若此曲线关于类数目并非单调曲线，则选择曲线值最大值（或最小值）所对应的 r 值作为"正确"的类目数。若曲线单调，则选择曲线上局部地区值有意义的突变点处所对应的类数目作为"正确"的类数目。然后通过 gap statistic 的优化来估计正确的类数目这一方法。另外一种情形是算法的参数集中并没有类数目 r 这一参数，此时选择在参数集变化范围内始终保持类数目值不变的最大子参数范围对应的类数目作为正确的类数目。在类数目的确定过程中，有时往往需要计算多个不同定义的值来综合考虑分析，以得出较合理的类数目。

算法评估：评价聚类算法的优劣性。由于聚类结果遵循的一个原则是"类内相似度尽可能大，而类间相似度尽量小"，因此很多对聚类算法的评估方法都是基于这一原则的。通常通过计算量化值来衡量分类结果符合上述原则的程度，从而对算法作出优劣性的评估。

1.3.2 聚类有效性评价研究现状

到目前为止，研究者们已经提出了很多聚类算法。这些聚类算法中，大部分算法需要预先给定聚类数，才能对样本进行聚类分析。而如何得到最佳聚类数，一直是聚类有效性研究的重要课题。聚类有效性是指对聚类结果进行评价以确定最适合特定数据集的划分和评判所得结果是否是有效的、正确的。其主要内容包括已知聚类数情况下比较不同聚类算法的聚类结果优良程度和聚类数未知时评价同一聚类算法在不同聚类数条件下聚类结果的差异，后者可以用于选取数据集的最佳聚类数。

聚类有效性的评价标准有两种：一是外部标准，它借助外部的参考标准，比如已知数据集的聚类结构和类标，通过测量聚类结果与参考标准的一致性来评价聚类结果的优良程度，其测度称为外部有效性指标；另一种是内部标准，指只依据数据集本身和利用聚类结果的统计特征对聚类结果进行评价，其测度称为内部有效性指标。两种指标统称为有效性指标。其中，外部指标用于结果评定和比较不同聚类算法的性能，通常用来评价聚类算法的性能；内部指标用于评价同一聚类算法在不同聚类数条件下聚类结果的优良程度，通常用来确定数据集的最佳聚类数。

1. 外部有效性指标

常用的外部有效性指标有 Rand 指标、Adjusted Rand、Jaccard 指标和 Fowlkes – Mallows 指标。这些指标将聚类算法产生的聚类结果与数据集的真实划分情况进行比较，评估聚类结果的质量和聚类算法的性能。有关这四个指标的定义大致描述如下。

考虑由特定的聚类算法在数据集 X 上运行得到的聚类结果 $C = \{c_1, \cdots, c_m\}$ 与独立于 C 的数据集的真实划分 $P = \{P_1, \cdots, P_s\}$，C 中的聚类数 m 与 P 中的组数 s 不一定相同。考虑数据集中的一对样本 (x_v, x_u)，我们称这对样本为：

（1）SS，如果这两个样本属于 C 中同一个聚类，同时也属于 P 中同一个组；

（2）SD，如果这两个样本属于 C 中同一个聚类，但属于 P 中不同的组；

（3）DS，如果这两个样本属于 C 中不同的聚类，但属于 P 中同一个组；

（4）DD，如果这两个样本不属于 C 中同一个聚类，也不属于 P 中同一个组。

设 a、b、c 和 d 分别为 X 中属于 SS、SD、DS 和 DD 的样本对的个数，M 为 X 中所有

可能的样本对的个数，则有 $M=a+b+c+d$，即 $M=N（N-1）/2$，N 为数据集中的样本数。这样就可以定义测量 C 与真实划分 P 的匹配程度的统计指标。

（1）Rand 统计

$$R=(a+d)/M$$

（2）Adjusted Rand 统计

$$AR=\frac{2(Ma-(a+b)(a+c))}{M(2a+b+c)-2(a+b)(a+c)}$$

（3）Jaccard 系数

$$J=a/(a+b+c)$$

（4）Fowlkes－Mallows 指标

$$FM=\sqrt{\frac{a}{a+b}\frac{a}{a+c}}$$

2. 内部有效性指标

通常内部有效性指标可分为三种类型：基于数据集模糊划分的指标、基于数据集样本几何结构的指标和基于数据集统计信息的指标。其中，基于数据集模糊划分的指标主要对模糊聚类算法的聚类结果进行评估，本文针对硬聚类算法的聚类结果进行评价，因此主要研究基于数据集样本几何结构的指标和基于数据集统计信息的指标。常用的内部有效性指标有 Silhouette 指标、Davies－Bouldin 指标、Calinski－Harabasz 指标、Krzanowski－Lai 指标。以上指标都是基于数据集样本几何结构的指标。这些指标不依赖外部的参考标准，只依据数据集本身和聚类结果的统计特征对聚类结果进行评估，并可以根据聚类结果的优劣选取最佳聚类数。这些指标的具体情况说明如下：

（1）Silhouette（Sil）指标。

Sil 指标反映了聚类结构的类内紧密性和类间分离性，既可用于评价聚类质量，也可用于估计最佳聚类数、指标的值在［-1，1］范围内变动，所有样本的平均 Silhouette 指标值越大表示聚类质量越好，其最大值对应的类数为最佳聚类数。设 $a(i)$ 为样本 i 与类内所有其他样本的平均距离，$b(i)$ 为样本 i 到其他每个类中样本平均距离的最小值。Silhouette 指标定义为：

$$Sil(i)=\frac{b(i)-a(i)}{\max\{a(i),b(i)\}}$$

（2）Davies－Bouldin（DB）指标。

DB 指标是基于样本的类内散度与各聚类中心间距的测度，进行类数估计时其最小值对应的类数作为最佳聚类数。该指标不适用于聚类数为 1 的情况。设 W_i 表示聚类 C_i 的所有样本到其聚类中心的平均距离，C_{ij} 表示聚类 C_i 和聚类 C_j 中心之间的距离，则 DB 指标定义为：

$$DB(k) = \frac{1}{k}\sum_{i=1}^{k}\max_{j=1\sim k, j\neq i}\left(\frac{W_i + W_j}{C_{ij}}\right)$$

（3）Calinski－Harabasz（CH）指标。

CH 指标是基于全部样本的类内离差矩阵和类间离差矩阵的测度，其最大值对应的类数作为最佳聚类数。该指标不适用于聚类数为 1 的情况。设 k 表示聚类数，$trB(k)$ 与 $trW(k)$ 分别表示类间离差矩阵的迹和类内离差矩阵的迹。CH 指标定义为：

$$CH(k) = \frac{trB(k)/(k-1)}{trW(k)/(n-k)}$$

（4）Krzanowski－Lai（KL）指标。

KL 指标是基于全部样本的类内离差矩阵的测度，其最大值对应的类数作为最佳聚类数。该指标不适用于聚类数为 1 的情况。设 $trW(k)$ 表示类内离差矩阵的迹，KL 指标定义为：

$$KL(k) = \left|Diff(k)\right|/\left|Diff(k+1)\right|$$
$$Diff(k) = (k-1)^{2/p}trW(k-1) - k^{2/p}trW(k)$$

1.4 神经网络发展综述

1.4.1 神经网络发展现状

人工神经网络是由大量处理单元互联组成的非线性、自适应信息处理系统，通过模拟大脑神经网络处理、记忆信息的方式进行信息处理，具有非线性、自适应性、容错性、非凸性等特点。它不仅具有一般非线性系统的共性，而且还具有高维性、神经元间的广泛互联性等自己的特点。

神经网络中存在两种动力学过程：

一类是神经网络的计算过程，即活跃状态的模式变换过程，也称之为快过程。神经网络在输入的影响下进入一定的状态，由于神经元之间相互联系以及神经元本身的动力学性质，这种外界刺激下的兴奋模式会迅速地演变为平衡状态。这样，具有特定结构的神经网络就可以定义为一类模式变换，而计算（知觉）过程就是通过这类模式变化实现的。快过程是短期记忆的基础，从输入态到它邻近的某平衡态的映射是多对一的映射关系。这种关系可用来实现联想存储等功能，这种信息的存取方法具有一定的推广能力，即可把一组邻近的输入态映射到统一平衡态中去。

另一类是慢过程，即神经网络的学习过程。在该动力学过程中，神经元之间的连接强度将根据环境信息发生缓慢的变化，将环境信息逐步存储于神经网络中，这种由于连接强度的变化而形成的记忆是长久的，称之为长期记忆。慢过程的目标不是寻求某个平衡态，而是希望形成一个具有一定结构的自组织系统，这个自组织神经网络与环境的交互作用，把环境的统计规律反映到自身结构上来。即通过与外界环境的相互作用，从外界环境中获取知识。

作为一种基于自然的计算技术，神经网络已经广泛应用于许多领域，如控制、预测、优化、系统辨识、信号处理和模式识别等。经过多年研究，针对不同的应用范围目前已经形成了多种神经网络算法，根据网络结构划分，可分为前馈和反馈神经网络；根据函数逼近功能来分，可分为全局逼近网络和局部逼近网络。

由于人工神经网络具有不需要建立复杂系统的显式关系式、可处理信息不完全状况下的预测问题、大规模并行预测速度快、可通过不断学习新样本更新网络知识等优点，适用于处理实际中不确定性、精确性不高等引起的系统难以控制的问题，映射输入输出关系。故被大量用于负荷预测的研究中，常用于负荷预测的神经网络有 BP 神经网络、Elman 神经网络、RBF 径向基神经网络、SOM 自组织特征映射神经网络、支持向量机（SVM）等。

1.4.2　神经网络方法综述

BP 神经网络：BP（back-propagatoin）网络是目前应用最为广泛的神经网络之一，是一种多层网络的"逆推"学习算法，学习过程由信号正向传播和误差反向传播组成。它由输入层单元传到隐层单元，经过隐层单元逐层处理后再送到输出层单元，由输出层单元处理后产生一个输出模式，这是一个逐层状态更新过程，称为前向传播。如果输出响应与期望输出模式有误差，不满足要求，那么就转入误差反向传播，将误差值沿连接通路逐层传送并修正各层连接权值。对于给定的一组训练模式，不断用一个个训练模式训练网络，重复前向传播和误差反向传播过程，当各个训练模式都满足要求时，就认为 BP 网络已学习好。

BP 神经网络中存在着两种流通信号：① 工作信号正向传播。输入信号从输入层经隐含层，传向输出层，在输出端产生输出信号。在信号的向前传递过程中网络的权值是固定不变的，每一层神经元的状态只影响下一层神经元的状态。如果在输出层不能得到希望的输出，则进入输入误差信号反向传播过程。② 误差信号反向传播。网络的实际输出与期望输出之间的差值即为误差信号，误差信号由输出端开始逐层向前传播。在误差信号反向传播的过程中，网络的权值由误差反馈进行调节。通过权值的不断修正使网络的实际输出更接近期望输出。BP 神经网络的算法流程如图 1-6 所示。

BP 神经网络具有自组织、自适应性能和容错性等特点，为非线性系统（特别是非线性时间序列）的建模、识别和预测提供了一条崭新而有效的途径，有效地克服了通常采用的时间序列预测模型（如 AR、MA、ARMA、ARIMA 模型、双线性模型）存在的线性、平稳性不合理假设或其有限的非平稳性、非线性处理能力，表现了其在非线性系统中的良好应用前景。

但是 BP 网络的训练对于步长比较敏感，存在局部极小问题，会产生不正确的预报网络，严重影响网络的泛化性能，同时 BP 网络还存在对初值的依赖性，这些问题都将给实际的预报预测工作增加许多困难。

Elman 神经网络：Elman 神经网络是一种典型的具有局部反馈的动态神经元网络，它是在 BP 人工神经网络基本结构的基础上，通过存储内部状态使其具备映射动态特征的功能，从而使系统具有适应时变特性的能力。相比于 BP 神经网络，它有一个特殊的联系单元，联系单元用来记忆隐层单元以前时刻的输出值，可认为是一时延算子。Elman 回归神经元网络的特点是隐含层的输出通过承接层的延迟与存储，自联到隐含层的输入，这种自联方式使其对历史状态的数据具有敏感性，内部反馈网络的加入增加了网络本身处理动态信息的能力，从而达到了动态建模的目的。此外，Elman 回归神经网络能够以任意精度逼近任意非线性映射，可以不考虑外部噪声对系统影响的具体形式，如果给出系统的输入输出数据对，就可以对系统进行建模。

Elman 神经网络算法采用优化的梯度下降算法，即自适应学习速率动量梯度下降反向传播算法，它既能提高网络的训练速率，又能有效抑制网络陷入局部极小点。Elman 神经

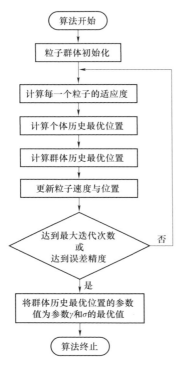

图 1-6　BP 神经网络算法流程图

网络算法流程图如图 1-7 所示。学习的目的是用网络的
实际输出值与输出样本值的差值来修改权值和闭值，使
得网络输出层的误差平方和最小。为提升算法性能，一
些研究针对 Elman 神经网络的误差激励函数和网络结构
等进行了改进。

Elman 神经网络的预测流程与 BP 神经网络模型相
似，首先对各个权值进行初始化处理，然后对数据进行
归一化处理，之后进行神经元的计算。其中与 BP 神经网
络的主要区别在于 Elman 神经网络多一个承接层，在隐
含层神经元输出后，反馈值经承接层计算后重新返回隐
含层。Elman 神经网络的算法流程如图 1-7 所示。

RBF 径向基神经网络：径向基函数（RBF, radial basis
function）网络是在借鉴生物局部调节和交叠接受区域知
识的基础上提出的一种采用局部接受域来执行函数映射
的三层前向人工神经网络，即包括输入层、隐含层和输
出层。每一层的功能都完全不同。

其中，输入层直接由信号源节点构成，其作用是将
外界输入变量与神经网络内部神经元进行连接传输，接
受输入信号并将其传递到隐含层（即该层神经元传递函
数为线性函数，而连接输入层与隐含层的权值固定为 1），

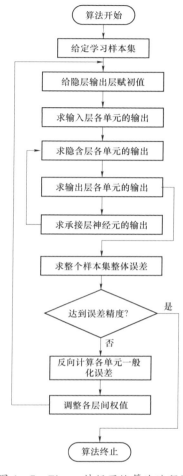

图 1-7 Elman 神经网络算法流程图

在整个网络中起到一个缓冲和连接的作用。隐含层在 RBF 网络中有且只有一个，是最重
要的一层，其单元数由所求解的问题的具体情况而定。其作用就是要将输入变量映射到隐
含层空间上去，这个过程进行的是非线性的变换。在输入变量传递到隐含层空间的过程中，
一种径向对称的核函数被选取作为隐含层神经元的激活函数，径向基函数承担着作为一组
输入变量"基"的职责。它是一种非负且非线性的径向中心点对称衰减函数。这种函数对
那些靠近核函数中心点位置的输出变量较为敏感，能够产生更强的输出信号，因此 RBF 神
经网络具有结构简单，运算速度快以及局部函数逼近的特性，当隐含层的网络参数确定下
来就确定了整个网络的结构目标。在一般情况下，RBF 神经网络的隐含层神经元节点越多，
就具有越强的运算能力、映射能力以及更佳的函数逼近能力，能够以任意精度逼近一个复
杂的函数曲线。但是隐含层神经元越多意味着隐含层空间维数也越高，而网络的性能指标

和隐含层空间维数有着紧密的联系。在维数越高的情况下，神经网络的逼近精度越好，但相应地神经网络复杂度也会提高。但 RBF 神经网络的隐含层神经元节点数目太多，亦会导致隐含层空间维数过高，而影响神经网络的泛化能力。而第三层输出层只实现对隐含层节点非线性基函数输出的线性组合（其连接权值可调），从而得到最后的结果。

RBF 是一种局部逼近网络，从理论上可以证明它能以任意的精度逼近任意连续函数，即具有唯一最佳逼近特性，且无局部极小问题。RBF 神经网络主要用于解决模式分类和函数逼近等问题，在数学上，RBF 神经网络结构的合理性可由 cover 定理得到保证，即对于一个模式问题，在高维数据空间中可能解决在低维空间中不易解决的分类问题。

相较于 BP 神经网络，RBF 最大的不同点在于其在非线性映射上采用了不同的作用函数：RBF 采用了径向基函数，作用于局部；BP 神经网络则采用了 S 型函数，作用于全局。在梯度下降运算中，RBF 算法没有误差的反向传播。为提高 RBF 径向基神经网络性能，一些研究将其与交替梯度算法、近邻传播算法等相结合。采用 RBF 神经网络进行预测的算法流程如图 1-8 所示。

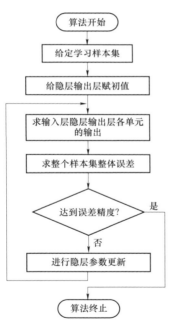

图 1-8　RBF 神经网络算法流程图

SVM 支持向量机：SVM 最初是用于求解线性可分情况下的模式识别问题，而后随着 ε 不敏感损失函数的引入，逐步推广到了线性回归、非线性回归和概率密度估计领域。其理论基础是统计学习理论，更精确地说，SVM 是结构风险最小化的近似实现。SVM 能够提供良好的泛化性能，具有通用性好、鲁棒性高、有效性强、计算简单、理论完善、能求取全局最优解等优点。

SVM 基于统计学习理论中的 VC 维理论和结构风险最小化（SRM）原理，其基本思想是通过非线性变换，将输入空间变换到一个高维的特征空间，然后在这个特征空间中求取最优线性分类面，使分类边界与最近点（支持向量机）之间的距离最大，并且这种非线性变换是通过定义合适的核函数来实现的，然后将 SVM 问题转化为一个二次规划问题，从而求解。

在 SVM 提出以后，为进一步提升其性能，各种改进算法也相继提出，比如基于线性规划的 SVM、改进支持向量机 V-SVM、最小二乘支持向量机 LS-SVM，以及加权支持向量机 W-SVM 等。这些方法在一定程度上改善了 SVM 的性能，其中 LS-SVM 是最常用的方法。

与传统的人工神经网络相比，SVM 不仅结构简单，而且各种技术性能，尤其是泛化能力（Generalization Ability）明显提高，这已被大量实验证实。

许多学者的研究结果表明，应用 SVM 进行电力系统负荷预测，具有精度高、速度快等优点，明显改善了负荷预测的效果。由于 SVM 的训练等价于解决一个线性约束的二次规划问题，有利于我们对训练过程的理解，并增强了训练的可控性。

针对基于 SVM 的电力系统短期负荷预测算法中，预测模型的精度和泛化能力易受样本输入变量的影响，输入变量的选择问题成为负荷预测数据预处理的关键，而核函数的选择对 SVM 负荷预测的精度影响很大。常见的核函数有多项式核函数、Sigmoid 核函数、高斯径向基核函数等。支持向量机解决回归函数估计问题时必须首先确定一些自由参数，包括不敏感系数 ε，惩罚因子 C 以及核参数 σ（部分核具有）。其中不敏感系数 ε 控制回归逼近误差管道的大小，从而控制支持向量的个数和泛化能力，其值越大，精度越低，支持向量就越少。惩罚因子 C 用来控制样本偏差与机器推广能力之间的关系。C 值越小，样本错分的惩罚越小，那么训练误差就越大，使得结构风险也变大，而 C 值越大，惩罚就越大，对错分样本的约束力也就越大，但这样会使得第二项置信范围的权重变大，进而分类间隔的权重就相对变小，系统的泛化能力就会降低。核参数影响特征空间的复杂程度，改变核参数事实上是隐含地改变映射函数。如在高斯核函数中核参数 σ 为高斯核函数的宽度参数，控制了函数的径向作用范围，σ 值过大，支持向量机的分类能力较弱，σ 值过小，则会出现"过拟合"现象。自由参数可以根据经验人为确定，或根据下文所介绍的神经网络的参数寻优方法确定。一种考虑参数优化的 SVM 预测流程如图 1-9 所示。

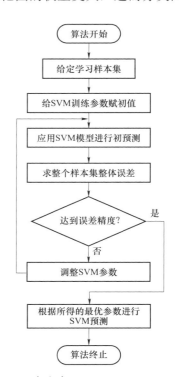

图 1-9　考虑参数优化的 SVM 预测流程

在实际运用当中，为提升神经网络性能与预测效果，神经网络通常与其他算法结合，通过采用傅里叶变换或小波分析对负荷数据进行预处理，滤除负荷数据的高次谐波并将负荷数据分为低频、高频、随机等分量分别进行预测，从而提高预测精度。通过引入模糊集、粗糙集、主成分分析等，对负荷数据进行挖掘，增强系统在大数据下处理冗余、错误信息的能力，提高模型的预测能力。神经网络的参数选择对模型的性能影响很大，除根据经验人为选择外，目前其参数选择尚缺乏公认有效的结构化方法，常用的方法包括交叉验证法和遗传算法、粒子群算法、模拟退火法等智能优化算法。

2 数据驱动的自下而上空间负荷预测方法

在"地块—网格"层次化体系下，为避免统一的空间负荷密度指标在不同地区使用的适应性不足，解决同时率选取的人为因素过大等难题，可基于配电网已有量测信息，提出数据驱动的空间负荷预测方法。该方法的核心思路是通过典型负荷曲线进行自下而上的空间负荷叠加。

本章首先介绍传统空间负荷预测方法，并分析随着对负荷预测精度要求不断增高，当前空间负荷预测遇到的问题与瓶颈。随后提出本章引入的数据驱动自下而上叠加的空间负荷预测方法，分为两个主要部分展开，分别为负荷密度的确定与负荷曲线的聚类提取，并分别以某开发区为算例演示。最后演示数据驱动自下而上叠加的空间负荷预测方法最终预测结果。

2.1 传统空间负荷预测方法

2.1.1 空间负荷预测的网格化体系概述

为提升配电网精益化规划与管理水平，推荐采用自下而上分区方法体系，即首先根据一定的技术原则将区域划分为最小供电单元，这些最小单元称为"网格"或"元胞"，然后通过相似用电单元的组合得到供电区或功能分区。

2.1.1.1 用电网格的定义

为适应配电网规划、建设、运行和管理的要求，便于规划标准的统一和规划方案的落地，将规划区域划分为若干个功能分区，功能分区由若干个用电网格组成，用电网格的基本单位是功能地块。

功能分区：按照上级电源的供电范围划分的供电单元，是一个中压网架相对独立的供电区，配电网具有一定的"自治自愈"能力和相对独立的运行、管理、维护权限。功能分区一般是由城市主要干道、地理特征明显的边界和行政边界等划分而成的相对独立分区，内含若干完整用电网格。

用电网格：根据城市控制性详细规划，由若干个相邻的、供电区域分类等级相同或接近的、用电类型以及对供电可靠性要求基本一致的地块（或用户）组成的功能单元。规划区、功能分区与网格逻辑与地理关系示意图如图2-1所示。

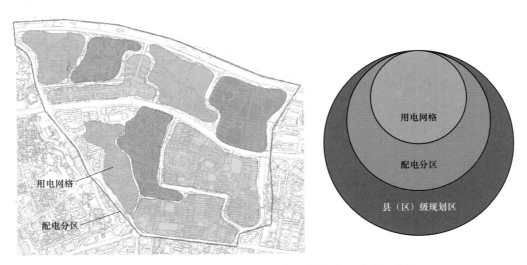

图2-1 规划区、功能分区与网格逻辑与地理关系示意图

功能地块：地块作为网格化规划体系中规划强度赋值的基本单位，范围与土地利用规划、控制性详细规划中功能地块相对应，兼顾配电室或台区供电范围。将分区基本单位落实到低压台区，方便对用户和设备的运维管理。

2.1.1.2 用电网格的划分原则

网格的划分首要考虑因素是保持远景中压网架的完整性，即对于远景目标网架来说，一个网格应包含为该网格供电的线路的整体，不会出现一回（或几回）线路分割在几个网格里。网格划分的主要依据和关注要素如图 2−2 所示，主要有以下几点：

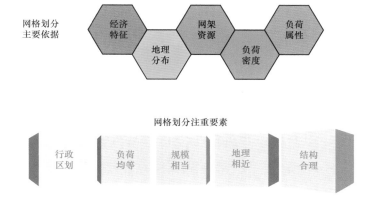

图 2−2　网格划分的主要依据和关注要素示意图

地理分布：一般以山体、河流以及道路等为网格地理边界，便于区分和集中管理；

行政区划：原则上同一网格最好不要跨越两个或多个行政区，而应包含于同一行政区；

地块定位：同一网格所含地块应属于同一定位水平，不应包含不同定位的地块，如同时含有城镇地块和农村地块；

负荷性质：结合市政规划用地性质，将相同或相近负荷属性且地理相邻的地块划分到同一网格，尽量做到同一网格的负荷种类最少，一般与城市控制性详细规划中的功能分区划分相对应。

目标网架：结合远景目标网架和线路供区，将具有电气连接的、与其他线路相对独立的一组或几组接线的供区划分到一个网格；

地块开发：结合区块开发程度，将开发程度相近的地理相邻的区块划分到同一网格，便于制定配电网的建设改造原则；

电网规模：在远景负荷分布和目标网架的基础上，按照负荷均等、规模相当的思路来平衡同一配电分区内的网格规模；

统筹协调：在网格划分时，应综合考虑各方面因素，使网格尽量同时满足上述原则。

在实际划分时，若无法同时满足，则可以视具体情况统筹协调来调整网格，使之满足首要的考虑因素。

2.1.1.3 网格化体系的指导意义

一般来说，开发地块在负荷量级上对应配电变压器级别，重点对应开闭所、环网柜布点和中压线路建设方案，体现项目有序化的特点。进行地块负荷预测，有助于确定配变容量和台数，确定开关站布点、制定用户接入方案。

用电网格在负荷量级上对应中压线路级，重点对应中压网架结构，进行用电网格负荷预测，有助于指导线路电力平衡，确定片区中中压馈线数量和供电方案，明确中压线路廊道、路径，开闭所所址位置。

功能分区一般在负荷量上达到高压配电网主供电源点级别，重点对应变电站电力平衡，进行功能分区负荷预测有助于确定规划分区中变电站的总需求，包括变电站容量、数量，确定 110kV 变电站的供区范围，优化变电站站址。

配电网物理结构、空间网格、城市规划之间的对应关系如图 2-3 所示。

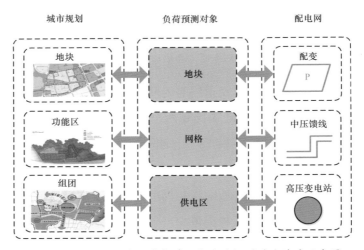

图 2-3 网格化体系的基本单位与市政规划对应关系示意图

因此，进行"地块-网格-分区"的划分和梳理对科学分析和预测配电网空间负荷分布具有重要意义，可科学指导变电站布点、中压网架规划以及用户接入安排，提升配电网规划对市政规划以及区域经济社会发展总体规划的衔接适应性。

2.1.2 传统空间负荷预测步骤

空间负荷预测是基于负荷密度指标开展的，负荷密度是一个反映城市和人民生活水平的综合指数。负荷密度法是参照城市发展规划、人口规划、居民收入水平等，用单位面积用电负荷指标，来测算未来负荷水平，需注意的是负荷密度指标计算得到的一般是饱和负荷，或者某阶段的最大负荷。传统空间负荷预测的主要步骤如图2-4所示。

按规划地块面积计算区域负荷的计算公式是：

$$P = \lambda \sum_i S_i \rho_i \qquad (2-1)$$

式中，S_i 和 ρ_i 分别为第 i 个地块的占地面积和负荷密度；λ 为同时率。

由式（2-1）可知，传统空间负荷预测的关键在于负荷密度与同时率的准确选取。规划负荷指标的确定，受一定规划期内的城市社会经济发展、人口规模、资源条件、人民物质文化生活水平、电力供应程度等因素的制约。规划时各类用电指标的选取应根据所在城市的性质、人口规模、地理位置、社会经济发展、国内生产总值、产业结构、地区能源资源和能源消费结构、电力供应条件、居民生活水平及节能措施等因素，以该城市的现状水平为基础，具体参照《城市配电网规划规范》规划单位建设用地负荷指标中相应指标分级内的幅值范围，如下表所示，进行综合研究分析、比较后，因地制宜制定各地空间负荷密度指标体系，以指导新区规划或老区改造。

当前实际使用的负荷指标体系大多结构如图2-5所示，分不同用地类型对单位面积的负荷密度指定具体的负荷密度值或值的区间。

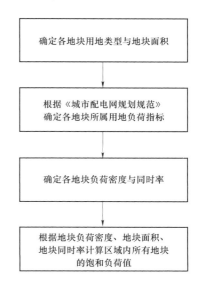

图2-4 传统空间负荷预测主要步骤

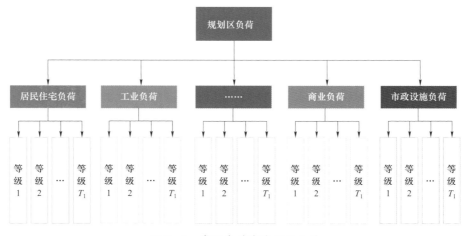

图2-5 常见负荷密度指标体系

表 2-1 是《城市配电网规划规范》中列举的某地的负荷密度指标体系。

表 2-1 　　　　　　　　　　单位建设用地负荷指标 　　　　　　　　单位：W/m²

公共设施用地用电	行政办公、金融贸易、商业、服务业、文化娱乐	90～100
	体育、医疗卫生、教育科研设施及其他	40～50
工业用地用电	一类工业	50～70
	二类工业	60～80
	三类工业	100～120
居住用地用电		40～50
对外交通用地用电	铁路站场	70
	机场飞行区、航站区及服务区	30
仓储用地用电		15
市政公用设施用地用电		10
其他事业用地用电		5

经调研总结，各地负荷密度指标体系通常通过以下三种途径制定：

（1）参考经验数据库直接形成。目前国内功能区规划人员在进行空间负荷预测时，多采用参考经验数据库的方法，即根据待预测功能区各分区的因素属性值，将数据库中与待预测分区因素属性值相似的负荷密度指标直接作为待预测分区的负荷密度基准值，然后结合待预测区域的实际情况进行修正，形成各分区的负荷密度指标。国内规划人员参考的负荷密度指标经验数据库，主要是通过对国内外典型功能区负荷历史资料收集整理而形成的。

（2）通过类推负荷曲线获得。对待预测功能区现有配电网的负荷历史资料进行收集整理，然后通过拟合负荷曲线来类推待预测功能区各分区的负荷密度指标，也是目前常用的一种负荷密度指标求取方法。该方法是建立在待规划区域具备一定的负荷历史资料基础上进行应用的。一般先划分现有供电区域，再估计各分区历史年的负荷密度指标，然后利用负荷曲线进行拟合类推，最后计算出规划年各分区的负荷密度指标。该方法使用具有一定的局限性，仅适用于具有负荷历史数据的待规划区域，而对于完全是空白区的新功能区规划则不具备适用条件。负荷密度曲线的求取和拟合本身是一个相当繁杂的过程，且由于规划人员自身技术水平的不同，可能使负荷曲线拟合的过程变得十分粗糙，从而降低了负荷密度指标的精准度。

（3）按平均负荷密度求取。当功能区内负荷种类较少且变化不大的情况下，可以通过求取功能区平均负荷密度指标来代替各分区负荷密度指标进行负荷总量的预测。该方法较为简便，但对于负荷分类较多且负荷密度差异较大的功能区则不适用，实际运用时会产生大量的误差。

以某开发区为例,演示传统空间负荷预测的步骤与结果,该地区的用地类型与规划如图 2-6 所示。目前该区域已严格按照用地规划开发完成,这也为空间负荷预测的准确性验证提供了条件。该区域包括 264 个居住、商业和工业地块。各地块的具体用地类型以及规划的快速路、综合体和行政中心已在图中标注。据此,各地块的位置属性指标可量测得到。

图 2-6 算例城区用地规划图

其网格划分结果如图 2-7 所示。

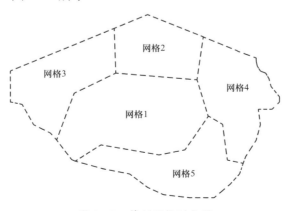

图 2-7 算例网格划分图

采用传统的空间负荷预测步骤，从开发区规划图中确定地块用地类型与面积信息，根据地块负荷密度指标体系并参考《城市配电网规划规范》确定负荷密度，进行饱和负荷计算，并给定同时率为 0.90，得到空间负荷预测结果如表 2-2 所示。

表 2-2 传 统 预 测 方 法 结 果

网格	传统基于标准负荷密度和给定同时率的用地指标法
网格 1	33.33MW
网格 2	15.33MW
网格 3	74.11MW
网格 4	17.78MW
网格 5	20.00MW
合计	144.5MW
同时率	0.90（设定）

从以上步骤可知，传统空间负荷预测的关键点在于根据负荷密度指标体系确定负荷密度以及同时率的选取，这往往需要依靠人为经验进行，因此，在实际操作中，不同的工作人员给出的空间负荷预测值会存在一定的偏差。

2.1.3　当前空间负荷预测存在的问题

根据上文的空间负荷预测研究现状介绍与简单算例分析结果，虽然对空间负荷预测的研究已经取得了许多成果，但这些成果主要集中于预测的方法，而具体预测方法的提出和实现势必会受到所使用的基础数据、应用的环境与条件、预测的空间误差及其评价标准等因素的影响和制约，所以在空间负荷预测领域仍有很大的研究空间值得去深入探索。

当前空间负荷预测主要存在三大难点：

（1）原负荷密度体系相对粗放，且各指标区间范围较大、调整依据不明确，适用性不强。目前负荷密度指标选取主要参考 GB/T 50293—2014《城市电力规划规范》、GB 5009—2011《住宅设计规范》、《工业与民用配电设计手册》等标准中给出的相关设定，这些标准给出了各类型地块负荷密度的上下限，但没有明确该范围内具体选取的方法。另一方面，当前的空间负荷密度指标体系有明显的区域特色，上述各负荷密度指标体系相对独立，导致各地规划成果难以借鉴，缺乏横向应用价值，由于气候、经济发展水平、产业类型等的差异性，全国性或者整个大区层面的负荷密度指标体系在具体区域适用性有限，需根据当地特点针对性选取空间负荷密度指标，亟待提出一套科学、统一的空间负荷指标体系制定方法，以合理指导配电网规划。

（2）同时率选取面临较大困难。不同负荷具有不同的峰谷时间分布，例如居民负荷的尖峰时段一般在晚上而行政办公或产业用户的负荷尖峰一般在白天。因此负荷密度指标法对不同性质的地块进行叠加时不能简单考虑最大负荷量，而需要考虑一定比例，在配电网规划和负荷预测中，这个称为同时率问题。不同类型用地之间具有不同的同时率，但现有规划标准没有给出同时率选取标准，规划人员大多数情况下只能通过经验进行设定，甚至有时会出现拍脑袋的情况，同时率的选取已成为空间负荷预测的另一大难点。

（3）随着空间负荷预测指标与规模增大，在大数据量下进行地块负荷密度的准确映射存在较大困难。传统空间负荷预测方法对负荷密度的确定与选取主要以参考经验与手册为主要手段，预测结果存在偏差，且选取过程耗费大量的时间与精力。随着负荷预测的规模逐渐增大，指标体系日益复杂，如何在大数据背景下实现准确的空间负荷预测成为了一大难点。

针对以上问题，本章提出了数据驱动的自下而上空间负荷预测方法，非参数核密度估计提取负荷密度典型值，通过堆叠编码器模型对地块特征与负荷密度的对应关系进行学习，实现海量数据下的负荷密度准确估计，解决负荷密度的选取问题与大数据环境下负荷密度的准确估计问题。采用自适应聚类的方法对负荷曲线进行聚类，提取负荷曲线的典型值，以此为基础，结合地块负荷密度实现自下而上叠加的空间负荷预测，从而解决同时率的选取问题。

2.2 负荷密度的确定

负荷密度的确定首先需要建立地块评价指标体系，通过指标体系的具体数据情况，评价每个地块所属的类型与发展程度；然后需要对典型负荷密度值进行提取，从而将指标体系的评价结果与典型负荷密度一一对应，本章节使用非参数核密度估计的数据驱动方法对典型负荷密度值进行提取；最后采用堆叠编码器深度学习网络完成地块指标数据与典型负荷密度的关联规律学习，实现地块与负荷密度的自动匹配。

2.2.1 地块多维度负荷密度指标体系

2.2.1.1 现有空间负荷密度指标体系特点及缺陷分析

现有负荷密度指标体系下，各地负荷密度指标体系通常通过以下三种途径制定：

（1）参考经验数据库直接形成。目前国内功能区规划人员在进行空间负荷预测时，多采用参考经验数据库的方法，即根据待预测功能区各分区的因素属性值，将数据库中与待预测分区因素属性值相似的负荷密度指标直接作为待预测分区的负荷密度基准值，然后结合待预测区域的实际情况进行修正，形成各分区的负荷密度指标。国内规划人员参考的负荷密度指标经验数据库，主要是通过对国内外典型功能区负荷历史资料收集整理而形成的。

（2）通过类推负荷曲线获得。对待预测功能区现有配电网的负荷历史资料进行收集整理，然后通过拟合负荷曲线来类推待预测功能区各分区的负荷密度指标，也是目前常用的一种负荷密度指标求取方法。该方法是建立在待规划区域具备一定的负荷历史资料基础上进行应用的。一般先划分现有供电区域，再估计各分区历史年的负荷密度指标，然后利用负荷曲线进行拟合类推，最后计算出规划年各分区的负荷密度指标。该方法使用具有一定的局限性，仅适用于具有负荷历史数据的待规划区域，而对于完全是空白区的新功能区规划则不具备适用条件。负荷密度曲线的求取和拟合本身是一个相当繁杂的过程，且由于规划人员自身技术水平的不同，可能使负荷曲线拟合的过程变得十分粗糙，从而降低了负荷密度指标的精准度。

（3）按平均负荷密度求取。当功能区内负荷种类较少且变化不大的情况下，可以通过求取功能区平均负荷密度指标来代替各分区负荷密度指标进行负荷总量的预测。该方法较为简便，但对于负荷分类较多且负荷密度差异较大的功能区则不适用，实际运用时会产生大量的误差。

但这些负荷密度指标的划分方法存在明显的地域差异，区别集中在以下两点：

第一，各地用地划分的细致程度不同，如一些地区的负荷密度指标仅将所有公共设施类用地分成两大类并按大类给定区间，而另一些地区公共建筑类用地则根据具体细分的用地类型给定；又如工业用地一些地区将其按产业类型分为一、二、三类工业，而另一些地区则只有工业用地一种大类。

第二，单一指标数值或数值区间范围差异较大。从指标值的数据格式来看，一些地区标准给定的是各用地类型的数值区间，其具体数字需要通过经验判断，而另一些地区给定的是具体值，且就同一用地类型来看，各地之间也存在较大差异较大。

因而，从省级电网规划层面来说，各体系相对独立，导致各地规划成果难以借鉴，缺乏横向应用价值；而从地市级电网规划层面来说，原体系相对粗放，且各指标区间范围较大、调整依据不明确，适用性不强，存在较大不足，亟待提出一套科学、统一的空间负荷指标体系制定方法，以合理指导配电网规划。

2.2.1.2　地块多维度负荷密度指标体系的建立

　　空间负荷预测依赖于电力用户和负荷分布的位置、数量和产生时间，电力综合负荷特性的改变将导致负荷预测结果产生一定的偏差。受当地经济社会发展水平、产业结构、气温气候等因素影响，各地负荷密度指标体现出较大的地域差异，所以有必要根据多维度指标体系对负荷进行聚类。本节建立地块多维度指标体系，从而充分利用配电网和现代城市中大量的量测数据，为数据驱动的空间负荷预测奠定基础。地块的多属性指标体系如图2-8所示。

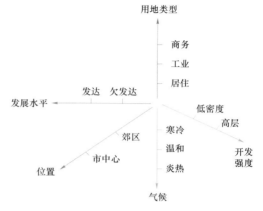

图2-8　地块的多属性指标体系

　　用地性质是地块的最典型属性，一般工业用地的负荷密度要显著高于居住和商务办公用地。除了用地性质之外，本文也考虑了地块的四个其他维度属性对空间负荷密度指标的影响，分别为：开发强度、发展水平、气候和位置。基于大量历史数据的相关性分析，四个维度的具体说明如下：

　　开发强度直接影响地块的负荷密度。例如对居住用地而言，高层住宅的单位占地面积负荷密度显著高于别墅和排屋住区；对商务办公用地而言，高层/超高层办公楼的负荷密度也高于园区类型的办公区。此处采用规划人口密度和容积率作为地块开发强度的衡量指标。

　　负荷密度也与所在区域的整体经济社会发展水平有关。人均GDP和城镇化率是衡量区域发展水平最直观的指标，另外，考虑到产业结构的调整变化也表征了经济水平，因此将第三产业在GDP中的占比也作为衡量发展水平的指标之一。此处发展水平指标与区域分类中的发展水平指标相比，空间尺度需细化至更小对象。

　　决定负荷水平的实际上是用电习惯，随着空调和电采暖的普及推广，气候条件对负荷密度的影响体现得尤为显著。将年平均温度、最高月平均温度和最低月平均温度也作为地块描述的重要指标。此处气候指标与区域分类中的气候指标相比，空间尺度需细化至更小对象，若条件允许，推荐采用微气象指标。

　　地块所处区位条件与负荷密度之间也存在一定的关联。例如，工业倾向于选址在靠近交通枢纽的位置，居民一般集聚于行政或商业中心附近。采用距离高速公路、商业体和行政中心的距离来综合衡量地块的区位优越程度。地块多属性描述具体指标如表2-3所示。

表 2-3　　　　　　　　　地块多属性描述具体指标

属性	指标		定义/备注
开发强度	容积率	X1	建筑面积（km²）/占地面积（km²）
	人口密度	X2	人口数量/区域面积（km²）
发展水平	人均 GDP	X3	GDP/现状人口数
	城镇化率	X4	城镇常住人口数/总人口数
	第三产业占比	X5	第三产业产值/GDP（百万美元）
气候	平均温度	X6	年平均温度（℃）
	夏季平均温度	X7	夏季日平均温度（℃）
	冬季平均温度	X8	冬季日平均温度（℃）
位置	交通条件	X9	与最近高速公路或主干道距离（km）
	商业条件	X10	与最近的综合体或市场距离（km）
	行政条件	X11	与当地行政部门所在位置距离（km）

对于指标体系而言，空间分辨率越高越有利于提升描述和预测的精确性。但有些属性的空间分辨率是大于地块的，例如对于发展水平和气候属性，要识别和获取地块尺度的指标是不现实的。因此，对于这两个属性，选择地块所在较大空间尺度整体指标（所在街区、镇区等）进行替代。但是对于开发强度和位置属性，各指标是可以精确到地块分辨率的。

数据驱动空间负荷预测的基本原理是利用大量样本建立地块属性与负荷密度之间的映射关系。因此，对于样本地块而言，地块属性指标应取当前实际值；对待预测地块而言，属性指标应取规划值或远景值。

在具体指标评价时，气候属性具有稳定性，规划值可用当前实际统计值替代。对于发展水平属性，实际值可通过地区统计年鉴得到，预测值可参考地区国民经济和社会发展相关规划。对于当前和远景位置属性，可分别在实际 GIS 地图和远景控规图上通过测量得到。对于样本的当前开发强度指标，可通过用户调研得到；对于远景规划强度指标，可结合控规、详规或其他规划参数计算得到，例如：规划床位数（医院）、规划吞吐量（交通物流设施）、规划班级数（学校）等。

需要注意的是，地块多属性指标体系是开放式的，为更加准确地刻画地块的特征，可以对具体维度进行调整。增加例如经纬度、分布式电源渗透率、海拔、湿度等具体指标，从而构成更为完备的描述体系。

2.2.2 空间负荷密度的非参数核密度估计

2.2.2.1 非参数核密度估计方法建模

非参数核密度估计是一种无需任何先验知识，完全从数据样本出发研究数据分布特征的方法，在电力系统负荷建模、风速建模、光伏建模等多方面均有成功应用。

本文利用非参数核密度估计方法，分别建立不同城市发展类型、不同用地类型的空间负荷的负荷密度概率模型，以充分挖掘其分布规律。

具体地，设 $x_1, x_2, \cdots, x_n$ 是某用地类型的 n 个样本的负荷密度值，负荷密度的概率密度函数为 $f(x)$，则该概率密度函数的核估计为：

$$f_h(x) = \frac{1}{nh}\sum_{i=1}^{n}K\left(\frac{x-x_i}{h}\right) \tag{2-2}$$

式中，n 为样本容量；h 是带宽，充当光滑系数；$K(x)$ 是核函数。经统计发现，负荷密度有在若干典型数值区域集中分布的特点，通过 Kolmogorov-Smirnov test（K-S 检验）可发现基本满足高斯分布，因此本文选取标准高斯函数为核函数，设带宽为 0.5，则负荷密度的核密度估计如下：

$$f_{0.5}(x) = \frac{2}{n}\sum_{i=1}^{n}\frac{1}{\sqrt{2\pi}}e^{-2(x-x_i)^2} \tag{2-3}$$

2.2.2.2 基于概率密度曲线的空间负荷密度典型分布特征提取

假设图 2-9 为根据上述方法绘制的某用地类型所有样本负荷密度的概率密度曲线。

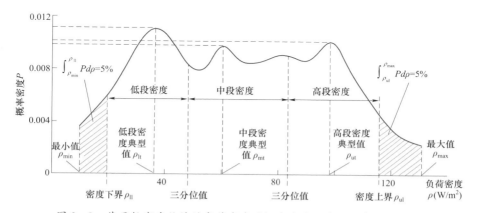

图 2-9 基于核密度估计的负荷密度的概率密度曲线及分布典型特征

为去除样本中极值数据的影响，首先从极小和极大的负荷密度数据中各剔除 5%（阴影部分），然后将剩余范围等分处理，再从各段区间中选取极点作为该段负荷密度的典型值。

极点表示该段负荷密度在该值邻域分布最集中，因而该负荷密度最具有代表性。通过多个典型值相配合可相对全面地刻画该用地类型的空间负荷密度分布规律。

图2-9给出了三个典型负荷密度典型值的提取过程，展示了低段、中段、高段三个对应区间。值得注意的是，分段数和典型值数目越多越有利于提升描述和预测的精度，但更多的典型值会造成模型训练复杂度上升，也要求训练中采用更大的规模的样本库。因此，实际选择分段数和典型负荷密度数目时，需要在预测精度和计算开销之间进行权衡。

2.2.3 基于堆叠自编码器的地块特征模型

2.2.3.1 堆叠自编码器原理

自编码（autoencoder）网络的基本思路为：对于一个具有 n 层（L_1，L_2，$\cdots$，L_n）的神经网络 L，其输入输出分别为 I 和 O，形象地表示为：$I \rightarrow L_1 \rightarrow L_2 \rightarrow \cdots \rightarrow L_n \rightarrow O$，若输出等于输入，这意味着 I 经过每一层 L_i 都没有信息损失，即任何一层 L_i 的输出都是原信息的另一种表达。也就是说，如果可以设计一个多层网络，通过调整网络参数，使得它的输出等于或近似于输入，那么就可以自动地获取输入信息的一系列高层次特征。

自编码深度学习的动机是堆叠多个层，将上一层的输出作为下一层的输入。通过这种方式，实现对输入信息的分级表达，学习输入信息的内在特征。一个稀疏自编码深度学习分类算法包括前向传播（forward propagation）、反向传播（backpropagation algorithm，BP）、梯度下降（gradient descent algorithm）、分类器训练、Wake-up 训练等多个关键步骤，以下将详细介绍其流程。

（1）前向传播。

有训练样本集 $(x(i), y(i))$，神经网络算法能够提供一种复杂且非线性的映射 $h_{W,b}(x)$，W 和 b 为映射的参数，如图2-10所示。

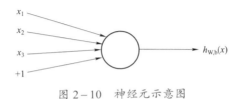

$$x_1$$
$$x_2$$
$$x_3$$
$$+1$$

$$h_{W,b}(x)$$

图2-10　神经元示意图

以仅由一个神经元构成的神经网络为例。如上图所示，这个神经元是一个以 x_1, x_2, x_3 及截距 $+1$ 为输入值的运算单元，其输出为 $h_{W,b}(x) = f(W^T x) = f\left(\sum_{i=1}^{3} W_i x_i + b\right)$，其中函数

$f:\Re \mapsto \Re$ 为激活函数。若选用 sigmoid 函数作为激活函数：$f(z)=\dfrac{1}{1+e^{-z}}$。可以看出，这个神经元的输入输出映射关系其实是一个逻辑回归（logistic regression）。双曲正切函数（tanh）也是常用的激活函数，若采用 tanh 函数，则：$f(z)=\dfrac{e^{z}-e^{-z}}{e^{z}+e^{-z}}$。对于 sigmoid 函数，其导数就是 $f'(z)=f(z)(1-f(z))$；对于 tanh 函数，其导数为 $f'(z)=1-(f(z))^{2}$。

所谓神经网络就是将许多个神经元连接起来，将一个神经元的输出作为其他神经元的输入，下图给出了一个简单神经网络的示意图，如图 2-11 所示。

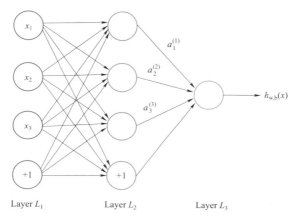

图 2-11 单隐层单输出单元神经网络示例图

如上图所示，"+1" 的圆圈被称为偏置节点，也就是截距项；最左边的一层叫做输入层，最右的一层叫做输出层；中间所有称为隐藏层。用 n_l 来表示网络层数，本例 $n_l=3$，将第 l 层记为 L_l，于是 L_1 是输入层，输出层是 L_{n_l}。本例神经网络有参数 $(W,b)=(W^{(1)},b^{(1)},W^{(2)},b^{(2)})$，其中 W_{ij}^{l} 是第 l 层第 j 单元与第 $l+1$ 层第 i 单元之间的联接参数（就是连接线上的权重），b_i^l 是第 $l+1$ 层第 i 单元的偏置项。本例中，$W^{(1)}\in \Re^{3\times3}$，$W^{(2)}\in \Re^{1\times3}$。同时，用 S_l 表示第 l 层的节点数。用 $a_i^{(l)}$ 表示第 l 层第 i 单元的激活值。当 $l=1$ 时，$a_i^{(1)}=x_i$ 也就是第 i 个输入值。

（2）反向传播。

假设有一个包含 m 个样例的固定样本集 $\{(x^{(1)},y^{(1)}),(x^{(2)},y^{(2)}),\cdots,(x^{(m)},y^{(m)})\}$。可以用梯度下降法来求解神经网络的参数。对于单个样例 (x,y)，其方差代价函数为：

$$J(W,b;x,y)=\frac{1}{2}h_{\mathrm{w},b}(x)-y^{2} \qquad (2-4)$$

给定一个包含 m 个样例的数据集，可以定义整体代价函数为：

$$J(W,b)=\left[\frac{1}{m}\sum_{i=1}^{m}J\left(W,b;x^{(i)},y^{(i)}\right)\right]+\frac{\lambda}{2}\sum_{l=1}^{n_l-1}\sum_{i=1}^{S_l}\sum_{j=1}^{S_{l+1}}\left(W_{ji}^{(l)}\right)^2$$

$$=\left[\frac{1}{m}\sum_{i=1}^{m}\left(\frac{1}{2}h_{w,b}(x^{(i)})-y^{(i)2}\right)\right]+\frac{\lambda}{2}\sum_{l=1}^{n_l-1}\sum_{i=1}^{S_l}\sum_{j=1}^{S_{l+1}}\left(W_{ji}^{(l)}\right)^2 \quad (2-5)$$

式（2-5）的第一项 $J(W,b)$ 是一个均方差项。第二项是权重衰减项（weight decay），这个衰减项会惩罚过大的参数值，其目的是减小权重的幅度，防止过度拟合，这主要是由于很多网络存在"冗余"的参数集，导致 Hessian 矩阵不可逆，从而给牛顿法带来数值计算问题，将以 Softmax 分类器为例说明权重衰减项的必要性。通常权重衰减的计算并不使用偏置项 $b_i^{(l)}$。权重衰减参数 λ 用于控制公式中两项的相对重要性。上式所示的包括衰减项的整体代价函数经常用于分类和回归问题。在分类问题中，若采用 sigmoid 激活函数，则用 $y=0$ 和 1 来作为类型标签；如果使用双曲正切激活函数，那么应该选用–1 和 +1 作为标签。

BP 算法可概括为以下步骤：

Step1：前馈计算，利用前向传导公式，得到 $L_2,L_3,\cdots$ 直到输出层 L_{n_l} 的激活值。

Step2：对输出层（第 n_l 层），计算残差 $\delta^{(n_l)}=-(y-a^{(n_l)})f'(z^{(n_l)})$

Step3：对 $l=n_l-1,n_l-2,n_l-3,\cdots,2$ 层，计算残差 $\delta^{(l)}=((W^{(l)})^T\delta^{(l+1)})f'(z^{(l)})$，计算最终需要的偏导数值 $\nabla_{W^{(l)}}J(W,b;x,y)=\delta^{(l+1)}(a^{(l)})^T,\nabla_{b^{(l)}}J(W,b;x,y)=\delta^{(l+1)}$

（3）梯度下降。

批量梯度下降法中的一次迭代的伪代码如下：

Step1：对于所有 l，令 $\Delta W^{(l)}:=0$，$\Delta b^{(l)}:=0$（设置为全零矩阵或全零向量）

Step2：对于 $i=1$ 到 m，

1）使用反向传播算法算 $\nabla_{W^{(l)}}J(W,b;x,y)$ 和 $\nabla_{b^{(l)}}J(W,b;x,y)$。

2）计算 $\Delta W^{(l)}:=\Delta W^{(l)}+\nabla_{W^{(l)}}J(W,b;x,y)$。

3）计算 $\Delta b^{(l)}:=\Delta b^{(l)}+\nabla_{b^{(l)}}J(W,b;x,y)$。

Step3：更新权重：

$$W^{(l)}=W^{(l)}-\alpha\left[\left(\frac{1}{m}\Delta W^{(l)}\right)+\lambda W^{(l)}\right],\ b^{(l)}=b^{(l)}-\alpha\left[\frac{1}{m}\Delta b^{(l)}\right] \quad (2-6)$$

注意，$\Delta W^{(l)}$ 是一个与矩阵 $W^{(l)}$ 维度相同的矩阵，$\Delta b^{(l)}$ 是一个与 $b^{(l)}$ 维度相同的向量。可以重复梯度下降法的迭代步骤来减小代价函数 $J(W,b)$ 的值，进而实现神经网络的训练。

2.2.3.2 概率分类器模型

（1）Logistic 元分类。

logistic 回归解决二分类问题，在 logistic 回归中，训练集由 m 个已标记的样本构成：

$\{(x^{(1)},y^{(1)}),(x^{(2)},y^{(2)}),\cdots,(x^{(m)},y^{(m)})\}$，其中输入特征 $x^{(i)} \in \Re^{n \times 1}$，其中 $x_0 = 1$ 对应截距项，$y^{(i)} \in \{0,1\}$。logistic 函数为：

$$h_\theta(x) = \frac{1}{1 + e^{-\theta^T x}} \tag{2-7}$$

引入示性函数 $1\{\}$，其取值规则为：$1\{\text{表达式}A\} = \begin{cases} 1; & A\text{为真} \\ 0; & A\text{为假} \end{cases}$，例如：$1\{2+2=4\}=1$；

$1\{1+3=5\}=0$。logistic 回归的代价函数可以表为：

$$\begin{aligned} J(\theta) &= -\frac{1}{m}\left[\sum_{i=1}^{m}\sum_{j=0}^{1}1\{y^{(i)}=j\}\log p\left(y^{(i)}=j\big|x^{(i)};\theta\right)\right] \\ &= -\frac{1}{m}\left[\sum_{i=1}^{m}(1-y^{(i)})\log(1-h_\theta(x^{(i)}))+y^{(i)}\log h_\theta(x^{(i)})\right] \end{aligned} \tag{2-8}$$

可通过训练模型参数，实现代价函数 $J(\theta)$ 最小化。

（2）Softmax 多元分类。

Softmax 回归解决的是多分类问题，类标 y 可以取 k 个不同的值（大于 2）。因此，对于训练集 $\{(x^{(1)},y^{(1)}),(x^{(2)},y^{(2)}),\cdots,(x^{(m)},y^{(m)})\}$，有 $y^{(i)} \in \{1,2,\cdots,k\}$。Softmax 多元概率分类器模型如图 2-12 所示。

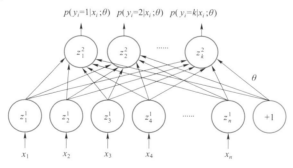

图 2-12　Softmax 多元概率分类器模型

对于给定的测试输入 x，我们想用假设函数针对每一个类别 j 估算出概率值 $p(y=j|x)$。也就是说，模型期望得到 x 的每一种分类结果的概率。因此，要求假设函数能输出一个 k 维向量来表示这 k 个结果的概率值，并且向量元素的和为 1。具体地说，假设函数 $h_\theta(x)$ 形式如下：

$$h_\theta(x^{(i)}) = \begin{bmatrix} p\left(y^{(i)}=1\big|x^{(i)};\theta\right) \\ p\left(y^{(i)}=2\big|x^{(i)};\theta\right) \\ \vdots \\ p\left(y^{(i)}=k\big|x^{(i)};\theta\right) \end{bmatrix} = \frac{1}{\sum_{j=1}^{k}e^{\theta_j^T x^{(i)}}}\begin{bmatrix} e^{\theta_1^T x^{(i)}} \\ e^{\theta_2^T x^{(i)}} \\ \vdots \\ e^{\theta_3^T x^{(i)}} \end{bmatrix} \tag{2-9}$$

其中，$\theta_1, \theta_2, \cdots, \theta_k \in \Re^{n+1}$ 是模型的参数。$\dfrac{1}{\sum_{j=1}^{k} e^{\theta_j^T x^{(i)}}}$ 项对概率分布进行归一化，使得所有概率之和为 1。可以看到，Softmax 函数与 logistic 函数在形式上类似，注意在 Softmax 回归中将 x 分类为类别 j 的概率为：

$$p\left(y^{(i)} = j \middle| x^{(i)}; \theta\right) = \frac{e^{\theta_j^T x^{(i)}}}{\sum_{l=1}^{k} e^{\theta_l^T x^{(i)}}} \tag{2-10}$$

为方便起见，用 θ 表示模型全部参数，并且将 θ 记成一个 $k \times (n+1)$ 的矩阵，该矩阵是 $\theta_1, \theta_2, \cdots, \theta_k$ 按行罗列得到的，即：$\theta = \begin{bmatrix} -\theta_1^T \\ -\theta_2^T \\ \vdots \\ -\theta_k^T \end{bmatrix}$

基于以上定义，Softmax 回归可以实现对输入样本的最大似然分类。为了定义 Softmax 回归的代价函数，引入示性函数 ind{·}：

$$ind\{y_i = j\} = \begin{cases} 1, & y = j \\ 0, & y \neq j \end{cases}$$

为惩罚过大的参数值，考虑加入权重衰减项 $\dfrac{\lambda}{2} \sum_{i=1}^{k} \sum_{j=0}^{n} \theta_{ij}^2, \lambda > 0$，可得 Softmax 回归计算公式如下：

$$\theta^* = \operatorname*{argmin}_{\theta} J(\theta) = \operatorname*{argmin}_{\theta} \left(-\frac{1}{m} \sum_{i=1}^{m} \sum_{j=1}^{k} 1\{y_i = j\} \log \frac{e^{\theta_j^T x_i}}{\sum_{l=1}^{k} e^{\theta_l^T x_i}} + \frac{\lambda}{2} \sum_{i=1}^{k} \sum_{j=0}^{n} \theta_{ij}^2 \right)$$

$$\theta^* = \operatorname*{argmin}_{\theta} J(\theta)$$

$$= \operatorname*{argmin}_{\theta} \left(-\frac{1}{m} \sum_{i=1}^{m} \sum_{j=1}^{k} 1\{y_i = j\} \log \frac{e^{\theta_j^T x_i}}{\sum_{l=1}^{k} e^{\theta_l^T x_i}} + \frac{\lambda}{2} \sum_{i=1}^{k} \sum_{j=0}^{n} \theta_{ij}^2 \right) \tag{2-11}$$

由于本文 Softmax 分类器不含隐层，因此可通过经典的 BP（Back Propagation）算法结合梯度下降法进行训练。且由于代价函数是严格的凸函数，可保证梯度下降法收敛到全局最优。梯度下降过程中，$J(\theta)$ 的导数如下：

$$\nabla_{\theta_j} J(\theta) = -\frac{1}{m} \left[\sum_{i=1}^{m} x^{(i)} \left(1\{y^{(i)} = j\} - p\left(y^{(i)} = j \middle| x^{(i)}; \theta\right) \right) \right] + \lambda \theta_j$$

$$-\frac{1}{m} \left[\sum_{i=1}^{m} x^{(i)} \left(1\{y^{(i)} = j\} - p\left(y^{(i)} = j \middle| x^{(i)}; \theta\right) \right) \right] + \lambda \theta_j \tag{2-12}$$

梯度下降法每一次迭代需要进行如下所示权值更新：

$$\theta_j := \theta_j - \alpha \nabla_{\theta_j} J(\theta)(j=1,2,\cdots,k) \qquad (2-13)$$

其中，α 是学习速率。

2.2.3.3 自编码算法与稀疏性

只有一个没有类别标签的训练样本集 $\{x^{(1)}, x^{(2)}, x^{(3)}, \cdots\}$，其中 $x^{(i)} \in \Re^n$，有监督学习将无能为力。自编码神经网络（Autoencoder）是一种使用了反向传播算法的无监督学习模型，它通过设置目标值等于输入值（$y^{(i)} = x^{(i)}$）来实现无监督学习。图 2-13 是一个自编码神经网络的示例。

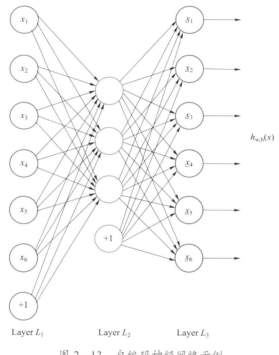

图 2-13　自编码神经网络示例

自编码神经网络尝试学习一个 $h_{w,b}(x) \approx x$ 的函数。换句话说，它尝试逼近一个输出接近于输入的恒等函数。若给自编码神经网络加入某些限制，比如限定隐藏神经元的数量，就可以从得到一些输入数据有价值的结构。例如，假设输入是一张 200 个像素的图像，于是 $n=200$，输出也是 200 维的 $y \in \Re^{200}$。由于隐藏层 L_2 中只有 100 个神经元，自编码网络被迫去学习输入图像的压缩表示，也就是说，它必须从 100 维的隐藏神经元激活度向量 $a^{(2)} \in \Re^{100}$ 中重构出 200 维的像素灰度值输入。如果输入数据具有某种未知的特定结构，例如某些输入特征是有关联的，则 Autoencoder 算法就可以有效地发现这些相关性。

以上论述是基于隐藏神经元数量较小的假设。但即使在隐藏神经元数量较多的情况下，通过给自编码网络附加一些特定的限制条件，例如稀疏性（Sparsit）约束，仍可迫使自编码网络发现输入数据的关联结构。

稀疏性的含义如下：若采用 sigmoid 激活函数，则输出接近于 1 时神经元被激活，而输出接近于 0 时神经元被抑制，使得大多数神经元处于被抑制状态的约束被称作稀疏性约束。对于采用 tanh 激活函数的网络，保持大多数神经元输出为–1 的抑制为稀疏性约束。

用 $a_j^{(2)}(x)$ 表示输入为 x 的情况下，自编码网络的隐藏神经元 j 的激活度。进一步定义：

$$\hat{\rho}_j = \frac{1}{m}\sum\nolimits_{i=1}^{m}[a_j^{(2)}(x^{(i)})] \qquad (2-14)$$

式（2-14）表示隐藏神经元 j 的平均活跃度。可以相应加入一条约束：$\hat{\rho}_j = \rho$。ρ 表示稀疏度，一般取为接近 0 的较小值（如 0.06）。该约束的动机是让隐藏神经元 j 的平均活跃度接近 0.06，在该约束下，神经元 j 的活跃度必定接近于 0。

为实现稀疏约束，可在目标函数中加入惩罚因子，惩罚那些 $\hat{\rho}_j$ 和 ρ 有显著不同的情况。惩罚因子的具体形式有很多种合理的选择，例如以下形式：

$$\sum\nolimits_{j=1}^{S_2}\rho\log\frac{\rho}{\hat{\rho}_j} + (1-\rho)\log\frac{1-\rho}{1-\hat{\rho}_j} \qquad (2-15)$$

其中 S_2 是隐藏层中神经元的数量，索引 j 代表隐藏层中的每一个神经元。上式可记为 $\sum\nolimits_{j=1}^{S_2}\mathrm{KL}\left(\rho\|\hat{\rho}_j\right)$。其中 $\sum\nolimits_{j=1}^{S_2}\mathrm{KL}\left(\rho\|\hat{\rho}_j\right)=\sum\nolimits_{j=1}^{S_2}\rho\log\frac{\rho}{\hat{\rho}_j}+(1-\rho)\log\frac{1-\rho}{1-\hat{\rho}_j}$ 为两个分别以 ρ 和 $\hat{\rho}_j$ 为均值的伯努利（Bernoulli）随机变量之间的相对熵（KL divergence）。该熵值具有如下特点：当 $\hat{\rho}_j = \rho$ 时，$\mathrm{KL}\left(\rho\|\hat{\rho}_j\right)=0$，并且随着 $\hat{\rho}_j$ 与 ρ 差值的增大而单调递增。而当 $\hat{\rho}_j$ 趋向于 0 或者 1 时，$\mathrm{KL}\left(\rho\|\hat{\rho}_j\right)$ 变得非常大。所以，最小化相对熵形式的惩罚因子具有迫使 $\hat{\rho}_j$ 接近 ρ 的效果。现在，总体代价函数可以表示为：

$$J_{\mathrm{sparse}}(W,b)=J(W,b)+\beta\sum\nolimits_{j=1}^{S_2}\mathrm{KL}\left(\rho\|\hat{\rho}_j\right)=J(W,b)+\beta\sum\nolimits_{j=1}^{S_2}\rho\log\frac{\rho}{\hat{\rho}_j}+(1-\rho)\log\frac{1-\rho}{1-\hat{\rho}_j}$$

$$(2-16)$$

式中，β 为稀疏惩罚的权重，$\hat{\rho}_j$ 是隐藏神经元 j 的平均激活度，间接地由 W 和 b 决定。

对前文所述梯度下降法的反向传播第二层更新时的 $\delta_i^{(2)}=\left(\sum\nolimits_{j=1}^{S_{l+1}}\delta_i^{(3)}\cdot W_{ji}^{(2)}\right)f'(z_i^{(2)})$ 换成

$$\delta_i^{(2)}=\left(\left(\sum\nolimits_{j=1}^{S_{l+1}}\delta_i^{(3)}\cdot W_{ji}^{(2)}\right)+\beta\left(-\frac{\rho}{\hat{\rho}_i}+\frac{1-\rho}{1-\hat{\rho}_i}\right)\right)f'(z_i^{(2)})$$ 即可实现相对熵的导数计算，进而实现目标函数 $J_{\mathrm{sparse}}(W,b)$ 的梯度下降。由于每一次更新计算都需用到平均激活度，所以在后向传

播前，需要对所有的训练样本进行前向传播，以获取 $\hat{\rho}_j$。

2.2.3.4 基于堆叠编码器的负荷学习模型搭建

2.2.3.4.1 基于稀疏自编码器的负荷密度典型值映射模型

考虑到地块多维度指标体系具体指标一般在几十个左右，即地块的特征包括几十个，要将如此多特征的对象准确映射至地块负荷密度典型值，具有较大难度。此处，考虑深度学习神经网络的基本原理，通过堆叠编码器对地块特征进行提取，从而提升分类的准确性。

图 2-14 给出了基于堆叠自编码器的地块空间负荷密度典型值分类匹配模型，所采用的网络包括 L 层，下部的 1 到 $L-1$ 层为堆叠编码器 SAE（StackedAuto-Encoders），该结构通过逐层自我学习，从地块多维度特征向量中自动提取敏感因素和关键指标，得到影响地块空间负荷密度的高阶特征。顶部的第 L 层为 softmax 分类器，该分类器输入 SAE 提取得到的地块多维度特征高阶向量，分类匹配得到对象地块映射至各典型负荷密度指标的概率。基于概率最大原理，即可获得该对象地块负荷密度典型值的科学预测结论。

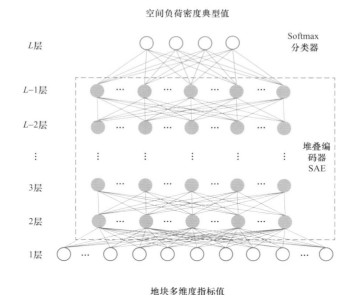

图 2-14 基于堆叠自编码器的地块空间负荷密度典型值分类匹配模型

模型的关键是通过堆叠自编码器 SAE 进行地块高阶特征提取，并基于高阶特征进行负荷密度典型值概率映射。堆叠自编码器 SAE 的特征提取相当于对基础数据进行了有损压缩，从而使得进入分类器的数据价值密度得到极大提升，有效避免了复杂数据干扰，提升空间负荷密度值匹配的准确性。地块空间负荷密度典型值分类匹配原理如图 2-15 所示。

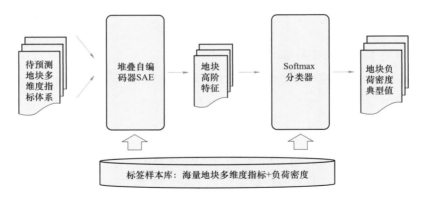

图 2-15　地块空间负荷密度典型值分类匹配原理

图 2-16 展示了基础数据挖掘和预测的主要步骤。

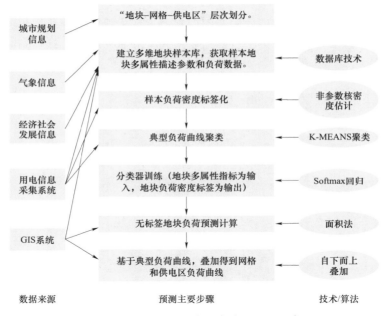

图 2-16　数据驱动的空间负荷预测主要步骤

基于上文介绍的地块基础数据挖掘模型及算法，在"地块-网格"层次化体系下，提出自下而上的基于稀疏自编码器的数据驱动空间负荷预测方法。该方法具体步骤如下：

Step 1 地块-网格划分：基于控规，考虑河流、交通干道等屏障，对区域进行地块、网格划分。

Step 2 多维数据获取：基于用采、营销、GIS 等系统，并依据统计年鉴、互联网、调查问卷等，搜集大量成熟地块指标，包括数十项多属性描述参数和空间负荷密度数据。

Step 3 负荷密度标签化：基于大量成熟地块负荷密度数据，通过非参数核密度估计，得到各类型地块的上、中、下三个负荷密度标签。

Step 4 负荷曲线聚类：基于用采系统，抽取各类型用户典型日负荷曲线，归一化之后，通过自适应 K – MEANS 聚类算法，得到典型负荷曲线。

Step 5 分类器训练：采用某用地类型大量样本地块的多属性指标作为输入，样本地块的实际负荷密度标签作为输出，对该用地类型的堆叠自编码器 SAE 回归模型参数进行训练，据此完成所有用地类型的分类器训练。

Step 6 地块预测计算：对未知地块，选择其用地类型对应堆叠自编码器 SAE 分类模型，输入地块多属性指标参数，由训练完成的分类器自动匹配其最可能的负荷密度标签。

Step 7 自下而上叠加：基于各地块典型负荷曲线，自下而上叠加所有相邻地块的负荷预测结果，得到整个区域的预测负荷曲线。

2.2.3.4.2 基于堆叠编码器的负荷特征压缩模型

为了提升特征表达能力，此处采用堆叠编码器代替单个编码器进行数据压缩，所采用的网络包括 L 层，下部的 1 到 $L-1$ 层为堆叠编码器，顶部的 L 层为 softmax 分类器。该深度网络可通过 wake – sleep 算法进行训练。

如图 2 – 17 所示，模型训练第一阶段是网络逐层自学习，采用无监督学习算法，上一层的输出作为下一层的输入，第一阶段实际是一个网络定向初始化过程。如图 2 – 18 所示，模型训练的第二阶段是整个网络的微调，采用有标签数据进行监督学习，能使得第一阶段的设置向全局最优方向进行调整。

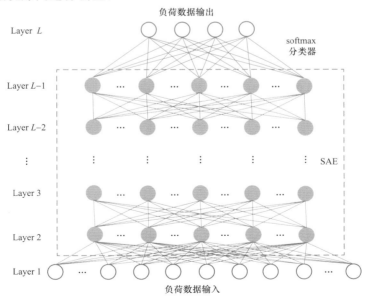

图 2 – 17 基于堆叠编码器的负荷数据挖掘模型

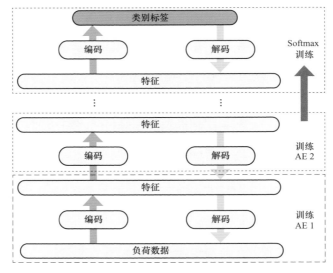

图 2－18　逐层贪婪训练过程

2.2.3.5　堆叠自编码器深度网络的 Wake－sleep 训练算法

对于深度网路，如果对所有层同时训练，时间复杂度太高；如果每次训练一层，偏差就会逐层传递。2006 年，Hinton 提出了训练多层神经网络的一个有效方法，即 Wake－sleep 算法。简单地说，训练分为两步，第一步是每次训练一层网络，逐层向上；第二步是调优，使原始表示向上生成的高级表示和该高级表示向下生成的原始复现尽可能一致。

以一个五层深度负荷密度分类网络为例，其网络结构如图 2－19 所示。以下介绍 Wake－

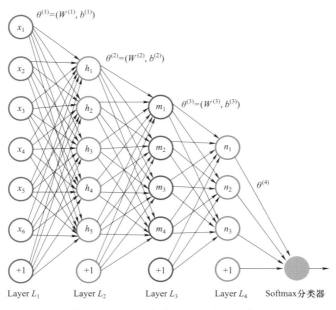

图 2－19　多元分类 5 层深度网络实例

sleep 算法对网络权重参数的训练过程。首先，获得该分类问题的有标签地块样本集，记为：

$$\phi = \left\{ \left(x(1), y(1)\right), \left(x(2), y(2)\right), \cdots, \left(x(m), y(m)\right) \right\}, \ x(1), x(2), \cdots,$$

$$x(m) \in \mathfrak{R}^{6\times 1}, \ y(i) \in \{1, 2, \cdots, k\} \tag{2-17}$$

该网络的 Wake−sleep 训练步骤如下：

（1）STEP1 自底向上地无监督学习。

利用无标签数据地块集 ϕ（只有地块多维度指标值，无负荷密度），通过逐层贪婪算法训练网络参数，由于模型的各层神经元数目限制以及稀疏性约束，使得得到的模型能够学习到数据本身的结构，从而得到比输入更具有表示能力的特征；在学习得到第 $i-1$ 层后，将 $i-1$ 层的输出作为第 i 层的输入，继续训练第 i 层，由此逐层训练得到所有层的参数。

图 2−20 给出了案例自底向上的无监督学习的主要流程，该学习过程包括以下三步。

Substep1：利用无监督自我学习训练第 1 层稀疏自编码器 L_1。在 L_2 后面补充与 L_1 的输入层神经元个数相同的虚拟层 L_3^{visual}，显然 L_3^{visual} 具有 6 个神经元，基于无标签数据 $\boldsymbol{x} = \{x^{(1)}, x^{(2)}, \cdots, x^{(m)}\}$，其中 $x \in \mathfrak{R}^{6\times m}, x^{(i)} \in \mathfrak{R}^{6\times 1}$，训练由 L_1, L_2, L_3^{visual} 组成的输入等于输出的自编码器，得到第一层的权重参数 $\boldsymbol{\theta}^{(1)'}$ 以及第二层的输出 $\boldsymbol{a}^{(2)'}$，显然 $\boldsymbol{\theta}^{(1)'} \in \mathfrak{R}^{6\times 5}$，$\boldsymbol{a}^{(2)'} \in \mathfrak{R}^{5\times m}$。

Substep2：利用无监督自我学习训练第 2 层稀疏自编码器 L_2。在 L_3 后面补充与 L_2 的输入层神经元个数相同的虚拟层 L_4^{visual}，显然 L_4^{visual} 具有 5 个神经元，将 Substep1 中自我学习得到的 L_2 的输出 $\boldsymbol{a}^{(2)}$ 作为该神经网络的输入，基于无标签数据 $\boldsymbol{a}^{(2)'} \in \mathfrak{R}^{5\times m}$，训练由 L_2, L_3, L_4^{visual} 组成的输入等于输出的自编码器，得到第二层的权重参数 $\boldsymbol{\theta}^{(2)'}$ 以及第三层的输出 $\boldsymbol{a}^{(3)}$，显然 $\boldsymbol{\theta}^{(2)'} \in \mathfrak{R}^{5\times 4}$，$\boldsymbol{a}^{(3)} \in \mathfrak{R}^{4\times m}$。

Substep3：利用无监督自我学习训练第 3 层稀疏自编码器 L_3。在 L_4 后面补充与 L_3 的输入层神经元个数相同的虚拟层 L_5^{visual}，显然 L_5^{visual} 具有 4 个神经元，将 Substep2 中自我学习得到的 $\boldsymbol{L}_3$ 的输出 $\boldsymbol{a}^{(3)'}$ 作为该神经网络的输入，基于无标签数据 $\boldsymbol{a}^{(3)'} \in \mathfrak{R}^{4\times m}$，训练由 L_3, L_4, L_5^{visual} 组成的输入等于输出的自编码器，得到第三层的权重参数 $\boldsymbol{\theta}^{(3)'}$ 以及第四层的输出 $\boldsymbol{a}^{(4)'}$，显然 $\boldsymbol{\theta}^{(3)'} \in \mathfrak{R}^{4\times 3}$ $\boldsymbol{a}^{(4)'} \in \mathfrak{R}^{3\times m}$。

Substep4：利用提取特征之后的数据有监督学习训练 Softmax 分类器。样本集经过 L_1, L_2, L_3 三级自我学习之后提取出了新的特征，6 维样本降为 3 维。基于重编码标签样本集 $\left\{ \left(a^{(4)'}(1), y^{(1)}\right), \left(a^{(4)'}(2), y^{(2)}\right), \cdots, \left(a^{(4)'}(m), y^{(m)}\right) \right\}$，采用有监督学习训练 Softmax 分类器参数，记为 $\boldsymbol{\theta}^{(4)'} \in \mathfrak{R}^{k\times 4}$。

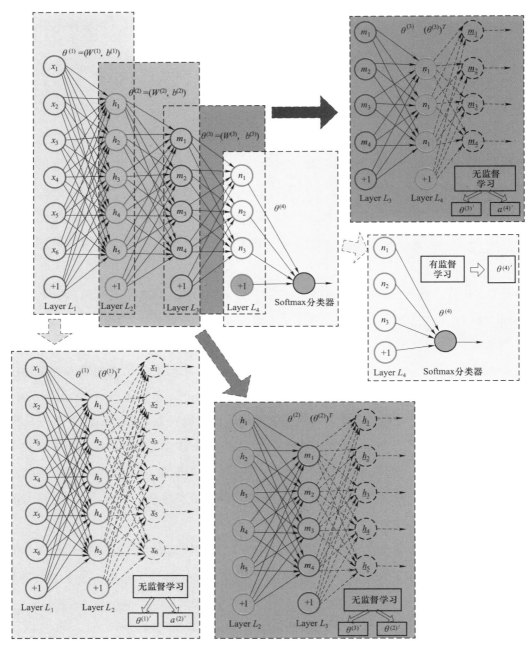

图 2-20　多元分类 5 层深度网络自底向上的无监督学习流程

（2）STEP2 自顶向下地监督学习。

通过有标签数据集（有地块多维度指标值和对应的地块负荷密度）训练整个网络，误差自顶向下传输，基于 Step1 得到的各层参数进一步微调整个多层模型的参数。具体地，如图 2-21 所示，将第 1，2，3 层权重初值设为第一步训练对应稀疏自编码器时得到的权重，即：$\boldsymbol{\theta}^{(1)} = \boldsymbol{\theta}^{(1)'}$，$\boldsymbol{\theta}^{(2)} = \boldsymbol{\theta}^{(2)'}$，$\boldsymbol{\theta}^{(3)} = \boldsymbol{\theta}^{(3)'}$。将第 4 层权重初值设为第一步训练分类器时得到的权重，即：$\boldsymbol{\theta}^{(4)} = \boldsymbol{\theta}^{(4)'}$。基于原有的有标签样本集 $\{(x(1), y(1)), (x(2), y(2)), \cdots, (x(m), y(m))\}$，采用监督学习，通过 BP 算法迭代训练网络所有权重。

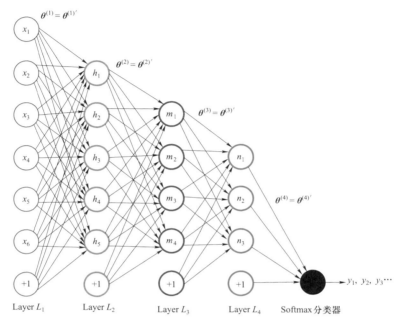

图 2-21　多元分类 5 层深度网络自顶向下的监督学习流程

由以上案例可见，堆叠编码器网络深度学习训练的基本思想是将除最顶层的分类层以外的其他层间的权重变为双向。向上的权重用于"认知"，向下的权重用于"生成"，通过自编码算法逐层训练，然后使用梯度下降法调整所有的权重。让认知和生成达成一致，保证生成的最顶层表示能够尽可能正确地复现底层的知识。深度学习训练过程可概括为两步：

1）采用自下上升非监督学习，从底层开始，逐层贪婪地地往顶层训练；

2）采用自顶向下的有监督学习，通过带标签的数据对网络参数进行微调。

模型训练第一阶段是网络逐层自学习，采无监督学习算法，上一层的输出作为下一层的输入，第一阶段实际是一个网络定向初始化过程。模型训练的第二阶段是整个网络的微调，采用有标签数据进行监督学习，能使得第一阶段的设置向全局最优方向进行调整。传统 BP 神经网络的权重初值是随机初始化得到的，而深度学习的第一步不是随机初始化，而是通过逐层学习输入数据的结构而得到的权重初值，这个初值更接近全局最优，从而能够保证第二步的梯度下降取得更好的效果，深度学习效果很大程度上归功于第一步的特征学习过程。

2.2.4 负荷密度算例演示

通过算例仿真，演示数据驱动的负荷密度计算流程。

选择传统空间负荷预测中演示的开发区算例作为测试算例。除了各地块已有的位置属性指标外，地块发展水平和气候属性指标采用该开发区的所在城市数据代替，前者取自统计年鉴，后者取自气象信息系统。地块的开发强度指标由该市规划局提供。

为获取该区域当地各类型地块的典型负荷密度指标，选择了其所在地区约3000个用户进行空间负荷密度指标摸底调查，其中工业地块用户1500个、商业地块用户800个、居住小区700个。通过用采系统获取最大负荷数据，通过GIS并结合调查问卷等辅助形式获取面积信息，计算各类样本地块负荷密度，表2-4给出了其中部分工业及商业地块的样本信息。

表2-4　　　　　　　　　　部 分 调 研 用 户 数 据

类型	用户	占地面积 （m²）	2017年最大负荷 （kW）	负荷密度 （W/m²）
工业用地	××运动服装有限公司	21123	1132	53.6
	××纤维有限公司	3511	182	51.8
	××染整有限公司	10223	203	19.9
	××皮草有限公司	6513	528	81.1
	××服饰有限公司	18270	197	10.8
	××经编有限责任公司	6889	659	95.7
	××纺织合营公司	5950	856	143.9
	××服装辅料厂	2213	195	88.1
	××经编有限公司	6489	99	15.3
	××经编有限公司	10543	975	92.5
	××织造有限公司	91371	2650	29.0
商业用地	××农贸市场有限公司	12776	201	15.7
	××置业有限公司	2956	13.28	4.5
	××汽车销售服务有限公司	6668	157	23.5
	××递有限公司	13385	41	3.1
	××石化经营有限公司	2766	22	8.0

基于大量调研地块的负荷密度指标数据，通过非参数核密度估计以及取极值的方法按照各类用地类型进行统计，可得到各类地块的负荷密度分布参数，结果如表 2-5 所示。

表 2-5 各类用地负荷密度典型分布特征提取结果

类型	细分类型	密度上界	低段典型值	中段典型值	高段典型值	密度上界
工业用地	一类工业 M1	20	28	54	88	95
	二类工业 M2	20	26	42	83	90
	三类工业 M3	20	25	37	60	80
商业用地	商业设施 B1	30	37	50	76	90
	商务设施 B2	30	40	51	75	90
	商业综合体 B3	32	48	98	135	155
居住用地	一类居住 R1	2	3	6	16	40
	二类居住 R2	5	11	15	26	45
	三类居住 R3	5	10	17	26	45

为更直观地展示该地区各类用地负荷密度典型分布特征，根据核密度统计数据绘制了负荷密度直方图。可以看出，调查统计与非参数核密度估计相结合的方法可以清晰地给出该地区典型用地负荷密度。表 2-6 总结了目前当地配电网规划中采用的负荷密度指标相关标准。

表 2-6 电网规划现沿用的相关规范、标准、地方法规汇总表

建筑分类		GB/T 50293—2014《城市电力规划规范》（W/m²）	GB 5009—2011《住宅设计规范》（kW/户）	《工业与民用配电设计手册》（2003 版）（W/m²）
居住建筑	多层住宅	20～60（1.4～4kW/户）	≥2.5	50（基本型）
				75（提高型）
				100（先进型）
	高层住宅			30～50（公寓）
	中小学、幼儿园			12～20
公共建筑	行政办公	30～120		30～70
	商业			40～80（一般）
				60～120（大中型）
				40～70（旅馆）
工业建筑		20～80		

通过比较表 2-6 所示的负荷密度指标体系，不难看出：传统负荷密度指标体系只给出高、中、低三个值，或者给出范围，缺乏选取和调整依据，并且通用标准一般是全国性标准，因此普遍性标准在特定的局部区域适用性相对较差。本方法给出的负荷密度指标是基于当地实际大数据调研结果，包括上下界以及高、中、低三个典型值，有明确物理意义，其中密度上、下界给出了该区域负荷密度的可能范围，可用于负荷预测结果的判断以及校验；而低段密度典型值、中段密度典型值、高段密度典型值三项分布特征是大量统计得出的最可能负荷密度值，可直接用于配电网规划负荷标准。地区工业、商业、居住用地负荷密度典型分布特征分别如图 2-22～图 2-24 所示。

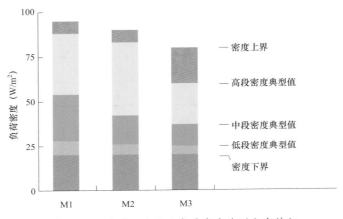

图 2-22　地区工业用地负荷密度典型分布特征

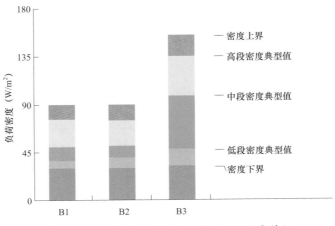

图 2-23　地区商业用地负荷密度典型分布特征

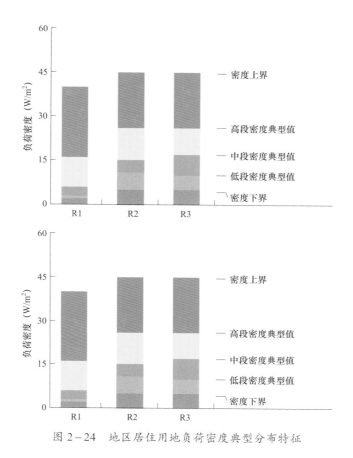

图 2-24 地区居住用地负荷密度典型分布特征

2.3 负荷曲线的聚类获取

2.3.1 各类典型日负荷曲线提取

日负荷曲线是反映一日内负荷随时间变化规律的曲线,可直接反映用户的用电行为。用电行为相似的用户,其日负荷曲线形态也高度相似,并呈现明显的行业聚集性,不同类型的用户其负荷曲线形态则差异较大。利用改进 K-MEANS 算法对各类用户的日负荷曲线进行聚类分析,以提取其典型日负荷曲线,主要包括以下步骤:

(1)从有关部门得到分属工业、居民住宅、商业(即初始分类)等 L 个类别的电力用户的日负荷曲线,设每条日负荷曲线有 q 个量测数据,记第 i 条日负荷曲线为 $\boldsymbol{y}_i$,$\boldsymbol{y}_i = [y_{i1}, y_{i2}, \cdots, y_{iq}]$;

（2）利用极大值标准化方法对每条日负荷曲线进行标准化处理，去除基荷数据的影响；

（3）设定聚类数 k（显然 $k=L$），以标准化处理后各类负荷曲线的中心线为初始聚类中心，从而弥补了经典 K-MEANS 算法因初始聚类中心随机设定易陷入局部最优的不足。

（4）以标准化处理后负荷曲线的每个采集点数据作为输入，以负荷曲线间的余弦相似度作为相似性度量判据，将用户分为曲线形态相似的 k 个类别，重新标记该用户分类，记作聚类分类；

（5）比较、分析各用户的初始分类与聚类分类结果，剔除分类不正确或用电行为不典型的用户后，求取各类负荷的典型日负荷曲线（标准化后同类日负荷曲线的中心线），记作 $y_l(l=1,2,\cdots,L)$。

2.3.2 负荷数据的自适应聚类提取

在进行自下而上的负荷叠加时需获取大量用户的日负荷曲线，对其进行聚类，将各类型的中心线作为该用地类型的典型负荷曲线。但是由于负荷曲线的形态种类与用地类型并不完全一致，因此在聚类之前很难确定合适的类型数。为此，引入基于 DB（Davies-Bouldin）距离指标。

DB 指标定义在传统的 K-MEANS 聚类算法之上，可通过以下公式表示：

$$S(i)=\frac{1}{|C_i|}\sum_{z_j\in C_i}X_j-A_{jp} \tag{2-18}$$

$$DB=\frac{1}{k}\sum_{i=1}^{k}\max_{j=1,2,\cdots,k;j\neq i}\frac{S(i)+S(j)}{A_i-A_{jp}} \tag{2-19}$$

式中，C_i 表示第 i 个类型，z_j 是 C_i 中的向量；C_i 的聚类中心记为 A_i。显然 $S(i)$ 度量了 C_i 类型内的一致程度；A_i-A_{jp} 度量了类型 C_i 和 C_j 的差异程度。可见，DB 指标同时考虑了同类的一致性和异类的差异性，是聚类有效性的综合度量。对负荷曲线进行聚类的目的是搜索最小的 DB 值，实现聚类效果最佳，这种搜索可以通过迭代算法进行。

图 2-25 给出了通过 DB 迭代改造之后的 K-MEANS 算法主要流程，该算法避免了传统 K-MEANS 算法的类型数 k 需预先设定的劣势，可实现 K-MEANS 算法的类型自适应。

负荷曲线形态与用电设备的类型及运行模式有关。例如，受空调负荷影响，大部分地区在年最大负荷时负荷曲线会呈现一定的特殊形态。本文通过聚类负荷曲线为地块峰值负荷的叠加提供参考信息，因此样本库中的负荷曲线应在区域最大负荷月中选取。另外，应考虑到休息日和工作日负荷曲线的差异性。因此，本文选择七月或八月的工作日负荷曲线

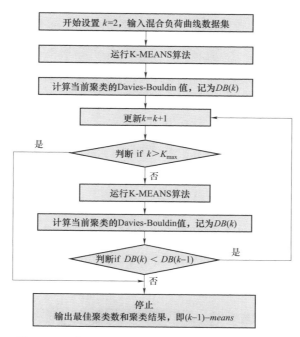

图 2-25 基于 DB 指标的负荷曲线自适应聚类算法

作为样本曲线。值得一提的是，数据归一化会过滤大部分的负荷曲线微小差异。并且考虑到当样本曲线足够多时，大数据自身会有很好的容错性。因此，没有必要指定负荷曲线选取的具体日期。

2.3.3 基于典型日负荷曲线的负荷分类校验及精选

负荷分类校验的实质是度量调研样本日负荷曲线与该类典型日负荷曲线间负荷形态的相似性。当负荷形态相近但存在细微波动趋势差异时，基于余弦相似度的相似性判据比欧式距离更能反映负荷曲线之间的相似波动特性。本文以余弦相似度为判据，对调研样本的负荷分类进行校验，并对样本进行精选。具体步骤如下：

（1）对所有调研样本的日负荷曲线依次进行极大值标准化处理，记标准化处理后的调研样本的日负荷曲线为 $c_t(t=1,2,\cdots,T)$。

（2）依次计算标准化处理后每个调研样本的日负荷曲线 c_t 与各类典型日负荷曲线 y_l 的余弦相似度。

$$Sim_{\cos}(c_t,y_l)=Cos(c_t,y_l)=\frac{c_t\bullet y_l}{|c_t||y_l|}(l=1,2,\cdots,L) \tag{2-20}$$

（3）找出与 c_t 最相似（即与 c_t 余弦相似度最大）的典型日负荷曲线 y^*，对 c_t 标记 y^* 所属分类，记作校验分类。

（4）比较 c_i 的初始分类和校验分类，筛选并复核两次分类不同的样本，修正所有分类错误样本的类标签。

（5）设定聚类数 $k=2$，以前节所述方法对每类样本进行再次聚类，把元素较少的一类剔除，把元素较多的一类作为该类负荷的精选样本，得到负荷分类正确且具备行业典型性的样本，构成预测的全样本空间。

2.3.4 负荷曲线聚类算例演示

以上一章节提及的开发区为例，介绍负荷曲线聚类算法。作为聚类的数据源，从用电信息采集系统中抽取了 15000 个用户的日负荷曲线，其中工业用户 3000 个、商业用户 3000 个、行政办公用户 3000 个、居民用户 4500 个、教育地块 1000 个、医疗地块 500 个，首先对所有负荷曲线进行归一化处理，结果如图 2－26 所示。

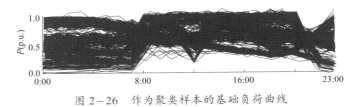

图 2－26　作为聚类样本的基础负荷曲线

采用 K－MEANS 算法对样本负荷曲线进行聚类，并得到聚类结果。可见，通过聚类方法样本负荷曲线可成功将样本负荷曲线进行分类，通过计算可得到了各类清晰的中心曲线。各子类的中心曲线即可作为各用地类型的典型负荷曲线。

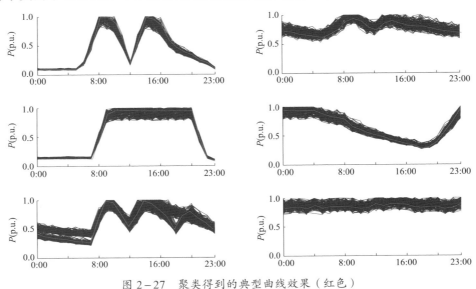

图 2－27　聚类得到的典型曲线效果（红色）

2.4 自下而上叠加的空间负荷预测算例演示

2.4.1 当地空间负荷预测结果

采用本文样本库训练得到的堆叠稀疏编码 SAE 和 Softmax 分类器模型对算例区域地块进行负荷密度分类，预测和实际结果如图 2-28 所示。可见，大多数地块的负荷密度预测等级与实际量测数据一致，仅有 12 个地块分类错误，地块分类准确率高达 95.5%。

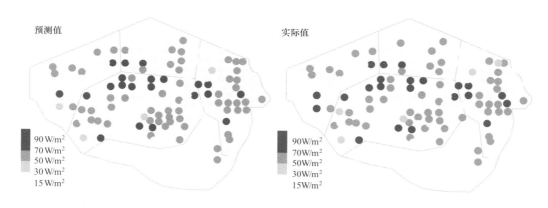

图 2-28 目标区域地块负荷密度预测结果

2.4.2 自下而上负荷叠加结果

基于开发区的详细规划、控制性详细规划、产业规划以及当地负荷密度指标调研结果，可计算得到产业园区内所有功能地块的饱和负荷；在此基础上，考虑聚类得到的各类型地块典型负荷曲线结果，对各地块进行匹配之后，可通过自下而上叠加的方法得到各用电网格的负荷预测结果，包括网格的最大负荷以及预测的典型负荷曲线；基于网格的预测负荷和负荷曲线，采用同样自下而上方法进行叠加可得到整个园区的预测负荷以及典型负荷曲线。各网格的负荷预测信息如下。

图 2-29 给出了网格 1 的预测负荷曲线，可见该网格预测负荷峰值为 34.65MW，预测负荷特性为典型的白天单一尖峰形态。网格 1 对应现代服务业发展平台，该区域将规划建

成集科技、商务、金融、工业设计等于一体的现代服务业综合体，突出商务楼宇经济。因此，该区域负荷呈现日间高峰特征是符合功能定位与产业规划的。

图 2-30 给出了网格 2 和网格 4 的预测负荷曲线，可见网格 2 负荷峰值为 16.85MW，网格 4 负荷峰值为 19.18MW，两个网格的负荷特性都是典型的白天双峰形态，在正午时有一个较为明显用电下降。网格 2 对应时尚纺织业发展平台，该区域是经编总部大厦和商贸中心等商务楼宇所在区块，另有数十家经编企业，区域负荷整体呈现二班制的产业特征。网格 4 集中大量的经编产业和商服用地项目，负荷曲线呈现日间高峰的二班制特点。由以上分析，这两个网格的预测负荷曲线形态与区域产业定位也相一致。

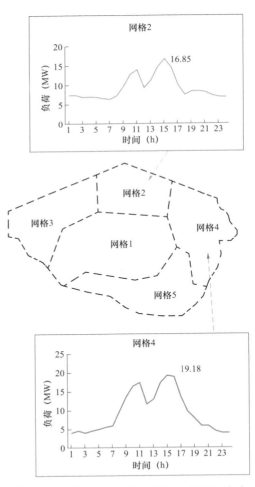

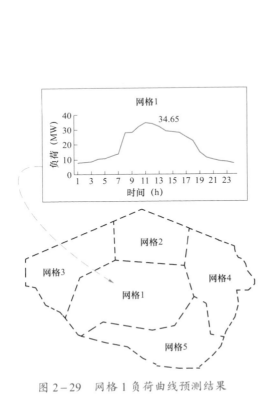

图 2-29　网格 1 负荷曲线预测结果　　　图 2-30　网格 2、网格 4 负荷曲线预测结果

图 2-31 给出了网格 3 的预测负荷曲线，可见该网格负荷峰值为 84.38MW，负荷特性为典型的三峰形态，在夜间还有一个明显的高峰。网格 3 为经编新材料创新平台，该区域产业定位为经编及相关产业，重点发展中高端制造业，因此该区域负荷呈现一定三班制特征是合理的。

图 2-32 给出了网格 5 的预测负荷曲线，可见网格 5 负荷峰值为 20.41MW，负荷特性是典型的夜间高峰形态，高峰发生在 20:00 左右。网格 5 对应区域规划为产业园区配套的商业服务、教育医疗及居住用地，居民家用电器一般在夜间下班后开启用电，因此该区域负荷曲线呈现夜间高峰特点是符合其功能定位的。

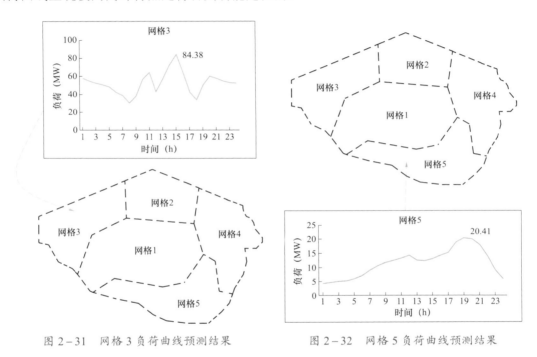

图 2-31　网格 3 负荷曲线预测结果　　　　图 2-32　网格 5 负荷曲线预测结果

通过以上分析，可见采用基于典型负荷曲线的自下而上叠加方法得到的各网格预测负荷曲线与实际用地及产业功能规划情况相一致，该预测方法在物理意义上可保证足够的精确性。

图 2-33 进一步给出了基于各网格预测负荷曲线叠加得到的园区负荷曲线，可见，园区总负荷峰值为 161.89MW，园区负荷形态整体呈现日间双峰的产业负荷特征，这与该区域整体上定位为产业园区的实际情况相一致。

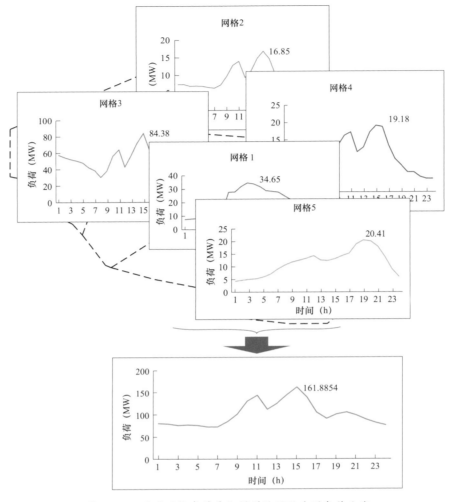

图 2-33　通过网格负荷叠加得到的园区典型负荷曲线

　　基于典型负荷曲线叠加得到了区域负荷曲线，同时给出了通过高压计量得到的区域实际最大负荷日曲线，如图 2-34 所示。

　　可见，数据驱动的自下而上负荷预测方法预测得到的双峰形态曲线与区域实际情况基本一致。并且，预测最大负荷 161.89MW 接近实际负荷值 155MW。采用下式所示均方根偏差（Root Mean Squared Error，RMSE）对综合误差进行量化。计算可得，本文方法 RMSE 误差率仅为 1.46MW。计算公式如下：

$$\text{RMSE} = \frac{1}{24}\sqrt{\sum_{t=1}^{24}\left(\text{Estimated}_t - \text{Actual}_t\right)^2} \tag{2-21}$$

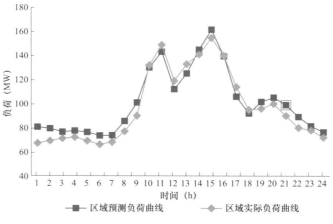

图 2－34 预测和实际区域负荷曲线

表 2－7 给出了基于典型曲线叠加的预测结果与传统预测方法的结果。可知，通过各网格预测负荷曲线叠加得到的园区负荷为 161.89MW，实际园区负荷同时率为 0.92；若取同时率 0.9，并且按照空间负荷密度标准，传统空间负荷预测方法得到的园区负荷为 144.5MW。两种方法得到的各网格饱和负荷结果存在一定偏差，但偏差基本处于可接受范围内。

表 2－7 基于典型曲线叠加的预测结果与传统预测方法比较

序号	网格	传统基于标准负荷密度和给定同时率的用地指标法	自下而上基于典型曲线叠加的数据驱动方法
1	网格 1	33.33MW	34.65MW
2	网格 2	15.33MW	16.85MW
3	网格 3	74.11MW	84.38MW
4	网格 4	17.78MW	19.18MW
5	网格 5	20.00MW	20.41MW
合计		144.5MW	161.89MW
同时率		0.90（设定）	0.92（计算）

为进一步评估数据驱动的自下而上负荷预测方法在不同空间尺度上的准确性。表 2－8 给出了采用不同方法预测得到的地块、网格及区域三个空间尺度上峰荷预测结果误差。其中，方法 2 为自上而下的仿真法。该方法基于多 Agent 模型将区域负荷进行自上而下分配（输入设为区域负荷实际值）。方法 3 为目前规划人员常用的负荷密度指标法，地块负荷密度和同时率指标参考 GB/T 50293—2014《城市电力规划规范》。

由表 2－8 可以看出，在地块、网格和区域尺度上，数据驱动的自下而上负荷预测方法相对于传统负荷密度指标法和自上而下仿真法都有较明显优势。其中，所提方法相对于负荷密度指标法的优势主要体现在大范围预测结果（网格、区域）更为精确，相对于自上而下仿真法的优势主要体现在小范围预测精度更高（地块）。所提方法的区域预测误差小于网格是由于部分预测结果偏大的网格和预测结果偏小的网格在叠加过程中误差的相互抵消。

表 2-8　　　　　　　　　　　不 同 方 法 预 测 结 果　　　　　　　　　单位：%

比较项	尺度	预测方法		
		数据驱动的自下而上负荷预测方法	自上而下仿真法	传统负荷密度指标法
误差率（误差绝对值/实际值）	地块平均	3.50	9.20	6.59
	网格平均	9.50	12.20	22.59
	区域	3.75		33.08

2.5　小　　结

现有空间负荷预测是基于用地性质单维度开展的，未考虑地形、建筑形态、气候、发展水平、产业形态等因素，精度有限。另一方面，现有空间负荷预测只给出未来最大负荷量，不具有时标信息，因此在网供负荷平衡时面临同时率选择难题，也无法叠加考虑具有明显时段输出有功功率特征的分布式电源和电动汽车负荷等多元化因素的影响。因此，传统空间负荷预测无法有效指导配电网精益化规划。

自下而上叠加过程中，可以充分利用配电网已有历史数据以及大数据算法提升预测精度，主要技术路线包括以下两方面：

1. 基于 K-MEANS 的负荷曲线聚类

通过聚类算法对用电信息采集系统或营销系统（包括其他 AMI 系统）中可获取的当地样本负荷曲线进行聚类，将各类型中的中心曲线作为该地块类型的典型负荷曲线。

具体可选用简单的 k 均值算法进行聚类，K-MEANS 是一种常用的动态聚类算法，k 均值算法能够使聚类集中所有样本到聚类中心的距离和最小。图 2-35 给出了 K-MEANS 聚类算法的主要步骤。

图 2-35　K-MEANS 聚类算法流程图

2. 空间负荷密度的非参数核密度估计

在获取当地典型的空间负荷密度指标时将可基于大量的成熟地块调研和统计得到，即通过用电信息采集系统获取成熟地块用户的最大负荷，通过 GIS 系统或者调查问卷等辅助形式获得用户地块面积，进而得到各类样本地块的负荷密度指标数据。并且在此基础上，通过大数据统计的方法得到典型负荷密度参数。此处可采用核密度估计算法进行统计。

基于以上提出的数据驱动方法以及自下而上的叠加思路，图 2-36 给出了网格化空间负荷预测的技术框架。其主要步骤如下：

（1）基于控规、详规等信息，以河流、交通干道等屏障为边界，充分考虑功能定位，对待预测区域进行地块、网格以及供电区划分。

（2）基于用采、营销系统、GIS 等系统，并通过互联网、调查问卷等补充形式，搜集地区各类用户空间负荷密度信息，通过核密度估计等统计方法，得到各类型地块的典型负荷密度指标。

（3）基于用采系统，抽取各类型地块用户的典型日负荷曲线，通过聚类算法，得到各典型地块的典型负荷曲线。

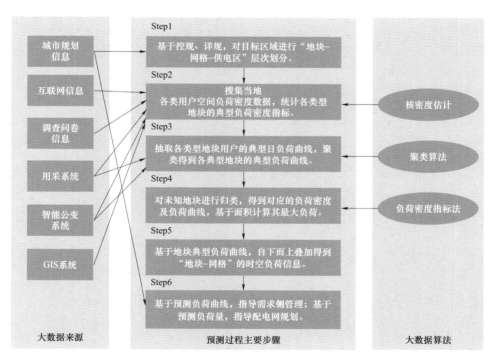

图 2-36 数据驱动的自下而上空间负荷预测技术框架

（4）对未知地块进行归类匹配，得到对应的负荷密度及负荷曲线，通过负荷密度指标法结合面积计算其最大负荷。

（5）基于各地块典型负荷曲线，通过自下而上叠加的方法，得到"地块－网格"的全景负荷信息。

（6）基于负荷时空全景信息，对变电站选址定容、出线安排、负荷管理等进行指导。

本章基于智能电网、智慧城市的大数据场景，分析城市规划、电网规划、负荷预测之间的层次化对应关系，提炼人口、GDP、产业结构、容积率等指标与负荷密度间的相关性，获得大量调研样本数据中的地块负荷密度指标以及典型用电曲线共性特征，提出基于典型负荷曲线的自下而上叠加方法，得到地块－网格－供电区全景负荷信息，避免了同时率选取，有效提升了空间负荷预测精度。另外，本章探索了多元分类器、堆叠自编码器等机器学习方法在空间负荷预测中的典型应用模型和计算策略，通过数据驱动方法，匹配地块的典型负荷密度值，实现了空间负荷预测的信息归集、结果自动生成。

3 配电网新元素对负荷预测结果的影响分析

分布式电源、温控负荷、电动汽车和储能等配电网新元素规模日益增大，极大地增加了配电网运行与控制的不确定性，亟需分析新元素对负荷预测结果的影响，对空间负荷预测结果进行修正。

本章首先综合考虑电价与用户体验对温控负荷运行的影响，建立温控负荷可调度潜力评估模型，分析空调、热泵等温控负荷对空间负荷预测的影响。其次，采用蒙特卡洛模拟的方法，根据区域类型、车辆类型等参数建立电动汽车充电负荷模型，分析电动汽车对空间负荷预测结果的影响。然后采用聚类算法，提取当地典型光伏出力曲线并完成考虑光伏出力的空间负荷预测分析。最后本章分析了储能设备对负荷预测可能存在的影响，并建立储能运行模型，完成了考虑储能削峰填谷的负荷预测算例分析。

3.1 温控负荷对负荷预测结果的影响分析

温控负荷是当前用户侧重要的灵活资源，聚集用户侧广泛分布的温控负荷以参与电网调控、削峰填谷是当前需求响应的研究热点。因为用户对环境温度的需求往往在一定范围内，这使温控资源在不影响用户使用体验的情况下存在一定的可调节潜力，且温控负荷集群具有相当客观的调控能力。随着用户参与需求响应的积极性逐渐增加，温控负荷等灵活资源对负荷预测的影响也越来越明显，因此有必要考虑空调等温控负荷参与需求响应对负荷预测的影响。

本节考虑量化用户体验，以最大化用户满意度为目标调控温控负荷参与需求响应，并计算可调度潜力，以此为依据对负荷预测结果进行修正。首先建立了综合考虑电－热特性与用户行为的温控负荷模型；然后基于模糊理论，建立用户对电价与室内温度的感知模型，量化模拟用户对信息的认知与响应决策过程；然后针对于大规模温控负荷群体数据缺失的问题，提出了一种概率密度估计方法，提高了基于小样本的温控负荷群的聚合功率估计精确度；最后通过简单算例演示了温控负荷可调节潜力对负荷预测的影响。

3.1.1 用户满意度评估模型

考虑了用户行为的温控负荷模型如图 3－1 所示。其中，模型包括用户模型、电－热模型两个部分。模型输入为电价信号，输出为负荷群的需求响应容量。

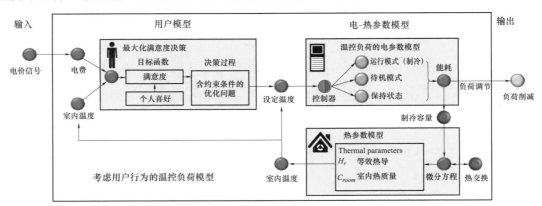

图 3－1　温控负荷模型框架

在模型中，主要考虑电力费用以及室内温度对用户满意度的影响。通过最大化满意度的控制策略，用户做出基于当前状态的最优设定温度决策。该决策通过温控负荷的电－热模型，调整电力消耗，为系统提供辅助服务。

在需求响应中，保证用电满意度是实现用户－电网双向互动的基础。影响温控负荷用户的满意度的主要因素包括电力费用以及室内温度两个方面。这些因素不仅与用户自身的特性有关，还将随着时间的变化而变化，这增加了用户行为建模的复杂性。本文采用模糊子集方法，模拟用户群对变量的认知过程，对用户满意度进行精细化建模。具体过程如图 3－2 所示。

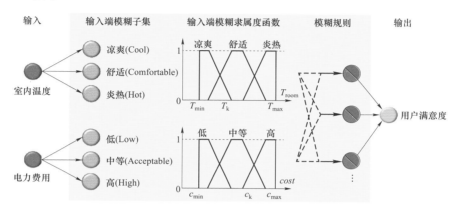

图 3－2　模糊子集方法框架

在上述模型中，用户对于室内温度 T 的感知被分为 3 种模糊子集，分别为"凉爽"（Cool）、"舒适"（Comfortable）与"炎热"（Hot）。同理，可以建立 3 种对电费（C）的感知："低"（Low）、"中等"（Acceptable）与"高"（High）。

各个模糊子集的隶属度函数遵从 TSK 模糊模型（Takagi－Sugeno－Kangfuzzymodel），每个室内温度与电费的感知子集将会通过既定的模糊规则对应一个用户满意度函数，本文的模糊规则采用关于室内温度与电费的线性函数。例如：如果电费（C）高且温度（T）舒适，那么

$$y_s^i = f^i(C,T) \tag{3-1}$$

式中，y_s^i 是第 i 条模糊规则的用户满意度的值，$f^i(\cdot)$ 是第 i 条模糊规则的函数表达式，本文选取线性函数

$$f^i(C,T) = a_0^i + a_1^i \cdot C + a_2^i \cdot T \tag{3-2}$$

式中，a_0^i，a_1^i，a_2^i 是第 i 条模糊规则的固定参数。用户关于舒适度与电费的权衡关系可以基于合理的参数选择来实现，具体的案例可见算例仿真。

基于式（3－1）与式（3－2），用户满意度指标可以通过 $f^i(\cdot)$ 计算而得。同理，所有的室内温度与电费的感知组合可以通过不同的参数选择计算。这样，用户的综合满意度可以被表示为所有模糊规则的加权平均值，加权值通过两个模糊子集的隶属度相乘计算，如

式（3-3）所示：

$$y_s = \sum_{i=1}^{R}[\mu_C^i(C) \cdot \mu_T^i(T) \cdot y_s^i] / \sum_{i=1}^{R}[\mu_C^i(C) \cdot \mu_T^i(T)] \qquad (3-3)$$

式中，μ_C^i，μ_T^i 分别表示第 i 条模糊规则下的电费与室内温度的模糊隶属度。R 表示所有模糊规则的数量。至此，该模糊子集模型可以基于输入的室内温度与电费，输出量化的用户满意度。

根据"理性人"假设，本文假设每个个体理性地做出最大化自身利益的决策。因此，用户决策过程是一个目标为最大化用户满意度的优化问题，目标函数表示为

$$Max \quad \sum_{i=1}^{R}[\mu_C^i(C) \cdot \mu_T^i(T_{room}) \cdot y_s^i] / \sum_{i=1}^{R}[\mu_C^i(C) \cdot \mu_T^i(T_{room})] \qquad (3-4)$$

该优化问题的约束为：温控负荷电参数模型：式（3-1）、式（3-2）；实时电价下的电费：式（3-3）；温控负荷热参数模型：式（3-4）、式（3-5）；设定温度范围：

$$T_{min} \leqslant T_{set}(t) \leqslant T_{max} \qquad (3-5)$$

在实际中，对于一个温控负荷，设定温度通常在一定范围内，且必须是一个整数。例如通常制冷状态的空调设定温度范围在 18～30℃之间。所以对于用户来说，只有有限的设定温度可供选择，所以，本例的优化问题将遍历所有的可供选择的温度，计算流程如下：

步骤 1：列出所有可能的设定温度；

步骤 2：在不同设定温度下，计算实时电量以及电费；

步骤 3：基于提出的模糊模型，计算用户满意度；

步骤 4：比较不同设定温度下的满意度数值，选择最大满意度对应的设定温度，作为最优决策。

3.1.2　用户体验影响下的温控负荷潜力评估

单个温控负荷模型包含许多参数和变量，这些参数和变量或多或少会影响输出。电力系统的集成商或运营者需要获得所有的参数来评估温控负荷群在不同电价下的响应容量，计算表达式如式（3-6）所示：

$$\Delta P^k(p_0, p_1) = P^k(p_0) - P^k(p_1) \qquad (3-6)$$

式中，$P^k(p)$ 表示第 k 个温控负荷的电能消耗。

在实践中，由于测量值有限或设备故障，有时不得不在没有足够信息的情况下进行估计。例如，由于热参数（如等效导热系数和热质量）随时间、地点和建筑物的不同而变化，因此不易收集。这些参数或变量可以通过现场作业测量得到，也可以通过实际监测数据的

参数拟合得到。但是，获取每个个体的这些参数的成本太高，特别是对于大型异构聚合而言。因此，大规模温控负荷群提供的响应潜力必须基于不足的数据进行评估。本节给出了两种可行的估计方法：矩估计（moment estimation，ME）法和概率密度估计（probability density estimation，PDE）法。

1. 矩估计

矩估计方法是点估计方法的一种，对于温控负荷的评估流程如图 3-3 所示。假设全部负荷数量为 N，已知参数温控负荷（样本）的数量为 N_s。通过已知温控负荷估计全部负荷的需求响应潜力，如式（3-7）所示。

$$\widehat{P}_{ORC}(p_0, p_1) = \frac{N}{N_s} \sum_{k_s=1}^{N_s} \Delta P^k(p_0, p_1) \qquad (3-7)$$

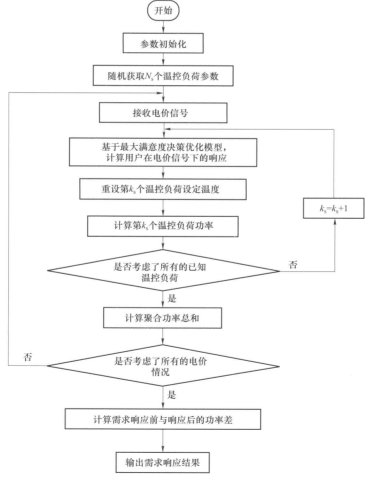

图 3-3 矩估计方法流程图

2. 概率密度估计

本文提出的概率密度估计方法分为两个阶段。在第一步中，基于有限的测量数据，通过核密度估计方法估计负荷的概率密度分布模型。在第二步中，通过计算概率密度期望，可得聚合温控负荷的需求响应潜力。

第一步：核密度估计是一种广泛使用的非参数概率密度估计方法。与参数估计方法相比，其主要的优势在于可以更加广泛地应用于未知的概率密度，特别是那些不规律的概率密度曲线。而且，核密度估计的平滑特性可以有效地规避统计带来的误差。核密度估计原理如图 3-4 所示。图中包含 6 个采样数据（黑色标记），分别对应一个正态分布的核函数（红色虚线），将各个核函数累加，即为核概率密度估计曲线（蓝色实线）。

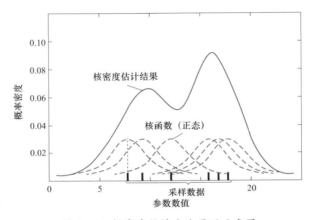

图 3-4　核密度估计方法原理示意图

基于以上方法，可以在样本数较少的条件下估计温控负荷群的整体参数分布。以等效热导为例，假设在 N_s 个已知温控负荷的热导参数表示为 $(H_r^1, H_r^2, \cdots, H_r^{N_s})$，估计全部温控负荷群热导参数的概率密度 $\hat{f}_{h_{Hr}}$，表示为

$$\hat{f}_{h_{Hr}}(H_r) = \frac{1}{N_s h_{Hr}} \sum_{i=1}^{N_s} K\left(\frac{H_r - H_r^i}{h_{Hr}}\right) \qquad (3-8)$$

式中，$K(\cdot)$ 表示核函数，要求满足非负以及积分数值为 1 的条件。在应用中核函数的选取直接影响了概率密度估计的精确度，常用核函数包括均匀型、正态（高斯）型、叶帕涅奇尼科夫型等。本文考虑到温控负荷参数的一般性，采用正态型的核函数

$$K(x) = \frac{1}{(2\pi)^{n/2}} \exp\left(-\frac{x^2}{2}\right) \qquad (3-9)$$

式中，h_{Hr} 表示核函数的 $K(\cdot)$ 带宽。核函数带宽的选择直接影响了概率密度估计的性能。

如果带宽过大，估计结果将会变得极为光滑，导致将会忽略一些重要的信息。如果带宽过小，估计结果可能会包含大量的噪声，同样会影响实际的估计精度。不同的带宽选择下计算结果差异极大。为了最小化期望的积分平方误差，本文采用了基于正态核函数的经验法则（rule-of-thumb）带宽估计方法，计算如下所示

$$h_{Hr} = (4 / 3N_s)^{1/5} \hat{\sigma}_{Hr} \qquad (3-10)$$

式中，$\hat{\sigma}_{Hr}$ 表示等效热导的标准差。

基于以上方法，可以计算出温控负荷的其他参数的概率密度分布，例如，室内热质量的 C_{room} 的核函数分布 $\hat{f}_{h_{C_{room}}}$。

对于多个参数的联合概率分布，计算温控负荷群的响应潜力时，需要构造多个参数的联合概率分布函数。举例来说，考虑温控负荷群的两个主要等效热导 H_r 与室内热质量 C_{room} 两个参数的联合分布时，可以认为二者是独立分布，所以可以将二者的联合概率分布模型如下式计算

$$\hat{f}_h(C_{room}, H_r) = \hat{f}_{h_{C_{room}}}(C_{room}) \cdot \hat{f}_{h_{H_r}}(H_r) \qquad (3-11)$$

如果所考虑参数均相互独立，可将以上方法拓展到多维联合分布。

第二步：个体温控负荷的能量消耗可以通过概率期望计算而得，如下式所示

$$\hat{P}_{avg}(p_0) = \int_{C_{room}} \int_{H_r} \hat{f}_h(C_{room}, H_r) \cdot P_{avg}(p_0, C_{room}, H_r) \qquad (3-12)$$

式中，$P_{avg}(p_0)$ 表示在电价为 p_0 时温控负荷的能源消耗期望；x, y 表示待估计的参数。

温控负荷所能提供的响应潜力为

$$\hat{P}_{ORC}(p_0, p_1) = N \cdot [\hat{P}_{avg}(p_0) - \hat{P}_{avg}(p_1)] \qquad (3-13)$$

基于概率密度估计方法的温控负荷群的响应潜力评估流程如图 3-5 所示：

3.1.3 考虑温控负荷潜力的负荷预测算例分析

本文的测试系统模拟了温控负荷群体需求响应行为，分析负荷群体对不同电价的响应行为，评估了其响应潜力；并比较了矩估计方法与概率密度估计方法在小样本抽样条件下对响应潜力评估的准确度影响，从而证明了本文提出方法的有效性。

考虑的缺省测试系统中，假设环境温度为 30℃。全体温控负荷群的数量为 20000，其中仅包含 100 台温控负荷的参数能作为样本被系统获取。温控负荷的额定功率 P_r 假设为 2kW。温控负荷的能量效率设定为 3.0。温控负荷的控温区间 ΔT 设为 1℃。假设温控负荷群的等效热质量 C_{room}（kJ/℃）满足正态分布 $C_{room} \sim N(12, 3.6^2)$。同时，为了一般化温控负荷群体，这里我们假设温控负荷群体的等效热导不满足一般的正态分布函数，本文假设的

负荷群等效热导满足分布 $N(1.5, 0.4^2)$ 与 $N(0.8, 0.2^2)$ 的比例均为 50%，以验证提出的概率分布方法对于一般不规则概率分布模拟的效果。

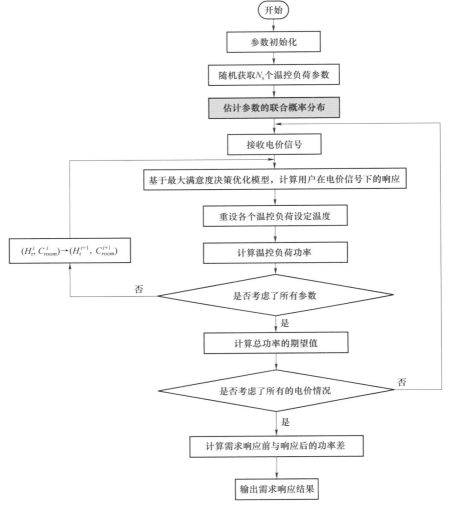

图 3-5　概率密度估计方法流程图

初始化室内温度与电价的模糊子集如表 3-1、表 3-2 所示，模糊子集函数如图 3-6 所示，模糊规则如表 3-3 所示。

表 3-1　　　　　　　　　　　室内温度 T_{room} 的模糊子集

模糊子集	下界	平台下界	平台上界	上界
凉爽	—	—	21.0	24.0
舒适	21.0	24.0	26.0	29.0
炎热	26.0	29.0	—	—

表 3 – 2　　　　　　　　　　电 价 的 模 糊 子 集 *C*

模糊子集	下界	平台下界	平台上界	上界
低	—	—	1.0	2.0
中等	1.0	2.0	4.0	5.0
高	4.0	5.0	—	—

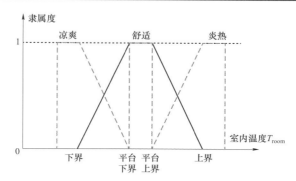

图 3 – 6　模糊子集案例（以"舒适"为例）

表 3 – 3　　　　　　　　　　模 糊 规 则

$f^i(\cdot)$	凉爽	舒适	炎热
低	$1-\alpha$	1	$1-\alpha$
中等	$\alpha\cdot(1-\alpha)$	α	$\alpha\cdot(1-\alpha)$
高	$\alpha^2\cdot(1-\alpha)$	α^2	$\alpha^2\cdot(1-\alpha)$

本文算例主要考虑以下三种情况。

Case1：已知所有 20000 台温控负荷电－热参数模型参数，直接计算的响应潜力（作为参照组）；

Case2：基于 100 台抽样的温控负荷的电、热参数，通过矩估计方法估算负荷群的响应潜力；

Case3：基于 100 台抽样的温控负荷的电、热参数，通过概率密度估计方法估算负荷群的响应潜力。

为了比较两种估计方法的性能，在这里定义响应潜力估计的误差，定义为

$$e_m=\left|\hat{P}_{ORC}^m-\hat{P}_{ORC}^1\right|/\hat{P}_{ORC}^1(m=2,3) \tag{3-14}$$

式中，$\hat{P}_{ORC}^m$ 是在 Casem 情况下，温控负荷群响应潜力的估计值。

概率密度估计方法所述的第一步中，通过核密度法，估计了温控负荷群某参数的概率密度分布，如图 3 – 7 所示。

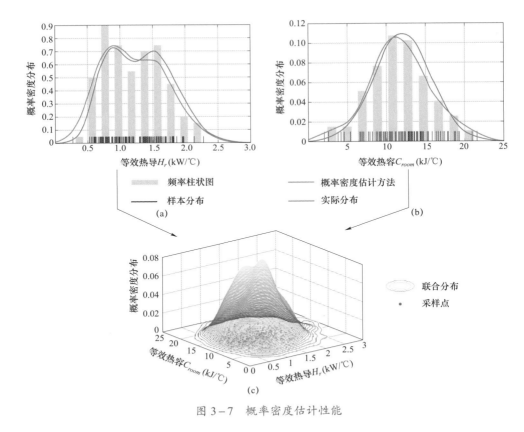

图 3-7 概率密度估计性能

图 3-7 展示了等效热容 C_{room} 与等效热导 H_r 的概率密度分布图。二者的已知参数样本以黑色短柱的形式分布在各自的坐标轴上。频率分布直方图以灰色柱状图表示，核密度函数以红色实线的形式标出。如图所示，100 个采样数据的频率直方图可以反映实际概率密度（蓝色实线）的大致趋势，然而不能排除异常数据对估计造成的影响。与之对比，通过概率密度估计方法的曲线几乎与实际概率密度完全重合，也能够减小异常数据对频率结果造成的影响。二者的联合分布如图 3-8 所示。

图 3-8 展示了不同样本数量对评估方法的影响。当 N_s =100 时，与矩估计方法的曲线（红色虚线）相比，概率密度估计方法的曲线（橙色虚线）更接近实际曲线（蓝色实线）。误差对比如图 3-9 所示，其中矩估计法误差达到 9.0%以上，概率密度估计法误差在 4.0%以内。类似的结论在不同样本数量情况中同样成立。因此，所提出的概率密度估计方法比矩估计方法更准确，能够在同样数据不足的情况下提高响应潜力评价的准确性。

图 3-8 中（d）、（e）、（f）为矩估计法和概率密度估计法在不同样本数量情况下的评价误差趋势。与这三个图相比，矩估计法和概率密度估计法的误差都随着 N_s 的增加而减小。在图 3-9 中展示了样本数量对评估误差的影响。

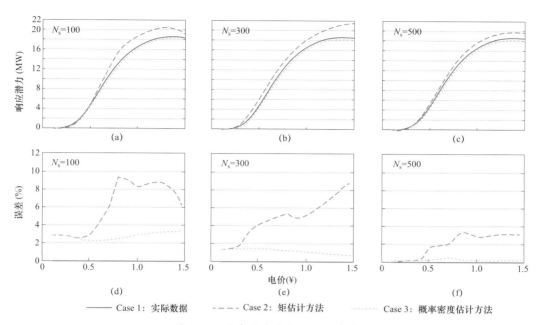

图 3-8 需求响应潜力评估误差对比

图 3-9 中,计算不同采样数量 N_s 对应的平均误差,突出了概率密度估计方法在不同数据分布中的适用性。随着 N_s 的增大,两种方法的平均误差逐渐减小并收敛于零。相比之下,概率密度估计方法的平均误差明显小于矩估计方法。两种方法的误差差异如图 3-9(黑色实心曲线)所示,在数值大小为 50 时,误差最大值为 7.8%。曲线趋势表明,在较大的数值尺寸下误差

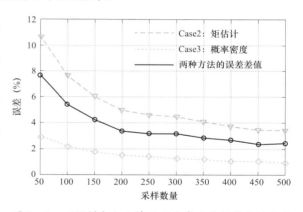

图 3-9 不同样本大小情况下需求响应评估平均误差

差异较小,这突出了概率密度估计方法的估计精度,尤其是在已知数据较小的情况下。

基于实际需求响应数据的案例研究验证了所提出的概率密度估计方法的实用性。其中一个试点项目选择了某省的 522 个工业负荷用电,其中温控负荷在夏季用电高峰时用电占比超过 30%。安装智能电能表和终端控制器,使消费者能够根据自己的需求制定需求响应策略。在类似的天气条件下,每 15 分钟收集选定用户的总功耗,持续两周。无需求响应方案的第一周数据视为基线负荷。在第二周,高峰价格信号每天在 14:00-15:00 之间发送给消费者,从而降低电力消耗,为电力系统提供运行备用。根据这两周获得的数据平均计算功耗。

实际需求响应项目效果如图 3－10 所示，其中蓝色实体曲线为无需求响应情况下的功率之和，黑色实体曲线为系统具有情况下的功率之和。这两条曲线除了在 14:00－16:00 这段时间外，大部分时间都是重合的。在需求响应中，系统于 14:56 时出现了明显的负载缩减，功耗降到最低。运行备用容量为 1.22MW，按最大限载计算。论证了为电力系统提供运行备用的需求响应的可行性。

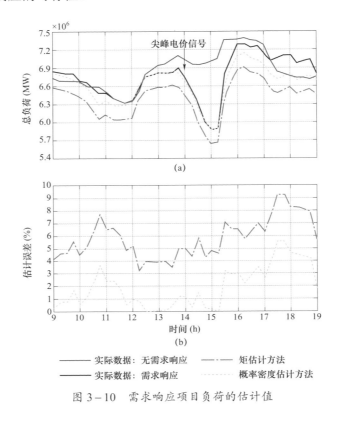

图 3－10　需求响应项目负荷的估计值

所提出的概率密度估计方法在需求响应试点中具有广泛的应用价值，它能够在较少的实测数据下提供更准确的估计。例如，在通信或测量失败导致数据丢失的情况下，无法获得每个人的完整数据来计算总功耗，这可以作为下一步行动的重要指标。在这种情况下，所提出的概率密度估计方法提供了一种在有限的可用数据下提高估计精度的方法，有助于做出正确的决策。

下面的案例研究展示了概率密度估计方法在上述试点项目中存在数据丢失时的应用。温控负荷的总数量在本案例中设定为 N，假设由于设备故障仅有 N_s 用户的数据能被系统获取。在这里矩估计与概率密度估计两种方法分别基于已知的 N_s 用户数据对响应潜力的进行估计。N 和 N_s 分别假设为 522 和 50。评估流程如图 3－11 所示。

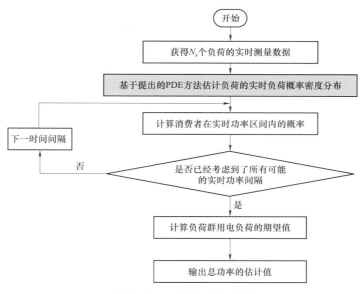

图 3-11 功耗估算流程图

图 3-10（a）为矩估计法和概率密度估计法的功耗估计，分别用红色虚线和橙色虚线表示。概率密度估计方法的功耗估计与矩估计方法的功耗估计更加一致。需求响应试点中估计数据与实际数据的误差（黑色实心曲线）如图 3-10（b）所示，其中概率密度估计方法比矩估计方法更准确、更合适。矩估计方法的平均误差达到 5.90%，是比较高的值。与之相比，概率密度估计方法的平均误差为 2.52%。

3.2   电动汽车对负荷预测结果的影响分析

具有大规模能量存储能力的电动汽车，是一种保障和优化电网运行的积极资源，其价值正在被前所未有地重视，V2G（vehicle to grid）的概念应运而生。通过分析行为聚类中的充电过程特征，从而得到荷电状态、充电时间等参数的概率统计特征，采用蒙特卡罗仿真和机器学习等方法对电动汽车行为进行预测，这个也是典型的数据驱动过程。

本节考虑电动汽车对负荷的影响，首先需要调研并获取相关参数，以设置准确充电负荷概率模型。然后需要利用调研的参数设置概率分布模型，并采用蒙特卡洛方法根据概率模型循环生成随机数据，进行典型日负荷曲线测算直至收敛。

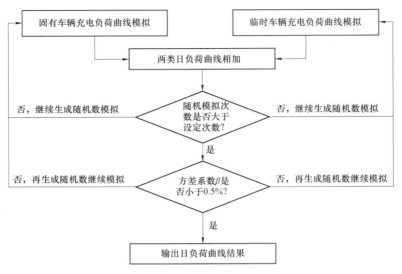

图 3-12　蒙特卡洛模拟充电负荷流程图

3.2.1　各类型车辆充电需求预测模型

工作日电动汽车的总体行驶里程要高于节假日，即工作日的充电需求一般而言要大于节假日，因此考虑充电桩数量需求时，以工作日的充电需求为研究对象。

$$T_i = \sum_j \frac{E_{ij}}{P_i} \qquad (3-15)$$

式中，T_i 为第 i 类电动汽车的充电时长，E_{ij} 为第 i 类第 j 辆电动汽车当次充电前的能量需求，P_i 为对应充电模式下的充电功率。

1. 校核修正

由于电动汽车用户充电行为具有随机性，大量电动汽车的集中充电会导致充电设施短时占有率过高，须考虑电动汽车同时接入的最大数量，以修正充电桩数量。

2. 公务车、专用车充电模式

大多数公务车可在夜间休息时段充电，采用小功率充电，考虑到公务车可能在夜间执行公务，偶尔会在日间采用大功率充电。物流、环卫等专用车工作时间基本固定，充电时间为夜间下班时段，充电模式暂按小功率充电考虑。

基于上述分析，可假设如下：电动公务车每天充电一次，采用小功率充电，充电时间为 22:00～次日 7:00，偶尔会在日间采用大功率充电，充电时间为 10:00～17:00。电动公务车的小功率充电的起始充电时间服从正态分布 N（22，1.06^2），大功率充电起始充电时间服从均匀分布，起始充电 SOC 服从正态分布 N（0.6，0.1^2）。电动专用车每天充电一次，采用小功率充电，充电时间为 22:00～次日 5:00，起始充电时间服从正态分布 N（22，1.06^2），起始充电 SOC 服从正态分布 N（0.6，0.1^2）。

3. 私家车、租赁车充电模式

私家车的充电地点主要包括居民小区、工作场所、商场以及超市大型停车场等。根据国外发达国家（如美国、丹麦等）对私家车辆出行情况的调查统计结果，假设私家车日均行驶里程为 3.8 公里，百公里耗电 19.5kWh，车辆日行驶里程近似服从对数正态分布。按目前国内主流私家车型，如比亚迪 E6、北汽 E150EV 的电池容量计算，私家车续航里程分别可达到 280km、130km。

私家车在工作日的出行主要集中在早晚高峰（7:00—9:00，17:00—19:00），充电时间主要为到达上班地点后至下班时间，及下班回家后至次日上班时间，即 8:00—17:00 和 18:00—次日 7:00。在节假日，私家车的充电时间主要是晚上 22:00—次日 7:00。私家车一般采用小功率充电，但在 10:00—20:00 偶尔会采用大功率充电。对于绝大多数家庭来说，每天充电 1 次即可满足日常需求，暂按所有车辆每天均充电 1 次考虑。在夜间时段，考虑峰谷电价对私家车用户充电行为的引导作用，按 70%的用户在 22 点谷价起始时段集中充电的极端情况考虑，其充电起始时间服从正态分布 N（22，1.06^2），另外 30%的用户起始充电时间服从正态分布 N（20.8，1.06^2）。

租赁车的服务对象主要针对私人用户，其用户行为的随机性与私家车类似，一般采用小功率充电。考虑目前租赁车车型主要为北汽 E150EV，续航里程取 130km。

4. 电动汽车充电负荷测算模型

电动汽车充电负荷测算模型以一天为时间尺度，可精确到每一分钟，即全天共 1440 个点。每一分钟的充电负荷可表示为：

$$L_i = \sum_{n=1}^{N} P_{n,j} \quad 1 \leqslant i \leqslant 1440, i \in Z \qquad (3-16)$$

式中，L_i 为第 i 分钟的总充电功率，N 为电动汽车总量，$p_{n,i}$ 为第 n 辆电动汽车在第 i 分钟时的充电功率。

假设充电设备不主动参与电动汽车充电行为的控制，电动汽车接入电网后立即开始充电。采用蒙特卡洛仿真方法分别对各类车型的起始 SOC、起始充电时间进行抽样。

输入的各类电动汽车信息包括各类电动汽车的保有量、性能参数、充电行为的发生概分布、起始 SOC 分布、可能的充电区间及起始充电时刻分布如表 3-4、表 3-5 所示。

表 3 − 4   各类电动汽车性能参数

车辆类型	车型	电池容量（kWh）	充电功率（kW）	
			小功率充电	大功率充电
公交车	比亚迪 K9	324	—	80
专用车	比亚迪 e6	57	7	—
出租车	比亚迪 e6	57	7	40
公务车	比亚迪 e6	57	7	40
租赁车	北汽 E150EV	25.6	7	—
私家车	比亚迪 e6	57	7	40
	北汽 E150EV	25.6	7	40

表 3 − 5   各类电动汽车充电行为模式

车辆类型		日充电次数	充电时段	充电概率	起始时间分布
公交车		1	23:00 − 次日 5:30	1	$N（22, 1.03^2）$
专用车		1	22:00 − 次日 5:00	1	$N（22, 1.06^2）$
出租车		2	0:00 − 9:00	0.8	$N（3.86, 1.75^2）$
			9:00 − 14:00	0.4	$N（11.98, 1.15^2）$
			14:00 − 19:00	0.4	$N（16.8, 1.17^2）$
			19:00 − 24:00	0.4	$N（21.37, 1.08^2）$
公务车		1	10:00 − 17:00	0.1	均匀分布
			22:00 − 次日 7:00	0.9	$N（22, 1.06^2）$
租赁车	工作日	1	8:00 − 17:00	0.2	$N（8.64, 1.06^2）$
			18:00 − 次日 7:00	0.8	$N（20.8, 1.06^2）$ $N（22, 1.06^2）$
	节假日	1	22:00 − 次日 7:00	1	$N（22, 1.06^2）$
私家车	工作日	1	10:00 − 20:00	0.1	均匀分布
			8:00 − 17:00	0.2	$N（8.64, 1.06^2）$
			18:00 − 次日 7:00	0.7	$N（18.42, 1.06^2）$ $N（22, 1.06^2）$
	节假日	0.8	10:00 − 20:00	0.3	均匀分布
			22:00 − 次日 7:00	0.7	$N（22, 1.06^2）$

3.2.2　区域影响因素分析

区域对充电负荷的影响主要包含两方面，首先是交通流量的情况会影响到附近临时车辆的停车意愿，采用交通拥堵程度反映交通流量情况，从而量化停车意愿。其次，区域内还存在大量具有固定停车习惯的车辆，这些充电负荷的行为特征与车辆类型，充电桩所处地段息息相关。本节结合临时充电负荷与固有充电需求进行充电负荷曲线进行估算。

1. 临时车辆充电负荷计算

道路的拥堵程度与道路上车辆的行驶速度有关,我国公安部《城市交通管理评价指标体系》中规定,用城市主干道上机动车的平均行程速度来描述其交通拥堵程度,可分为通畅、轻度拥堵、拥堵和严重拥堵。道路拥堵程度利用交通拥堵指数进行量化,参照《城市交通管理评价指标体系》,严重拥堵、拥堵、轻度拥堵和通畅分别对应的拥堵指数为 6、4.5、3 和 1.5。

某城市交通拥堵指数实时监测平台界面如图 3-13 所示,对城区的主干道路的路况进行实时监测和数据分析,同时可以直观地展示不同区域的道路拥堵程度。

图 3-13 交通拥堵指数实时监测平台的界面图

根据拥堵系数可推断得到当前区域内可能的停车数量,其推算流程如图 3-14 所示。

2. 固有车辆充电负荷计算

将城区以主干道路为分割依据,分割成若干区域,取主干道路在地理上所围成的多边形区域为一个区块,从左到右从上到下的顺序对片区进行编号。

确定各片区的三个指标分别为:片区属性特征指数、道路拥堵指数和片区经济发展指数,指标的计算方法如下:

片区的属性与片区内标志性建筑有关,不同的标志性建筑代表不同的充电需求,对于不同类型电

图 3-14 交通拥堵影响下可能停车数量
测算流程图

动汽车（公交车、出租车、专用车、租赁车、租赁、私人）的充电网络，片区的属性特征指数也不同。例如，根据当地交通规划与停车规划的情况，在如地铁、绕城公路、大型客运枢纽等沿线地段要新增加骨干停车场的地方，将会对停车意愿产生影响，这些规划地段附近应相应增加充电桩配置。因此交通枢纽附近的停车位较多，配置充电桩的需求也越大，交通枢纽所在片区的属性特征指数取值较大。如果一个片区内包含多个标志性建筑，则取其平均值作为片区属性特征指数。

参考《中华人民共和国国家标准城市用地分类与规划建设用地标准》，仅以公共公用充电网为例，计算公共公用充电网的不同片区的属性特征指数，分析结果如表3-6所示。

表 3-6 公共公用充电网片区属性特征指数

标志性建筑	归一化属性特征参数	标志性建筑	归一化属性特征参数
居民小区	0.1	酒店	0.4
交通枢纽	1	体育场	0.5
办公楼	0.6	风景区	0.3
学校	0.2	娱乐建筑	0.3
医院	0.5	国际会展中心	0.3
大型商场	0.7	博物馆	0.3

假设片区 i 由 k 条路段围成，这 k 条路段的道路拥堵指数分别为 S_{i1}、S_{i2}、$\cdots$、S_{ik}，则片区 i 的道路拥堵指数 $P_{i1} = \dfrac{\sum\limits_{j=1}^{k} S_{ij}}{k}, i = 1, 2 \cdots, n$，即该片区的道路拥堵指数等于所有围成该片区路段道路拥堵指数的平均值。

选取人均 GDP 的归一化结果作为片区的经济发展指数，例如某五个区域人均 GDP 依次为 6.64 万元/人、21.02 万元/人、12.11 万元/人、4.15 万元/人、8.36 万元/人，则归一化后的人均 GDP 即经济发展指数依次为 0.32、1、0.58、0.2、0.4。

在确定片区 i 的三个指数后，通过加权平均法计算其综合权重指数 P_i：

$$P_i = a_1 P_{i1} + a_2 P_{i2} + a_3 P_{i3}, i = 1, 2, \cdots, 131 \qquad (3-17)$$

a_1、a_2 和 a_3 分别为片区属性特征指数 P_{i1}、片区道路拥堵指数 P_{i2} 和片区经济发展指数 P_{i3} 对应的权重系数，根据三个指标相互比较的重要程度，取 a_1、a_2 和 a_3 分别为 0.5，0.4 和 0.1。

由此，可计算得到各个片区的综合权重系数，并按综合权重指数对片区进行降序排列。

3.2.3 考虑充电负荷影响的负荷预测算例分析

第二章算例中网格 5 内主要规划综合商住地块，园区的电动汽车增量主要集中于该网格。结合典型电动公交车及出租车的型号参数，预测该网格电动汽车峰值充电功率可达6MW。调研并获取相关参数，以设置准确充电负荷概率模型，并根据车辆类型建立如表 3 - 7 所示的概率分布表。

表 3 - 7　　　　　　　　　　电动汽车充电负荷概率分布表

车辆类型	充电时段	各时段充电概率	起始 SOC 分布	起始时间分布
公务车（工作日）	18:00—次日 7:00	1	$N(0.4, 0.1^2)$	$N(19, 0.5^2)$
私家车（工作日）	8:00—17:00	0.7	$N(0.6, 0.1^2)$	$N(9, 0.5^2)$
	18:00—次日 7:00	0.3	$N(0.6, 0.1^2)$	$N(19, 1.5^2)$
私家车（节假日）	12:00—22:00	0.4	$N(0.6, 0.1^2)$	均匀分布
	22:00—次日 12:00	0.6	$N(0.6, 0.1^2)$	$N(23, 1.5^2)$

然后需要利用调研的参数设置概率分布模型，并采用蒙特卡洛方法根据概率模型循环生成随机数据，进行典型日负荷曲线测算直至收敛，最后典型日负荷曲线情况。通过蒙特卡洛模拟等方法，可得到典型的充电负荷曲线，并与网格 5 的预测负荷曲线叠加可得到网供负荷曲线，结果如图 3 - 15 所示。

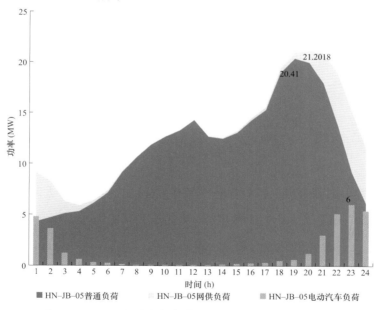

图 3 - 15　预测电动汽车负荷与网格负荷曲线的叠加效果

由图 3 - 15 可见，由于电动汽车负荷的峰荷时间（23:00）与网格 5 预测的负荷峰荷时间（19:00）不一致，因此叠加后的网供负荷为 21.20MW，小于两者峰荷相加得到的26.41MW。若按照传统的基于最大负荷的测算方法进行负荷平衡，则配电网规划的边界条件将偏大，可能会导致网架裕度过大，造成不必要投资。

3.3 光伏对负荷预测结果的影响分析

前章节提及的空间负荷预测方法仅考虑典型区域的典型用户负荷曲线，没有涉及用户侧互动的影响。光伏的输出功率随机，在高渗透率的场景下将对空间负荷预测的准确度产生不可忽略的影响，因此需要建立考虑光伏影响的负荷曲线预测模型，实现负荷预测结果的准确可靠，以支撑配电网合理规划。

3.3.1 光伏运行模型建立

分布式电源是指分布在用户侧的小型分布式发电机组，具有节能、环保、低碳、高效的特点，它包括太阳能、风力发电和燃气机组等小型发电单元，可以减少长远距离传输造成的功率损耗。分布式光伏系统不仅仅基于传统的发电技术，而且基于新技术，如自动控制系统，先进的材料技术和灵活的制造工艺，是一种新型能源生产系统，具有低污染排放，灵活性，高可靠性和高效率等特性。分布式光伏示意图如图 3-16 所示。

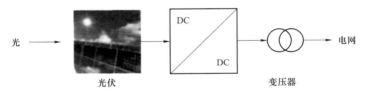

图 3-16 分布式光伏示意图

太阳能光伏发电的基本原理：根据光生伏打效应，将自然界中太阳的辐射能转化可供使用的电能。其核心部件是太阳能光伏电池。太阳能光伏电池的工作原理可以简单描述为：① 阳光的采集，太阳光照射到电池表面，即 P-N 结上；② 电池表面的 P-N 结吸收太阳辐射的能量，在电池中生成许多的空穴-电子对；③ 因 P-N 结电场场强的作用，空穴-电子对被迫分开，负电子移动向 N 区，空穴则移动向 P 区，N 区和 P 区分别集中了大量的负正电荷，由此形成了电势差；接通电路后，保持光照，就能够对外部提供电能。

光伏发电系统主要由：逆变器、控制器和太阳能电池组件三部分组成。

（1）太阳能电池组件：该组件是这个光伏发电系统的根本，由许多太阳能电池通过串、并联的方式组成。一般情况下，研究人员会通过实际的工作电流以及工作电压来设计电池阵列的组成方法。

（2）控制器：控制器是连接太阳能电池组件和负载的枢纽，其作用就是将光伏发电系统控制在一个正常的工作范围当中，保障光伏发电系统时刻都处于最大效率的工作区间。

（3）逆变器：逆变器又称逆变电源，是光伏发电系统的重要组成部分。电力系统中常见的负荷都是交流负荷，但是光伏发电输出的则是直流电。所以就需要通过逆变装置将输出的直流电逆变为符合系统要求的交流电。

光伏输出有功功率的预测是一个很复杂的非线性问题，影响其输出有功功率的因素众多。这些因素又可以分为两部分，第一部分为光伏电站内部的电气因素，例如系统的相关参数，逆变器、输电线路等硬件部分性能上的差异。第二部分即为环境因素，即周围的气象因素。但在通常情况下，对于一个具体的光伏发电系统，在考虑光伏输出有功功率预测模型的输入变量时，相关的内部的电气因素可以直接忽略，只需要考虑周围的环境因素。

光伏输出有功功率的理论表达式为：

$$P_{pv}(t) = Ins(t)S\eta[1 - \beta(T_c - T_{cref})] \tag{3-18}$$

式中，$Ins(t)$ 为光照强度；S 为光伏组件的面积；η 为光电转换效率；β 为温度系数；T_c 为环境温度；T_{cref} 为环境参考温度。

3.3.2 基于综合指标的 k 值自适应聚类方法

本章节提出了一种能够根据输入数据集自适应地选择 k 值的 K－MEANS 算法，解决了传统 K－MEANS 算法需要在聚类前主观选择 k 值的最大缺点。本章节提出的 k 值自适应算法的输入是经过 min－max 归一化以及分段聚合近似降维压缩后的数据，算法自适应的选择最优的分类数 k_best，并将数据集中的若干曲线分为 k_best 类，其中每一类均代表了一种典型的用电模式。

该 K－MEANS 算法的本质是基于数据点与类中心的距离的迭代过程，算法核心步骤如下：

第一步：随机的选定 k 个随机种子作为聚类中心，记为 c_1，c_2，$\cdots$，c_k；

第二步：将每一个利用分段聚合近似处理后的曲线数据，归属至与其最近的聚类中心，其中距离度量记为 $D_{PAA}(\hat{X}, \hat{Y})$，计算公式如下。

$$D_{PAA}(\overline{X}, \overline{Y}) = \sqrt{\frac{n}{M}} \sqrt{\sum_{i=1}^{M} |\overline{x}_i - \overline{y}_i|} \tag{3-19}$$

式中，$\hat{X} = (\overline{x}_1, \overline{x}_2, \cdots \overline{x}_i, \cdots \overline{x}_M)$ 和 $\hat{Y} = (\overline{y}_1, \overline{y}_2, \cdots \overline{y}_i, \cdots \overline{y}_M)$ 分别是两个分段聚合近似序列。

第三步：利用距离公式更新各个聚类中心，新的聚类中心应当使得该类中所有的数据点与其距离之和最小，用公式表达为：

$$S(\bar{X}) = \sum_{\bar{Y} \in \Omega_X, \bar{Y} \neq \bar{X}} D_{PAA}(\bar{X}, \bar{Y}) \tag{3-20}$$

式中，$\Omega_{\hat{X}}$ 是 $\hat{X}$ 所属于的类别，$\hat{Y}$ 是 $\Omega_{\hat{X}}$ 选定的聚类中心种子，且 $\hat{Y}$ 和 $\hat{X}$ 不同。对于拥有最小 $S(\hat{X})$ 的向量 $\hat{X}$，应当成为类 $\Omega_{\hat{X}}$ 的更新后的聚类中心。

第四步：重复第二步和第三步，直至算法收敛，也即聚类中心不再发生变化。

值得指出的是，在传统的聚类方法中，聚类的类别数量应当被提前人为地选定。然而，对于用户光伏输出有功功率的数据而言，由于其用电行为具有未知数目的模式，因此很难在聚类前主观地选定聚类参数 k。

考虑到该问题，本报告创新性地提出了一种 k 值自适应的 K-MEANS 聚类算法。首先，将所有的光伏输出有功功率数据整合到一个统一的数据集中，接着利用一个量化的指标参数来择优地确定分类参数 k。

显然，上述思路的核心是找到一个能够评估聚类算法表现的指标参数。而对于该指标参数，目前已经有学者提出了多种基于不同机制的评估参数，包括离散平方和指标（sum of squared error，SSE），聚类分散性指标（clustering dispersion indicator，CDI）），离散指数（scatter index，SI），戴维森堡丁指数（Davies-Bouldin index，DBI）），以及平均充足率指数（mean index adequacy，MIA）。

上述聚类指标的计算方法如下所述：

对于 SSE，其计算公式为：

$$SSE = \sum_{m=1}^{K} \sum_{x \in C} d^2(c_m, x) \tag{3-21}$$

对于 CDI，其计算公式为：

$$CDI = \frac{1}{\hat{d}} \sqrt{\frac{1}{K} \sum_{k=1}^{K} \hat{d}^2(X^{(k)})} \tag{3-22}$$

对 SI，其计算公式为：

$$SI = \left(\sum_{m=1}^{M} d^2(x^{(m)}, p) \left(\sum_{k=1}^{K} d^2(c^{(k)}, p) \right) \right) \tag{3-23}$$

对于 MIA，其计算公式为：

$$MIA = \sqrt{\frac{1}{K} d^2(c(k), X^{(k)})} \tag{3-24}$$

对于 DBI，其计算公式为：

$$\text{DBI} = \frac{1}{K} \sum_{i=1}^{k} \max_{j \neq i} \left(\frac{\overline{C_i} + \overline{C_j}}{D_{i,j}} \right) \qquad (3-25)$$

式（3-25）中 $\overline{C_i}$ 和 $\overline{C_j}$ 分别是第 i 类和第 j 类中数据到各自类别中心的平均距离。$D_{i,j}$ 代表第 i 类和第 j 类两个出力中心的距离。通过公式可以看出，当 I_{DBI} 的值越小，则聚类算法的表现越好。

采用均值平均的方式计算以上指标的综合指标 H，其中最小的 H 所对应的 k 值即为最优的聚类参数，记为 k_{best}。

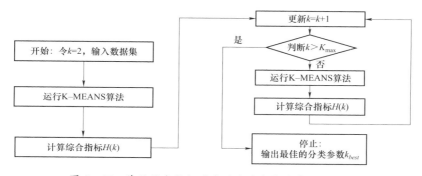

图 3-17　基于综合指标的自适应确定聚类参数流程图

图 3-17 展现了自适应确定最佳分类参数 k 的算法的流程。该算法通过不断地增加分类数至预设定的极限值 K_{max}，并分别计算不同的聚类参数 k 所对应的 H，即可通过曲线内在的属性特征择优地确定最优聚类参数 k_{best}。值得指出的是，该算法不需要任何关于曲线数据集的先验知识，因此避免了人为选定聚类参数对模型引入的主观性干扰。

3.3.3　考虑光伏典型出力的负荷预测算例分析

采用该聚类方法，可得图 3-18 所示的不同典型日光伏输出有功功率曲线。

以具体网格为例，第二章演示工业区中网格 3 对应新材料园区，该区域内部大量的工业企业具有条件优越的屋顶资源，具备很大的屋顶光伏开发潜力。结合企业摸底调研和光伏发展规划，该网格区域预期的光伏可装机规模达 15MW。光伏出力具有典型的日间高峰特征，通过聚类方法可得到典型的光伏输出有功功率曲线，如图 3-18 所示。将典型光伏输出有功功率曲线与该网格预测得到的典型负荷曲线进行叠加可得到网供负荷曲线，叠加结果如图 3-20 所示。

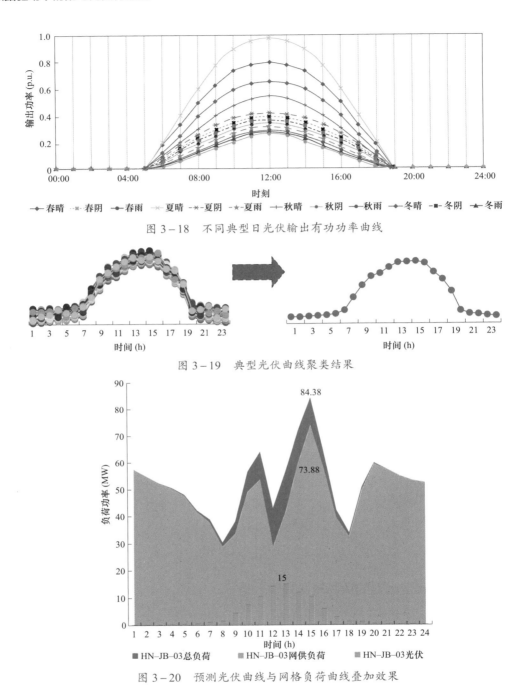

图 3-18　不同典型日光伏输出有功功率曲线

图 3-19　典型光伏曲线聚类结果

图 3-20　预测光伏曲线与网格负荷曲线叠加效果

　　由图 3-20 可见，由于光伏输出有功功率峰值时间（13:00）与网格 2 的预测负荷峰荷时间（15:00）不一致，因此实际削减后网供负荷仍有 73.88MW，大于两者峰荷相减得到的 69.38MW。若仍按照传统的基于最大值的网供负荷测算方法进行负荷平衡，则配电网规划的网供负荷边界条件偏小，规划方案很可能会发生供电不足或充裕度不够的局面。

3.4 储能设备对负荷预测结果的影响分析

高占比分布式电源的接入为配电网造成了巨大冲击，风电的逆负荷特性加大了电网供需时序峰谷差，严重威胁配电网运行稳定性。随着现代电网技术的发展，储能技术被逐渐引入到电力系统中作为消纳新能源发电的重要手段。通过协调控制储能，可以消除昼夜间峰谷差、平滑负荷曲线，进一步提高电力设备利用率、并降低供电成本。同时，储能还能提高系统运行稳定性、调整频率、补偿负荷波动。

3.4.1 储能运行模型建立

作为储能侧灵活性资源，储能系统可以应用于不同场合，带来不同的调节效果。根据安装应用位置可以大致分为电网侧、用户侧以及新能源侧三类。

储能系统应用于电网中时，可以延缓电网升级、减少输电阻塞、提供辅助服务、提高供电可靠性，从而带来相应的收益。同时在峰谷电价机制下，储能系统可以通过低储高发实现套利。当储能系统安装于电网中时，其产生的效益是多方面的，这些收益一般不全部属于投资主体。当储能系统的单位成本过高的时候，往往会由于忽略了其他隐性的经济价值而得出不具备经济性的结论，这不利于该项技术的商业化推广。

储能系统应用于用户侧时，多采用蓄电池储能系统等具有快速调节性能的储能技术，主要用于调节负荷以节省电费、提供不间断供电等。

储能系统应用于新能源侧时，主要用于优化整个系统的电源结构。由于可再生能源（如风能、太阳能等）存在随机性和波动性的特点，不利于大规模并网，配备储能设施可以平抑新能源发电的波动，为系统提供更为稳定的电力，取得很好的效果。储能在新能源中的应用，主要包括风电–储能、光伏–储能、和带储能的独立供电系统（含微网）等。储能配置的最佳容量与新能源的发电曲线密切相关，其不仅能为分布式电源投资商带来峰谷上网电价下储能系统低储高发所获得的套利，更能为配电网减少额外配备的备用容量。

以配电网中常见的蓄电池作为研究对象对储能系统（ESS）的模型进行说明。首先，蓄电池的电池荷电状态（State of Charge，SOC）在充放电过程会发生不断的变化，可以用公式（3–26）至公式（3–27）进行描述：

$$Soc_t = (1-d)Soc_{t-1} + \frac{P_{c,t}\eta_c}{E_S}\Delta t \qquad (3-26)$$

$$Soc_t = (1-d)Soc_{t-1} - \frac{P_{d,t}}{\eta_d E_S}\Delta t \qquad (3-27)$$

公式（3-26）表示蓄电池储能系统充电过程中荷电状态的变化过程；公式（3-27）表示蓄电池储能系统放电过程中荷电状态的变化过程。式中，Soc_t 和 Soc_{t-1} 分别时刻 t 和时刻 $t-1$ 蓄电池的荷电状态；d 表示蓄电池的自放电率；$P_{c,t}$ 及 $P_{d,t}$ 分别为时段 t 蓄电池的充、放电功率；η_c 和 η_d 分别表示蓄电池的充、放电效率；E_S 为蓄电池的额定容量。

为了确保蓄电池储能的正常使用和运行可靠性，防止蓄电池过度充电或是放电造成电池寿命损害，蓄电池 SOC、电池容量和充放电功率需要满足如下约束：

充放电状态限制

$$y_{j,t}^{ch} + y_{j,t}^{dis} \leq 1 \quad \forall j \in \Omega^{ESS} \qquad (3-28)$$

式中，$y_{e,t}^{dis}$、$y_{e,t}^{ch}$ 分别表示 t 时段中节点 j 上 ESS 的放电和充电 0-1 状态量。

充放电次数限制

$$\begin{cases} \sum_{t=0}^{23}\left| y_{j,t+1}^{dis} - y_{j,t}^{dis}\right| \leq \lambda_{max}^{ESS} \\ \sum_{t=0}^{23}\left| y_{j,t+1}^{ch} - y_{j,t}^{ch}\right| \leq \lambda_{max}^{ESS} \end{cases} \quad \forall j \in \Omega^{ESS} \qquad (3-29)$$

式中，λ_{max}^{ESS} 表示充放电次数的最大值。公式非线性，通过下述公式的形式进行线性化。

$$\begin{cases} \sum_{t=1}^{24}\gamma_{j,t} \leq \lambda_{max}^{ESS} \\ y_{j,t+1} - y_{j,t} \leq \gamma_{j,t} \\ y_{j,t} - y_{j,t+1} \leq \gamma_{j,t} \\ 0 \leq \gamma_{j,t} \end{cases} \quad \forall j \in \Omega^{ESS} \qquad (3-30)$$

功率限制

$$\begin{cases} 0 \leq P_{j,t}^{dis} \leq y_{j,t}^{dis}P_j^{max} \\ 0 \leq P_{j,t}^{ch} \leq y_{j,t}^{ch}P_j^{max} \end{cases} \quad \forall j \in \Omega^{ESS} \qquad (3-31)$$

容量限制

$$\begin{cases} E_{j,t,s}^{SOC} = (1-\varepsilon)E_{j,t-1,s}^{SOC} + \eta^{es,c}P_{j,t,s}^{es,c}\Delta t - \frac{P_{j,t,s}^{es,dis}\Delta t}{\eta^{es,dis}} \\ E_{j,1}^{SOC} = E_{j,0}^{ESS} \\ 0.2E_j^{max} \leq E_{j,t,s}^{SOC} \leq 0.9E_j^{max} \end{cases} \quad j \in \Omega^{ESS} \qquad (3-32)$$

式中，$E_{j,t,s}^{SOC}$ 表示储能的剩余电量水平，ε 为单位时段储能的自放电率，E^{es} 为 ESS 的容量，$P^{es,c}$、$P^{es,dis}$ 为 ESS 的充放电功率，$\eta^{es,c}$、$\eta^{es,dis}$ 分别为 ESS 的充放电效率。为保证储能的使用寿命，将 $E_{j,t,s}^{SOC}$ 限制在最大电能储存量的 20%～90%；E_0^{ESS} 表示电量的初始值；$E_e^{\max}$ 表示电量的最大值；α、β 分别为充电效率和放电效率。

日周期内充放能量守恒约束如下：

$$\sum_{t=1}^{T}[(1-\varepsilon)P_{j,t,s}^{es,c}\alpha - P_{j,t,s}^{es,dis} / \beta]\Delta t = 0 \qquad （3-33）$$

3.4.2 储能对配电网的主要影响分析

储能技术是智能电网的重要支撑技术之一。合理利用储能技术，将对电网产生以下影响：

（1）平滑间歇性电源功率波动，促进可再生能源的开发利用。由于可再生能源发电如风能、太阳能发电具有随机性、波动性，在其装机容量不断增加的情况下，安装储能装置，能够有效平滑可再生发电单元发电功率间歇性和波动性，大幅减少可再生能源并网对电网的冲击和扰动，促进可再生能源开发和利用。

（2）对电网进行削峰填谷，提高电网系统效率和设备利用率。电网的实时供需平衡特性导致电力供应的困难。由于用户的电力需求在时间上的变化，一般在白天出现用电高峰，而夜间则为用电低谷期，用电峰谷差可以达到最大输出功率的 30%～40%。储能装置的引入，对于电网发电的削峰填谷有重要作用。配备储能装置的用户在电力供应充足的条件下，通过储能装置存储电能；而在电力供应紧张时，释放电能，提供给用电设备使用。不仅给用户用电带来方便，也使得电网发电在时间上更均衡，提高电网效率和延缓新的机组建设。

（3）增加系统备用容量，提高电网安全稳定性和供电质量。电力系统必须具备足够的备用容量，这是保证安全可靠供电的前提条件。引入储能装置可以增加系统的备用容量，当遇到短路等大的扰动时，储能装置能够快速吸收或者释放电能，对系统进行补偿，使得系统有时间通过调节装置进行调整，防止系统严重失稳，有助于其恢复正常运行。对于那些对电能质量要求严格的用电场所，例如医院、大型计算机、军工部门，则需要配备高级功率型储能装置，例如超级电容器储能等，能够快速补偿各种电能质量扰动，保证电能的安全优质供应。储能装置还可以在系统由于故障突然停电时起到大型不间断电源的作用，使用户有时间做出应对，避免巨大的经济损失。

其中，最典型的储能优化案例为削峰填谷。削峰填谷是电力系统负荷管理的重要内容。近年来，随着人们生活水平的提高，电力系统中的负荷峰谷差不断增大，对电力系统的经济运行产生负面影响。一方面，负荷峰值时电力需求较高，需要配备较大容量的机组以及输配电设备。而当负荷低谷到来时，原先配置的设备和机组就会闲置，严重影响电力系统的效率；另一方面，负荷峰谷的到来具有随机性，可能导致机组的频繁起停，造成经济损失。大规模储能系统能够在充放电状态间自由切换，且具有足够的容量，通过能量管理系统的合理调度，可以有效实现负荷削峰填谷这一目标。储能的削峰填谷效用如图 3-21 所示。

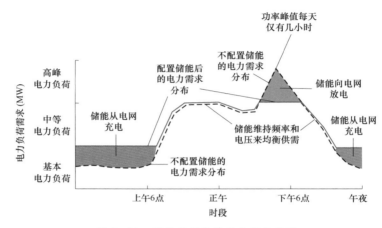

图 3-21　储能的削峰填谷效用示意图

可见，储能系统拥有能量的时间搬运能力，既可以在负荷低谷时充电储存电网富余的能量，又能够在负荷高峰时放电缓解电网的压力。电网公司利用储能削峰填谷，可以推迟设备的容量升级，节约设备更新换代的投资；电力用户利用储能削峰填谷，可以利用峰谷电价差来获取额外的经济收益。

3.4.3　考虑储能运行的负荷预测算例分析

本节基于前文中空间负荷预测的结果，利用储能运行的基本模型，考虑其负荷曲线的变化情况,假设该地区的峰谷时段划分以及不同阶段分时电价情况如表 3-8、表 3-9 所示。

表 3-8　　　　　　　　　　峰　谷　时　刻　划　分

时段	起止时间
峰段	19:00—21:00
平段	8:00—11:00，13:00—19:00，21:00—22:00
谷段	11:00—13:00，22:00—8:00

时段	峰谷分时电价（元/千瓦时）
峰段	1.0824
平段	0.9004
谷段	0.4164

表 3 - 9　　　　　　　　　　　　　不同阶段分时电价情况

在分时电价的影响下，根据储能运行模型进行削峰填谷调控，获得的原空间负荷预测曲线结果与考虑分时电价下储能削峰填谷的空间负荷预测结果如图 3 - 22 所示。

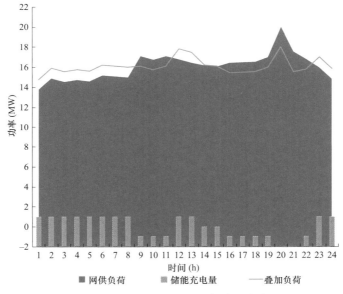

图 3 - 22　储能充放电量与网格负荷曲线叠加效果

由图可知，考虑储能运行的负荷预测曲线与原空间负荷预测曲线相比，起到了明显的削峰填谷效果，虽然峰值时刻一致，但负荷峰值与负荷在其他时间的分布存在明显偏差。若按照传统的基于最大负荷的测算方法进行负荷平衡，会造成规划偏差。

3.5　小　　结

本章节针对当前配电网涌现的新元素，实现其建模分析与对空间负荷预测的影响量化评估。首先考虑包括空调、热泵等温控负荷对负荷预测的影响，由于温控负荷为灵活负荷，其负荷模型因控制策略不同，存在较大差异，难以准确计算其负荷曲线。本章节通过对用户满意度进行建模评估，综合考虑电价与用户体验对温控负荷运行的影响，建立温控负荷可调度潜力评估模型，并以该模型为基础，分析其对空间负荷预测的影响。然后考虑电动汽车对负荷预测的影响，采用蒙特卡洛模拟的方法，根据区域类型、车辆类型等参数建立电动汽车充电负荷模型，并分析其对空间负荷预测结果的影响。随后，本章考虑了分布式光伏对负荷预测的影响，根据光伏输出有功功率曲线在同一地区差异不大的特点，采用聚类算法，提取当地典型光伏输出有功功率曲线并完成考虑光伏输出有功功率的空间负荷预测分析。最后本章分析了储能设备对负荷预测可能存在的影响，并建立储能运行模型，完成了考虑储能削峰填谷的负荷预测算例分析。

4 配电网近期负荷预测方法

　　根据预测时间跨度的不同，电力系统负荷预测可以分为超短期预测、短期预测、中期预测和长期预测。超短期预测是预测某地区一小时以内的负荷，在某些特殊情况下，甚至需要几分钟或更短时间的负荷预测；短期负荷预测一般是预测一周或一天的负荷，可用于电能调度，包括负荷的合理分配、机组的停运、联络线路的功率交换、水火电的协调、抽水蓄能的调运和设备检修计划等，短期负荷预测，需要进行充分的负荷特性分析和各种影响因素的分析，如天气、日类型等；中期负荷预测的时间跨度一般为一个月到一年，用于电力系统设备检修和分析机组运行方式；长期负荷预测的时间跨度一般为数年、十年，甚至数十年，用于根据国民经济发展计划和用电负荷需求，提出电网改造和远期的扩建工作，本文所进行的饱和负荷预测属于长期预测，一般为五到十年甚至更长时间。

　　本章节主要介绍时间跨度为一年至数年的长期负荷预测。本章将介绍较为常见的几种长期负荷预测方法，包括利用 Logistic 模型、指数平滑法、灰色理论模型、马尔科夫模型、神经网络、支持向量机等。

4.1　Logistic 模型实现负荷预测

电力饱和负荷预测是近几年在负荷预测领域和电网规划领域中提出的新概念。Logistic 模型法是饱和负荷预测的主要方法。城市电力规划应该充分考虑电力负荷的饱和值，并加强对中长期电网规划的详细分析和全面论证，避免线路和设备的重复建设和资源浪费。以饱和负荷预测结果为近期的电网建设提供指导，减少电力线路和设备因频繁改造而导致的电力系统运行费用的增加以及对城市市容的影响，因而促进电网与城市建设的协调发展。

4.1.1　Logistic 曲线负荷预测概念及影响因素

4.1.1.1　Logistic 曲线负荷预测概念

一个区域在人口、经济、土地等各方面得到充分发展后，其电力负荷将会达到峰值水平，在一个小范围内波动，即该区域的饱和负荷。一般饱和负荷预测不仅要预测饱和负荷值的大小，还要得到饱和负荷出现的时间和分布。

在自然界，一个新的物种进入一个新的资源丰富的天然环境时，这个种群的数量由于初始个体数量太少并且需要一定时间适应新环境等原因，使最初的种群个体数量增长速度比较慢。当该物种对新环境过了最初的适应期以后，个体数量也会达到一定的规模，增长速度将显著加快，呈指数规律增长。当种群数量开始受到自然资源、天敌、内部等原因的影响时，其个体增长速度又会下降，直到达到饱和水平。这种生物的发展进程，与某新技术、新产品的开发和早期阶段的发展规律类似，都可以用"S"曲线表示，"S"曲线也叫生长曲线，由于模型是比利时数学家 P.Fvehulst 于 1938 年提出的，其又叫 Logistic 曲线。

电力系统负荷与全社会用电量的发展进程也符合这样的曲线规律，参考经济发达国家的电力系统发展轨迹，城市建设初期，工业少，城市用电量主要为居民用电，电力负荷增长较慢，这阶段为缓慢增长期。随着城市发展规模的一步步扩大，在经济高速发展的大环境下，工业规模越来越大，该城市负荷与全社会用电量也迅速增长，这阶段为快速增长期。当城市发展到一定的规模之后，高耗能产业将达到产量峰值、技术升级和转移、产业结构调整、能源利用效率提高、人口环境资源的限制等多方面的因素将影响经济的增长速度。

由于城市电力负荷和用电量的增长规律与经济发展规律总体上一致，负荷与用电量的增长也将慢慢减缓甚至停止，达到饱和状态，整个发展过程就可以用 Logistic 曲线表示。理论上，城市经济社会总体发展过程也可以用"S"曲线来描述，如图 4-1 所示。

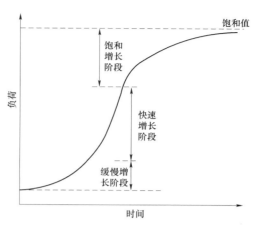

图 4-1 饱和增长 Logistic 曲线

4.1.1.2 Logistic 曲线预测的影响因素

影响负荷预测的因素有很多，主要包括 GDP 的影响、人口密度的影响、产业结构的影响、居民收入的影响、气候因素的影响以及城市发展定位、政策法规、资源条件、技术进步和能源消费结构等的影响。其中，经济因素的影响尤为明显，它在很大程度上决定了电力负荷的变化发展情况。经济因素对电力负荷的影响可分为两方面：

第一，地区经济的发展水平决定了电力需求的增长速度。经济是电力发展的第一推动力，地区经济发展水平的高低、经济效益的好坏将直接影响电网负荷的变化趋势。

第二，经济结构的调整影响着电力结构的变化。在重工业发展初期，国家大力推进工业化，第二产业经济占据着国民经济的主导地位，其用电量占全社会用电量比重逐年上升；之后，随着改革开放步伐的加快，以及科技革命的冲击，作为支柱产业的工业开始向高产低耗型发展模式转变，第二产业用电量所占比重呈现递减趋势，而第三产业及居民生活用电大幅增加。总之，随着经济结构由"二三一"向"三二一"方向转变，电力负荷内部结构发生了巨大变动。

主要影响因素如图 4-2 所示。

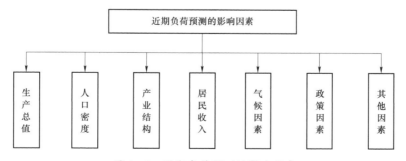

图 4-2 近期负荷预测的影响因素

1. GDP 对于近期负荷曲线的影响

从一个国家、地区的电力与经济发展情况的规律可得知，该国家或地区在其 GDP 增速较快的时期电力发展往往也很迅速，相应地，电力发展速度也会随着经济冲击的影响出现较大波动。

研究美国 GDP、全社会用电量、年最大负荷等三类数据的增长率可发现，这三类数据具有一致的波动趋势。GDP 在快速增长阶段，负荷与用电量也在快速增长，GDP 在缓慢增长时，负荷与用电量增长率也同样缓慢。进一步说明了 GDP 的波动影响最大负荷和全社会用电量的波动。

2. 人口密度对于近期负荷曲线的影响

一个国家或地区对于电力的需求往往取决于该地区的人口密度。居民用电量指标往往还与家庭人口的规模、居民小区的特点和当地的人口年龄结构等因素有关。经研究表明，电力需求的增长与人口增长正相关，但是人口对于饱和负荷的波动性的影响却不明显。

例如，结合美国 1986 年到 2009 年的人口数据、年最大负荷以及全社会用电量的数据，发现年最大负荷与全社会用电量在大体趋势上与人口增长保持一致，但某些年份美国人口有略微下降，但是负荷与用电量并没有表现出相应的波动。

3. 产业结构对于近期负荷曲线的影响

霍利斯·钱纳里等经济学家在关于工业化进程理论中对经济发展过程中产业结构的变化进行了充分的阐释。该理论把工业化进程的发展分为初、中、后三个时期并进行了详细的论述。产业结构的变化会不断推动工业化进程从上一个阶段到下一个阶段进行转变。不同时期的产业结构特征也不尽相同，工业化初期，由于第二产业比重的迅速增加，导致第一产业比重降低，第三产业所占比重较少，且发展相对缓慢；工业化中期，第二产业已经占到最大比重，第三产业比重也有所增加，只有第一产业所占比重持续减少；当工业化发展到后期时，第三产业已经逐渐成为推动经济增长的主要力量，第一产业所占比重依然在不断减少，第二产业增长缓慢，并且所占比重也开始出现下滑趋势。根据工业化进程理论，工业化初期阶段的在 GDP 方面的标准是人均 GDP 处于 880～3500 美元；工业化中期阶段的标准是人均 GDP 达到 3600～7000 美元；工业化后期阶段的标准是人均 GDP 达到 7200～12500 美元；在人均 GDP 超过 13000 美元时，表示该国家或地区完成了工业化。产业结构的调整往往也伴随着电力消费结构的变化。

在我国，第二产业用电一直占据着全社会用电的主要部分，其中，工业用电始终占据主导地位。近年来，随着我国经济结构的改变，加之各种节能环保政策的出台，工业的发展方式开始表现出新的特点，由过去的高耗能、高排放发展模式逐渐转变为高产低耗的发展模式。

工业结构调整对电网负荷的影响主要体现在以下两个方面：第一，由于工业发展模式的调整，先进制造业飞速发展，连续性生产的重工业用电量增速变缓，其在全社会用电量中所占比例呈现下降趋势，电网负荷的稳定性受到一定影响；第二，高耗能、高排放企业一般具有较强的电价敏感性，因此，大多会集中在低电价时段生产，这部分企业的减产甚至是停产将会对波谷负荷产生较大影响，从而拉大了电网负荷的峰谷差。

4. 居民收入对于近期负荷曲线的影响

随着我国经济的高速发展，人民生活水平有了较大提高，城乡居民可支配收入也有了大幅提升。人们的消费观念和生活方式发生了深刻的变化，逐渐由温饱型向舒适型转变。总的来说，居民收入水平和消费观念改变对电力负荷的影响主要体现在以下几个方面：

第一，城乡居民收入水平的提升，对居民生活用电有着极大的推动作用。收入水平和生活水平的提高与经济发展水平密切相关，而家用电器普及率是反映生活水平的重要指标。由于生活水平的改善，人们家庭电器拥有量越来越多，居民生活用电占全社会用电比重逐年上升，由于居民生活用电具有较强的作息规律性，因此，会对电网负荷曲线的稳定性产生一定影响。

第二，消费观念的改变，对居民家用电器的结构变化影响很大。传统的电视机、冰箱等家用电器日趋饱和；而新兴的空调、采暖器、计算机等高科技产品的家庭拥有量急剧上升，占据了居民生活用电的主要部分。由于空调、采暖器等电器负荷表现出较强的季节性，严重影响了电网负荷曲线的波动规律，尤其是峰谷差、负荷率等特性指标。

第三，由于制冷负荷、制热负荷占电力负荷比重逐年攀升，使得负荷变化受气温气候不确定因素的影响程度越来越强，从而给近期电力负荷预测工作带来了较大难度。

5. 气候因素对于近期负荷曲线的影响

气候也会对饱和负荷产生一定的影响，气候变化带来的气温、湿度以及大气变化都会影响到居民生活，进而影响居民用电量的变化。比如，在 2013 年我国东部遭遇了百年难遇的高温气候，气温长时间持续在 40℃以上，这种情况使得华东地区降温负荷和电量的需求增加。近些年随着大气变暖，加上环境恶化，夏季空调负荷的急剧增加，导致华东地区夏季频繁破高峰负荷纪录。所以说，气候的变化对用电负荷和电量的增长有着很大的影响。

我国幅员辽阔，气温气候的地域差异性大，而且不同地区气温气候对负荷的影响程度也大不相同，因此，很难在较大地域范围内获得气温气候对负荷影响程度一致性的结论。

但总的来说，随着电力负荷中气温敏感性负荷比重的增加，气温气候已成为影响地区负荷的重要因素之一。气候中雨季分布情况及其降雨量的多少直接关系到小水电的发电能力，尤其是非统调小水电的影响，可能会严重制约全年统调电量的正常增长。另外，雨季分布较集中的沿湖地区，还有可能发生洪涝灾害，从而出现较大的排渍负荷。此外，近年来我国经济飞速发展，人民生活水平不断提高，居民生活用电水平和方式都发生着急剧变化。一大批空调、电冰箱、电脑等新兴大功率电器随着人们消费观念的改变已进入千家万户，取代了传统的照明用电成为居民生活用电的主要部分。空调（采暖）负荷已成为影响夏（冬）季负荷增长的重要因素之一。

6. 政策因素对于近期负荷曲线的影响

近年来，我国大力推进资源节约型。环境友好型社会建设，颁布了一系列节能减排和低碳经济政策，对电网负荷的发展趋势产生了一定影响。一方面，这些政策的出台严重影响了工业的发展，特别是其中的高耗能、高排放行业，这些行业通常具有电价成本占生产成本主要部分的特点，一般利用低电价时段进行生产，环保政策的实施将迫使这些行业停产或者进行大规模的技术创新，从而影响电力负荷增长速度及负荷曲线的变化趋势；另一方面，政策因素中的峰谷电价等特殊电价政策有助于实现削峰填谷和均衡用电，让用户从经济角度合理地安排其用电时间和需求量，从而达到改善电网负荷曲线目的。总之，由于政策因素的加入，电力系统中峰谷差过大、负荷率较低的情况得到一定程度的缓解，有利于用电效率的提高。

7. 其他因素对于近期负荷曲线的影响

除了上述所提及的影响因素外，近期负荷还会受到其他相关因素的影响，一般可分为：突发性事件（如：冲击负荷、自然灾害等）和可预知事件（如：重大活动、停电检修等）。

经过以上的研究，从文中所涉及的影响负荷的各种因素中，可以分析其中影响较大的一些主要因素，有利于对未来城市负荷的发展趋势做出精准的预测，从而可以更加合理准确地预测出饱和负荷出现的时间和最大负荷值，增加了饱和负荷预测模型和方法的可行性和合理性。

4.1.2 Logistic 曲线的数学模型

4.1.2.1 Logistic 曲线数学模型建立

某个地区的负荷发展，可能首先是开始时期的低速增长（相当于生物的生长前期）；到某个转折点后，开始进入快速增长期；在发展到某个转折点后，开始进入饱和期（相当于生物的生长后期）。Logistic 曲线是生长曲线中最普遍的一种，作为一种解析化的数学表达式，其预测原理类似于回归分析中的各个对数模型、指数模型等。

Logistic 曲线方程：

$$y = \frac{k}{1 + ae^{-bt}} \tag{4-1}$$

其中 k、a、b 为常数，且 $k > 0$、$a > 1$、$b > 0$。

根据上式，可以初步得出 Logistic 曲线，如图 4-3 所示，该曲线有如下特点：

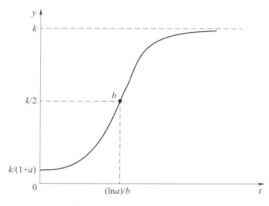

图 4-3　Logistic S 型曲线

1）饱和值 k 决定曲线的高度，k 越大，曲线的纵坐标越大；

2）曲线最低点为 $k/(1+a)$，当 k 值确定时，由 a 的大小决定曲线下界；

3）曲线以拐点 $((\ln a)/b, k/2)$ 为中心对称，故拐点纵坐标为 $k/2$，横坐标由 a、b 确定，当 a、k 值确定，b 值较大时，曲线的中间部分越陡，增长速度快，反之，增长缓慢；当 b、k 值确定，a 值越大，曲线增长缓慢，反之，增长迅速。

Logistic 曲线负荷预测算法需要输入历史年份及历史负荷数据，还需要输入 Logistic 曲线的饱和值和预测目标年份，由此可以得出未来年及中间年负荷预测结果。

Logistic 曲线的饱和度为：

$$BH\% = \frac{y_0}{k} \times 100\% \tag{4-2}$$

式中　y_0 为当前年的负荷值。

4.1.2.2　基于 Logistic 曲线的发展阶段划分理论

通过对式（4-1）求一阶导数可知其一阶导数恒为正，求二阶导数可知其有一个零点（T_2，y_2），求三阶导可知其有两个零点（T_1，y_1）与（T_3，y_3）。

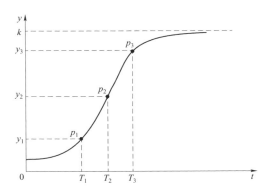

图 4-4　$y(t)$求 3 阶导时 Logistic 曲线的 4 阶段划分（时间特征点）

由以上分析，得到了三个时间节点，可以按照这些时间点来划分 Logistic 函数，具体如下：

对 $y(t)$ 求 3 阶导之后，得到其时间特征点 T_1、T_2、T_3。其中 T_2 是加速度为 0 的点，即函数在 T_2 增长速度最快。而 T_1 和 T_3 是急动度（又称加加速度）为 0 的两个点，在 T_1 时加速度达到最大，而 T_3 时加速度最小。而结合图 4-4 以及 Logistic 函数本身的特点，可以将发展阶段划分为：$0-T_1$ 为初始增长阶段，T_1-T_2 为快速增长阶段，T_2-T_3 增长速度有所减缓，称之为后发展阶段，$T_3-\infty$ 为饱和增长阶段。本课题以增长率小于 2% 作为进入饱和阶段的判断标准，而 T_3 对应的时间则作为饱和阶段的辅助参考。

4.1.2.3　Logistic 曲线法预测步骤

采用 Logistic 法的饱和负荷预测基本步骤为：

步骤 1　输入历史数据

输入用电量、负荷、经济、人口等基础数据。

步骤 2　确定电力负荷发展阶段划分方案

采用 logistic 模型对用电量及最高负荷序列进行建模分析，对曲线待定参数进行估计。根据得到的参数求取曲线的三个特征时间点，并得出阶段划分方案。

步骤 3　饱和负荷时间点和饱和规模预测

用 logistic 曲线分别对用电量和最高负荷序列进行分析预测，首先取曲线极值的 95% 对应的值和年份作为饱和值，然后用判定指标进行校验，若有指标未达标，则将年份推后一年继续计算，直到各项指标都满足要求为止。根据用电量和最高负荷的饱和年份得出达到饱和的时间范围。

步骤 4   输出预测结果

如果判定指标满足要求，则输出饱和负荷预测结果，否则将年份推后一年，再次计算对应的判定指标，直到各项必要指标都满足要求。

基于 logistic 预测方法饱和负荷分析思路和步骤如图 4-5 所示。

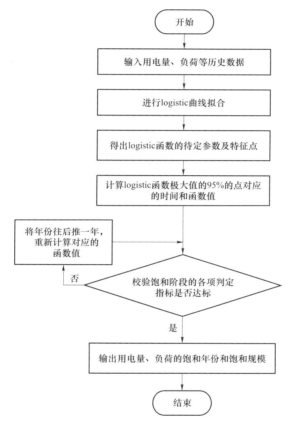

图 4-5   logistic 法饱和负荷计算流程图

4.1.3   Logistic 模型典型区域负荷预测算例

4.1.3.1   地区负荷预测研究

以某地区四省一市整体 1990 年到 2013 年的电量、负荷数据为基础数据作为拟合数据来进行 Logistic 曲线模型拟合预测，所得到的曲线数据如图 4-6、图 4-7 所示。通过上文中基于 Logistic 曲线的饱和负荷发展划分理论来进行研究与阶段划分，可以得到 $T_1 = 2003$、$T_2 = 2011$、$T_3 = 2020$，所以可认为 2003 年之前该地区整体电力发展处于初始增长阶段、2003 年到 2011 年处于电力快速增长阶段，2011 年到 2020 年增长速度有所减缓，进入后发展阶段，2020 年之后该地区整体电力发展步入饱和发展阶段。

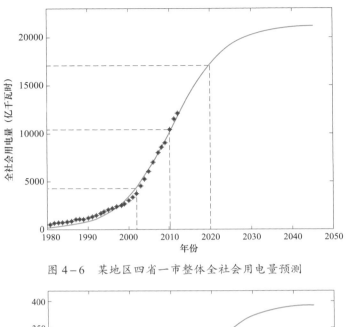

图 4−6　某地区四省一市整体全社会用电量预测

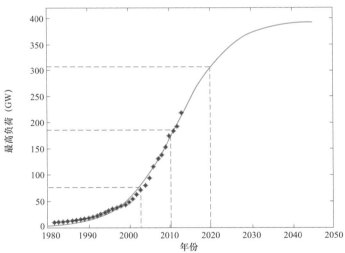

图 4−7　某地区四省一市整体用电最高负荷预测

基于 logistic 模型的整体全社会用电量以及最大负荷的预测数据如表 4−1 所示。

表 4−1　　　　　　　　　　　　Logistic 模型饱和负荷预测结果

年份	全社会用电量（亿千瓦时）	负荷（万千瓦）	最大负荷利用小时数
2014	13334	22895	5824
2015	14085	24358	5782
2016	14799	25769	5743

年份	全社会用电量（亿千瓦时）	负荷（万千瓦）	最大负荷利用小时数
2017	15471	27114	5706
2018	16096	28382	5671
2019	16674	29567	5639
2020	17203	30663	5610
2021	17683	31668	5584
2022	18117	32583	5560
2023	18505	33410	5539
2024	18851	34152	5520
2025	19158	34815	5503
2026	19429	35403	5488
2027	19667	35922	5475
2028	19876	36379	5464
2029	20058	36780	5454
2030	20217	37131	5445
2031	20355	37436	5437
2032	20475	37702	5431
2033	20579	37932	5425
2034	20668	38132	5420
2035	20746	38305	5416
2036	20812	38454	5412
2037	20870	38582	5409
2038	20919	38693	5406
2039	20962	38789	5404
2040	20999	38871	5402

结合该地区预测数据进行分析，从 2024 年开始，该地区全社会用电量年增长率开始小于 2%，达到 18511 亿千瓦时；从 2035 年开始，地区电量达到最大值的 95%，为 20746 亿千瓦时。从 2025 年开始，其最高负荷年增长率开始小于 2%，达到 34815 万千瓦；从 2036 年开始，地区电量达到其最高用电量的 95%，为 38454 万千瓦。基于 logistic 方法的饱和点判定情况见表 4-2。在 2036 年，最大负荷利用小时数为 5412 小时，对该区域来说是一个

合理的值，从而可以佐证二者关系的准确性。该方法优点是简单明了，不足之处是仅仅有最大负荷利用小时数判定指标而缺少其他经济性关联性判定条件与指标。

表 4-2 基于 logistic 方法的饱和点判定

判定条件 / 饱和状态	全社会用电量（亿千瓦时）		最大负荷（万千瓦）	
	饱和年份	饱和规模	饱和年份	饱和规模
年增长率小于 2%	2024	18511	2025	34815
预测值达到最大值的 95%	2035	20746	2036	38454

由 Logistic 模型不但可以预测地区远景饱和负荷，近期几年的负荷结果同样可以通过 Logistic 模型预测得到。

4.1.3.2 全省负荷预测研究

选取该地区内某省 1990—2013 年的全社会用电量、年最大负荷数据进行饱和负荷预测，预测结果如表 4-3 所示。

表 4-3 饱和负荷 logistic 预测结果

年份	全社会用电量预测值（亿千瓦时）	增长率	年最大负荷预测值（万千瓦）	增长率
2014	3688	6.8%	6425	9.7%
2015	3935	6.7%	7030	9.4%
2016	4198	6.7%	7525	7.0%
2017	4440	5.8%	7970	5.9%
2018	4655	4.8%	8370	5.0%
2019	4814	3.4%	8710	4.1%
2020	4973	3.3%	9000	3.3%
2021	5372	8.0%	10054	11.7%
2022	5522	2.8%	10425	3.7%
2023	5659	2.5%	10769	3.3%
2024	5782	2.2%	11087	2.9%
2025	5892	1.9%	11377	2.6%
2026	5991	1.7%	11642	2.3%
2027	6079	1.5%	11881	2.1%
2028	6157	1.3%	12097	1.8%
2029	6226	1.1%	12291	1.6%

年份	全社会用电量预测值 （亿千瓦时）	增长率	年最大负荷预测值 （万千瓦）	增长率
2030	6287	1.0%	12463	1.4%
2031	6340	0.9%	12617	1.2%
2032	6386	0.7%	12754	1.1%
2033	6427	0.6%	12874	0.9%
2034	6463	0.6%	12981	0.8%
2035	6494	0.5%	13074	0.7%
2036	6521	0.4%	13157	0.6%
2037	6544	0.4%	13229	0.5%
2038	6565	0.3%	13292	0.5%
2039	6582	0.3%	13347	0.4%
2040	6598	0.2%	13396	0.4%

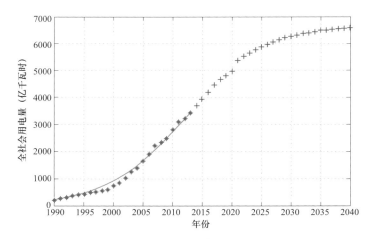

图 4-8　全社会用电量年份 Logistic 拟合

如表 4-3 所示，2014 年全社会用电量的预测值为 3688 亿千瓦时，增长率为 6.81%，到 2040 年，全社会用电量的预测值为 6597.668 亿千瓦时；从 2025 年开始全社会用电量的增长速率逐渐平稳，往后各年的增长率保持在 2% 以下，根据饱和负荷判断条件，全社会用电量将于 2025 年进入饱和阶段。全社会用电量的拟合效果如图 4-8 所示。

2014 年的年最大负荷预测值为 6425 万千瓦，增长率为 9.7%，到 2040 年，年最大负荷的预测值达到 13395.736 万千瓦，增长率为 0.36204%。从表 4-3 预测结果来看，年最大负荷从 2028 年开始进入饱和负荷阶段，年增长率逐渐趋于平稳并保持在 2%以下，根据饱和负荷判别条件，年最大负荷将于 2028 年进入饱和阶段。年最大负荷的拟合效果如图 4-9 所示。

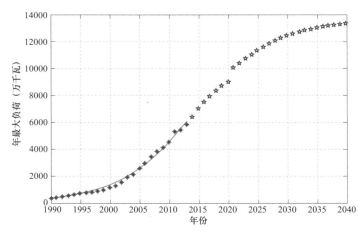

图 4-9　年最大负荷 logistic 拟合

根据饱和负荷的判别条件，在全社会用电量小于 2%及年最大负荷小于 2%的情况下，当全社会用电量和年最大负荷分别达到最高用电量或最高负荷的 95%时，就可判定达到饱和规模。如表 4-4 所示，该省的全社会用电量的饱和年份为 2030 年，饱和规模为 6286.597 亿千瓦时；年最大负荷的饱和年份为 2032 年，饱和规模为 12753.574 万千瓦。

表 4-4　　　　　　　　　　　　基于 Logistic 模型的饱和负荷判定

判定条件 \ 饱和状态	全社会用电量（亿千瓦时）		年最大负荷（万千瓦）	
	饱和年份	饱和规模	饱和年份	饱和规模
预测值持续增长率小于 2%	2025	5892	2028	12097
预测值达到最大值的 95%	2030	6287	2032	12754

由 Logistic 模型不但可以预测远景饱和负荷，近期几年的负荷结果同样可以通过 Logistic 模型预测得到。

4.1.3.3　人均电量负荷预测方法

1. 人均电量法预测模型

该方法根据城市总体规划和各类专项规划，首先研究与环境、资源相适应的最大人口规模，并参考国外主要发达国家人均电量情况，确定城市的人均饱和用电量，在此基础上计算得出城市饱和负荷的规模，推测城市电力需求进入饱和大致的到达时间。采用人均用电量方法进行饱和负荷预测的思路为：饱和年份的人口总量与人均饱和用电量相乘，即得该地区的全社会饱和用电量规模，如式（4-3）、式（4-4）所示。

$$Q_s = N_s \times Q_a \qquad (4-3)$$

$$P_s = Q_s / T_{max} \qquad (4-4)$$

式中，Q_s 为全社会用电量饱和规模，Q_a 为人均用电量饱和规模，P_s 为最大负荷饱和规模，N_s 为人口饱和规模，T_{max} 为最大负荷利用小时数。

该方法操作性强，但饱和规模过分依赖于 N_s、Q_a、T_{max} 三个参数的取值。如果能合理地把握 N_s、Q_a、T_{max} 的变化趋势做出较为精确的预测，则该方法的预测也有望获得较高的预测精度。式中，最大负荷利用小时数对应于人均电量到达饱和阶段时的相应数值，可经由历史数据分析得到。

该方法涉及大量的数据分析，通常需要参照中国社科院人口专家对未来我国人口增长趋势的分析，通过对人均 GDP 和人均电量历史数据的相关性分析，同时结合我国建设"资源节约型、环境友好型"社会对节能降耗的要求，并根据不同区域的经济水平、发展规划进行饱和负荷预测。

必须强调的是，应用人均用电量作为衡量某个地区或国家的用电负荷饱和特征，需要建立在该地区或国家一定时间内人口规模变化不大，人口流动性不强这一前提下，对于尚在人口高速增长或剧烈变动的地区，该指标的使用需要仔细斟酌。

人均电量法的饱和负荷预测步骤如下：

步骤 1　输入历史数据

输入人均用电量、人均用电负荷、人口等历史数据。

步骤 2　预测人均用电量、人均用电负荷和人口

采用 Logistic 模型对人均用电量及人均用电负荷序列进行建模分析，对曲线待定参数进行估计。对于人口的预测可以根据预测地区的人口发展特点采用 Logistic 模型、修正指数模型或其他预测模型进行预测。

步骤 3　确定饱和负荷时间点和饱和规模

首先取增长率小于 2% 时对应年份作为进入饱和阶段的时间点；然后取 Logistic 曲线极值的 95% 对应年份作为达到饱和规模的时间点，用对应年份的人口预测值计算全社会用电量和最大负荷的饱和规模。

步骤 4 输出预测结果

如果判定指标满足要求，则输出饱和负荷预测结果，否则将年份推后一年，再次计算对应的判定指标，直到各项必要指标都满足要求为止。

2. 人均电量负荷预测案例

（1）地区负荷预测研究。

选用 Logistic 曲线来对经济与人口进行拟合与预测。选取的地区内四省一市整体 2000~2013 年的 GDP 与人口数据作为历史数据进行拟合。图 4-10、图 4-11 分别反映 Logistic 模型对经济与人口的预测。

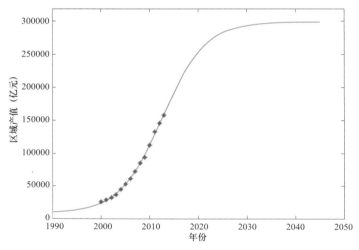

图 4-10 logistic 模型整体经济拟合预测图

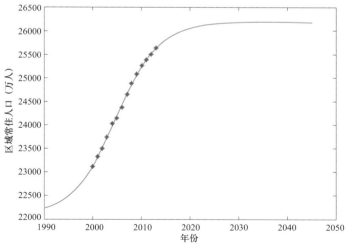

图 4-11 logistic 模型整体人口拟合预测图

对应年份的生产总值、常住人口预测数据如表 4-5 所示。

表 4-5　　　　　　　　logistic 模型生产总值、人口预测结果

年份	生产总值/亿元	常住人口/万人	年份	生产总值/亿元	常住人口/万人
2014	178187	25747	2028	291633	26158
2015	193967	25828	2029	293299	26162
2016	208805	25895	2030	294640	26165
2017	222438	25950	2031	295717	26167
2018	234700	25994	2032	296580	26169
2019	245518	26030	2033	297270	26171
2020	254903	26060	2034	297823	26172
2021	262924	26083	2035	298264	26173
2022	269695	26102	2036	298616	26174
2023	275349	26117	2037	298897	26174
2024	280030	26129	2038	299121	26175
2025	283875	26139	2039	299300	26175
2026	287015	26147	2040	299442	26176
2027	289568	26153			

对人均用电量和人均用电负荷分别进行 logistic 拟合，得到的拟合曲线如图 4-12、图 4-13 所示。

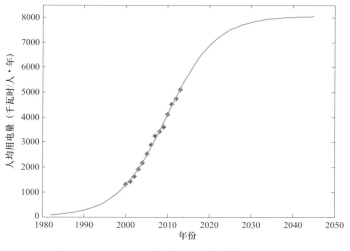

图 4-12　logistic 模型人均用电量拟合预测图

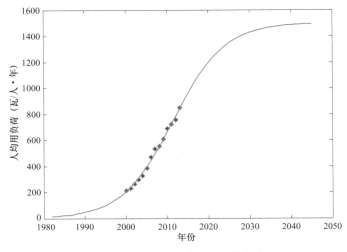

图 4-13 logistic 模型人均用电负荷拟合预测图

结合预测得到的人口数据，可以算得全社会用电量和最高负荷的预测值，如表 4-6 所示。

表 4-6　　　　　　　　　　　　人均电量法预测结果

年份	常住人口（万人）	人均用电量（千瓦时/人·年）	全社会用电量（亿千瓦时）	人均用电负荷（瓦/人）	最高负荷（万千瓦）
2014	25747	5422	13961	904	23286
2015	25828	5715	14761	961	24819
2016	25895	5988	15506	1015	26283
2017	25950	6239	16190	1066	27664
2018	25994	6467	16811	1114	28953
2019	26030	6673	17371	1158	30143
2020	26060	6857	17870	1199	31233
2021	26083	7021	18312	1235	32220
2022	26102	7165	18701	1268	33110
2023	26117	7290	19041	1298	33904
2024	26129	7400	19336	1325	34610
2025	26139	7495	19591	1348	35234
2026	26147	7577	19812	1369	35782
2027	26153	7648	20001	1387	36261
2028	26158	7708	20163	1402	36679

续表

年份	常住人口 （万人）	人均用电量 （千瓦时/人·年）	全社会用电量 （亿千瓦时）	人均用电负荷 （瓦/人）	最高负荷 （万千瓦）
2029	26162	7760	20301	1416	37043
2030	26165	7804	20419	1428	37357
2031	26167	7842	20519	1438	37629
2032	26169	7874	20605	1447	37864
2033	26171	7901	20677	1455	38066
2034	26172	7924	20738	1461	38240
2035	26173	7943	20790	1467	38389
2036	26174	7960	20834	1472	38516
2037	26174	7974	20871	1476	38626
2038	26175	7986	20903	1479	38719
2039	26175	7996	20929	1482	38800
2040	26176	8004	20952	1485	38868

从 2023 年开始，地区全社会用电量年增长率开始小于 2%，达到 19041 亿千瓦时；从 2034 年开始，地区电量达到最大值的 95%，为 20738 亿千瓦时。从 2025 年开始，其最高负荷年增长率开始小于 2%，达到 35234 万千瓦；从 2036 年开始，地区电量达到其最高用电量的 95%，为 38516 万千瓦，基于人均电量法的饱和点判定情况见表 4-7。

表 4-7　　　　　　　　　　基于人均电量法的饱和点判定

饱和状态 判定条件	全社会用电量（亿千瓦时）		最大负荷（万千瓦）	
	饱和年份	饱和规模	饱和年份	饱和规模
年增长率小于 2%	2023	19041	2025	35234
预测值达到最大值的 95%	2034	20738	2036	38516

由以上算例可知，基于 Logistic 曲线的人均电量负荷预测方法可以实现地区近期负荷预测。

（2）全省负荷预测研究。

利用 1990～2013 年的人口数据和人均用电量数据，根据 Logistic 预测模型对这两个变量的未来值进行预测，结果如表 4-8 所示。

表 4-8 人口及人均用电量预测值

年份	人口（万人）	增长率	人均用电量 （千瓦时/人）	增长率
2014	5539	6.1%	6721	7.1%
2015	5572	6.1%	7068	5.2%
2016	5602	6.1%	7394	4.6%
2017	5630	5.3%	7695	4.1%
2018	5654	4.4%	7973	3.6%
2019	5676	3.0%	8225	3.2%
2020	5696	2.9%	8453	2.8%
2021	5761	6.8%	8657	2.4%
2022	5787	2.3%	8839	2.1%
2023	5812	2.0%	9000	1.8%
2024	5835	1.8%	9142	1.6%
2025	5857	1.5%	9266	1.4%
2026	5877	1.3%	9375	1.2%
2027	5896	1.1%	9469	1.0%
2028	5914	1.0%	9551	0.9%
2029	5931	0.8%	9622	0.7%
2030	5947	0.7%	9684	0.6%
2031	5961	0.6%	9736	0.6%
2032	5975	0.5%	9782	0.5%
2033	5988	0.4%	9821	0.4%
2034	6000	0.4%	9854	0.3%
2035	6011	0.3%	9883	0.3%
2036	6021	0.2%	9908	0.3%
2037	6031	0.2%	9929	0.2%
2038	6040	0.2%	9947	0.2%
2039	6049	0.1%	9962	0.2%
2040	6056	0.1%	9975	0.1%

可以看出，该省的常住人口在 2040 年将达到 6056 万人；从 2028 年开始，人口增长将逐渐趋于稳定，增长率保持在 1%以下。根据人均用电量的预测结果显示，2022 年该省的

人均用电量开始进入饱和阶段，其增长率将保持在 2%以下并趋于稳定；2028 年该省的人均用电量达到饱和，达到最高人均用电量的 95%，人均用电量的饱和规模为 9551 千瓦时每人。

根据上述预测结果，采用基于人均用电量的饱和负荷预测模型，对全社会用电量及年最大负荷进行预测，结果如表 4−9 所示。

表 4−9　　　　　　　　　基于人均用电量法的饱和负荷预测结果

年份	全社会用电量（亿千瓦时）	增长率	年最大负荷（万千瓦）	增长率
2014	3723	7.8%	6177	5.5%
2015	3939	5.8%	6377	3.2%
2016	4142	5.2%	6620	3.8%
2017	4332	4.6%	6906	4.3%
2018	4508	4.1%	7199	4.2%
2019	4669	3.6%	7470	3.8%
2020	4815	3.1%	7712	3.2%
2021	4987	3.6%	7991	3.6%
2022	5115	2.6%	8197	2.6%
2023	5231	2.3%	8382	2.3%
2024	5334	2.0%	8548	2.0%
2025	5427	1.7%	8696	1.7%
2026	5510	1.5%	8829	1.5%
2027	5583	1.3%	8947	1.3%
2028	5649	1.2%	9052	1.2%
2029	5707	1.0%	9145	1.0%
2030	5758	0.9%	9227	0.9%
2031	5804	0.8%	9300	0.8%
2032	5845	0.7%	9365	0.7%
2033	5880	0.6%	9423	0.6%
2034	5912	0.5%	9474	0.5%
2035	5941	0.5%	9519	0.5%
2036	5966	0.4%	9559	0.4%
2037	5988	0.4%	9595	0.4%

年份	全社会用电量（亿千瓦时）	增长率	年最大负荷（万千瓦）	增长率
2038	6008	0.3%	9627	0.3%
2039	6026	0.3%	9655	0.3%
2040	6041	0.3%	9681	0.3%

可见该省从 2024 年开始，全社会用电量和年最大负荷的持续增长率均小于 2%，表明开始进入饱和阶段，分别达到 5334 亿千瓦时和 8548 万千瓦；2030 年，该省的全社会用电量和年最大负荷分别达到最高用电量或最高负荷的 95%，分别为 5758 亿千瓦时和 9227 万千瓦。

基于上述计算结果，可以得到该省的全社会用电量和年最大负荷于 2030 年达到饱和规模，分别为 5758 亿千瓦时和 9227 万千瓦；届时的人口将达到 5947 万人，人均用电量达到 9684 千瓦时/人。由以上算例可知，基于 Logistic 曲线的人均电量负荷预测方法可以实现全省的近期负荷预测。

4.2 多维度 Logistic 模型负荷预测方法

4.2.1 多维度负荷预测模型

影响电力电量饱和负荷的因素很多，包括经济、人口、电价、气候环境以及政策因素等。其中所研究区域的电量、经济、人口的数据相对容易获得，而电价变动的因素由于中国国内电价基本由政府根据当地情况规定，而非市场化的电价，所以电价因素的变动实际的数据难以获得，而且在近期负荷预测中研究意义不是很大；气候环境以及政策因素的变动往往比较笼统，难以有一个定量的指标来进行分析，政策的变动主要会直接或者间接性地影响到经济与人口的情况。所以本节中选取比较容易获得、且容易进行影响程度评价的经济与人口因素作为主要影响因素与自变量来建立饱和负荷预测的多维度数学模型。在本节电力电量饱和负荷预测中，依据多维度预测的数学模型，我们把电力、电量作为因变量，而人口，经济作为自变量来建立相应的数学模型如式（4-5）、式（4-6）：

$$E_t = f(GDP_t, POP_t) \tag{4-5}$$

$$P_t = g\,(GDP_t,\ POP_t) \tag{4-6}$$

式中，E_t 表示所研究区域时间 t 年份对应的用电量；GDP_t 表示所研究区域时间 t 年份对应的生产总值；POP_t 表示所研究区域时间 t 年份对应的人口数量。在进行建模分析时，除了选取 GDP 和人口之外，也可以根据某地区的发展定位、产业结构等具体情况以及课题一中适应于我国中长期电力需求预测的经济社会发展指标体系的研究情况选取更多的因素进行建模，如人均 GDP、第三产业增加值占 GDP 比重、城镇化率、居民消费水平等影响因素。多维度预测方法的基本思路如图 4-14 所示。

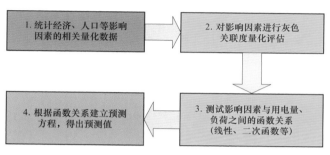

图 4-14　多维度饱和负荷预测基本思路

通过电量对各自变量求偏导，即可求得对应自变量值的灵敏度，Q_a 可以求得 GDP（经济因素）变动对电量的影响程度及大小，从而对影响程度进行具体量化分析；T_{max} 可以求得人口变动对电量的影响程度及大小，从而对影响程度进行具体量化分析。这样即便用电量达到了饱和，我们依然可以分析经济因素与人口因素变动对饱和电量的影响与冲击大小。当国际金融环境变动对经济造成冲击与变动时，或者一些政策的变动引起所研究区域人口的变动，比如电量饱和时北京出台了相应的政策鼓励更多的人移居到北京去或者鼓励更多的人离开北京到其他地方发展，可以通过这样的建模方法计算评估这些经济因素、人口因素的变动对饱和用电量带来的影响与冲击。

在运用多维度预测方法进行建模分析时，除了选取 GDP 和人口之外，也可以根据某地区的发展定位、产业结构等具体情况以及本报告第三章中适应于我国中长期电力需求预测的经济社会发展指标体系的研究情况选取更多的因素进行建模，如人均 GDP、第三产业增加值占 GDP 比重、城镇化率、居民消费水平等影响因素。

在确定模型待定参数时，为提高预测精度，可以对原来的多维度模型进行改进，即采用滚动预测的方法，即首先根据前 8 期的指标实际值 $(L_{n-8},\ L_{n-7},\ L_{n-6},\ L_{n-5},\ L_{n-4},\ L_{n-3},\ L_{n-2},\ L_{n-1})_{4\times8}$ 来确定模型的参数值，并预测下 4 期的指标值 $(L'_n,\ L'_{n+1},\ L'_{n+2},\ L'_{n+3})_{4\times4}$；然后根据此 4 期预测值与前 4 期实际值 $(L_{n-4},\ L_{n-3},\ L_{n-2},\ L_{n-1},\ L'_n,\ L'_{n+1},\ L'_{n+2},\ L'_{n+3})_{4\times8}$ 对修正模型的

参数值进行修正，根据修正后的参数值预测接下来 4 期的指标值 $(L'_{n+4}, L'_{n+5}, L'_{n+6}, L'_{n+7})_{4\times8}$；以此类推，经过多步的滚动优化可最终确定滚动多维度预测模型预测值。

基于影响因素分析的多维度饱和负荷预测步骤如下：

步骤 1　输入历史数据

输入用电量、负荷、人口、经济等历史数据。

步骤 2　预测经济、人口等影响因素

对 GDP、人口、产业结构、城镇化率、居民消费水平等影响因素的历史数据序列进行建模分析。对于这些影响的预测可以根据预测地区的发展特点采用 Logistic 模型、灰色 GM（1，1）模型或其他模型进行预测。

步骤 3　进行模型测试

根据预测地区的实际情况选取合适的影响因素进行多元回归建模分析，测试影响因素与用电量和最高负荷之间的函数关系（线性、二次函数、指数函数等），并运用最小二乘法确定待定参数。

步骤 4　确定饱和负荷时间点和饱和规模

首先取增长率小于 2%时对应的预测值和年份作为进入饱和阶段的规模和时间点；然后取函数极值的 95%对应的函数值和年份作为最终饱和规模和达到饱和规模的时间点。

步骤 5　输出预测结果

如果判定指标满足要求，则输出饱和负荷预测结果，否则将年份推后一年，再次计算对应的判定指标，直到各项必要指标都满足要求为止。

4.2.2　多维度负荷预测案例

1. 地区负荷预测研究

表 4－10 为选取的某地区四省一市整体 2000～2013 年的电量、负荷、GDP 与人口数据来进行案例分析。

表 4－10　　　　　　　　　　地区电量、负荷、经济与人口数据

年份	用电量（亿千瓦时）	负荷（万千瓦）	生产总值（亿元）	常住人口（万人）
2000	3011	4870	26133	23119
2001	3321	5380	28885	23329
2002	3791	6180	32339	23515

续表

年份	用电量（亿千瓦时）	负荷（万千瓦）	生产总值（亿元）	常住人口（万人）
2003	4515	7090	37749	23745
2004	5210	7880	45248	24040
2005	6102	9350	53169	24146
2006	7003	11450	61729	243866
2007	7988	13090	73876	24672
2008	8518	13750	86189	24890
2009	9031	15260	94793	25093
2010	10377	17410	113410	25269
2011	11478	18290	133486	25397
2012	12086	19250	145819	25513
2013	13049	21800	159131	25656

经过模型测试可以得到电量的多维度预测数学模型为：

$$[GDP^2\ GDP\ POP^2\ POP\ 1]\boldsymbol{b}=E \qquad (4-7)$$

式中，$\boldsymbol{b}=[b_1\ b_2\ b_3\ b_4\ b_5\ b_6]^T$，通过最小二乘法可以解得 $\boldsymbol{b}=[0.000697,\ 0.806832,\ 4.091708,\ -1717.44,\ 181407.4]^T$。

同样，经过模型测试可知负荷的多维度预测数学模型为：

$$[E\ E^{0.5}]\boldsymbol{c}=P \qquad (4-8)$$

式中，$\boldsymbol{c}=[c_1\ c_2]^T$，通过最小二乘法可以解得 $\boldsymbol{c}=[19.74221,\ -345.722]^T$。

多维度负荷预测模型，首先需要对其影响因素经济与人口进行预测，若其影响因素趋于饱和，则电力、电量也就趋于饱和。生产总值、常住人口、全社会用电量以及最大负荷的数据如表4-11所示。其中经济和人口的预测数据采用运用logistic模型拟合得到的数据。

表4-11　　　　　　　多维度负荷预测模型预测结果

年份	生产总值（亿元）	常住人口（万人）	用电量（亿千瓦时）	负荷（万千瓦）
2014	178187	25747	14120	23767
2015	193967	25828	14969	25322
2016	208805	25895	15767	26786
2017	222438	25950	16503	28140

续表

年份	生产总值（亿元）	常住人口（万人）	用电量（亿千瓦时）	负荷（万千瓦）
2018	234700	25994	17186	29396
2019	245518	26030	17787	30505
2020	254903	26060	18298	31448
2021	262924	26083	18760	32301
2022	269695	26102	19143	33010
2023	275349	26117	19470	33613
2024	280030	26129	19741	34116
2025	283875	26139	19959	34519
2026	287015	26147	20137	34849
2027	289568	26153	20289	35130
2028	291633	26158	20408	35351
2029	293299	26162	20504	35530
2030	294640	26165	20585	35679
2031	295717	26167	20657	35812
2032	296580	26169	20707	35905
2033	297270	26171	20740	35967
2034	297823	26172	20777	36035
2035	298264	26173	20803	36083
2036	298616	26174	20820	36115
2037	298897	26174	20847	36166
2038	299121	26175	20852	36174
2039	299300	26175	20869	36206
2040	299442	26176	20866	36200

结合案例的具体数据进行分析，从 2023 年开始，该地区全社会用电量年增长率开始小于 2%，达到 19470 亿千瓦时；从 2036 年开始，该地区电量达到最大值的 95%，为 20820 亿千瓦时。从 2023 年开始，其最高负荷年增长率开始小于 2%，达到 33613 万千瓦；从 2037 年开始，该地区电量达到其最高用电量的 95%，为 36166 万千瓦。基于多维度方法的饱和点判定情况见表 4-12。

根据 2037 年预测达到饱和时的各项数据计算饱和负荷判定指标如下，即人均用电量为

7965 千瓦时/（人·年）、人均 GDP 为 11.43 万元，人口也已饱和而基本不再增长，都满足指标要求，所以可知该预测具有合理性与可行性。

表 4-12　　　　　　　　　　　多维度方法的饱和点判定

判定条件\饱和状态	全社会用电量（亿千瓦时）		最大负荷（万千瓦）	
	饱和年份	饱和规模	饱和年份	饱和规模
年增长率小于 2%	2023	19470	2023	33613
预测值达到最大值的 95%	2036	20820	2037	36166

由以上算例可知，基于 Logistic 曲线的多维度模型负荷预测方法可以实现地区近期的负荷预测。

2. 全省负荷预测研究

全社会用电量的多维度预测模型为：

$$[ERC \quad SC \quad JCK \quad JMXF \quad NYXF \quad RJDL \quad 1]b = E \qquad (4-9)$$

其中 ERC 为第二产业增加值，SC 为第三产业增加值，JCK 为进出口总额，$JMXF$ 为居民消费水平，$NYXF$ 为能源消费总量，$RJDL$ 为人均用电量；b 为各指标的系数矩阵 $b = [b_1, b_2, b_3, b_4, b_5, b_6, b_7]^T$。根据最小二乘法可以计算出系数矩阵的结果为：

$$b = [-0.023 \quad 0.037 \quad 0.126 \quad 0.003 \quad 0.021 \quad 0.387 \quad -75.96] \qquad (4-10)$$

将系数矩阵代入模型结合各指标的预测值，计算出全社会用电量 2014～2040 年的预测结果如表 4-13 所示。

表 4-13　　　　　　　　基于多维度模型的全社会用电量的预测

年份	ERC（万元）	SC（万元）	JCK（万美元）	JMXF（元）	NYXF（万吨标准煤）	RJDL（千瓦时/人）	全社会用电量（亿千瓦时）
2014	20571	19776	3562	26769	18575	6721	3703
2015	22145	22012	3714	28711	18825	7068	3915
2016	23652	24288	3834	30653	19075	7394	4116
2017	25075	26565	3927	32595	19324	7695	4308
2018	26398	28805	3998	34537	19574	7973	4487
2019	27612	30968	4052	36478	19824	8225	4655
2020	28712	33025	4093	38420	20073	8453	4810
2021	29698	34949	4123	40362	20323	8657	4953

年份	ERC（万元）	SC（万元）	JCK（万美元）	JMXF（元）	NYXF（万吨标准煤）	RJDL（千瓦时/人）	全社会用电量（亿千瓦时）
2022	30573	36723	4146	42304	20572	8839	5082
2023	31342	38336	4162	44246	20822	9000	5200
2024	32013	39784	4175	46187	21072	9142	5305
2025	32595	41071	4184	48129	21321	9266	5400
2026	33096	42202	4190	50071	21571	9375	5484
2027	33525	43188	4195	52013	21821	9469	5559
2028	33891	44041	4199	53954	22070	9551	5626
2029	34203	44774	4202	55896	22320	9622	5684
2030	34467	45401	4204	57838	22569	9684	5737
2031	34690	45934	4205	59780	22819	9736	5783
2032	34878	46385	4206	61722	23069	9782	5824
2033	35036	46766	4207	63663	23318	9821	5861
2034	35169	47087	4207	65605	23568	9854	5894
2035	35280	47356	4208	67547	23818	9883	5923
2036	35374	47581	4208	69489	24067	9908	5950
2037	35452	47770	4208	71431	24317	9929	5975
2038	35518	47927	4209	73372	24566	9947	5997
2039	35572	48059	4209	75314	24816	9962	6018
2040	35618	48168	4209	77256	25066	9975	6037

表 4-13 中各指标的预测值是通过 Logistic 曲线型及线性回归模型所得；根据多维度预测模型所得结果显示，该省从 2025 年开始进入饱和阶段，往后各年的全社会用电量的年增长率低于 2%，且该年的用电量为 5400 亿千瓦时；从 2030 年开始，该省的用电量达到最大用电量的 95%，表明在 2030 年该省达到饱和规模，全社会用电量为 5737 亿千瓦时。

根据 1993～2013 年各指标的数据，将全部影响因素用于建立多维度饱和负荷预测模型；通过计算发现：将全部数据应用于年最大负荷的预测时，并不能得到满意的结果。因此，基于各指标数据的可得性及指标间的相互影响程度，选取第三产业增加值、进出口总额、居民消费、能源消费以及人均用电量作为建立年最大负荷的多维度饱和负荷模型中的主要影响指标。

年最大负荷的多维度预测模型为：

$$[SC \ JCK \ JMXF \ NYXF \ RJDL \ 1]b = P \qquad (4-11)$$

式中，SC 为第三产业增加值，JCK 为进出口总额，$JMXF$ 为居民消费，$NYXF$ 为能源消费总量，$RJDL$ 为人均用电量；$b = [b_1, b_2, b_3, b_4, b_5, b_6]^T$，根据最小二乘法可计算出系数矩阵的结果为：

$$b = [0.031 \ 0.349 \ 0.05 \ -0.009 \ 0.496 \ 13.711]^T \qquad (4-12)$$

根据上述模型和计算所得系数，对该省的年最大负荷进行预测，结果如表 4-14 所示。

表 4-14　　　　　　　　　　全省 2014～2040 年最大负荷预测结果

年份	SC（万元）	JCK（万美元）	JMXF（元）	NYXF（万吨标准煤）	RJDL（千瓦时/人）	年最大负荷（万千瓦）
2014	19776	3562	26769	18575	6721	6375
2015	22012	3714	28711	18825	7068	6764
2016	24288	3834	30653	19075	7394	7133
2017	26565	3927	32595	19324	7695	7481
2018	28805	3998	34537	19574	7973	7807
2019	30968	4052	36478	19824	8225	8113
2020	33025	4093	38420	20073	8453	8399
2021	34949	4123	40362	20323	8657	8665
2022	36723	4146	42304	20572	8839	8913
2023	38336	4162	44246	20822	9000	9144
2024	39784	4175	46187	21072	9142	9358
2025	41071	4184	48129	21321	9266	9558
2026	42202	4190	50071	21571	9375	9744
2027	43188	4195	52013	21821	9469	9918
2028	44041	4199	53954	22070	9551	10081
2029	44774	4202	55896	22320	9622	10235
2030	45401	4204	57838	22569	9684	10380
2031	45934	4205	59780	22819	9736	10518
2032	46385	4206	61722	23069	9782	10650
2033	46766	4207	63663	23318	9821	10776
2034	47087	4207	65605	23568	9854	10898
2035	47356	4208	67547	23818	9883	11015

年份	SC（万元）	JCK（万美元）	JMXF（元）	NYXF（万吨标准煤）	RJDL（千瓦时/人）	年最大负荷（万千瓦）
2036	47581	4208	69489	24067	9908	11129
2037	47770	4208	71431	24317	9929	11241
2038	47927	4209	73372	24566	9947	11349
2039	48059	4209	75314	24816	9962	11456
2040	48168	4209	77256	25066	9975	11561

表中各个影响年最大负荷的指标均通过 Logistic 模型以及线性回归模型预测得到，进而利用所建立的年最大负荷多维度预测模型对各年的年最大负荷进行预测。从表中可以看出，该省从 2026 年开始，往后各年的年最大负荷的增长率持续等于 2%，年最大负荷为 9744 万千瓦，表明该省的年最大负荷开始进入饱和阶段。2035 年，该省的年最大负荷达到各年中最高用电负荷的 95%，达到饱和负荷规模，为 9883 万千瓦。由以上算例可知，基于 Logistic 曲线的多维度模型负荷预测方法可以实现全省的近期负荷预测。

4.3 指数平滑法实现负荷预测

指数平滑法建立的模型较简单，计算简便、需要存贮的数据少，通过近期的观察值能很快地计算出新的预测值。指数平滑法既可用于对未来周日以小时负荷为统计样本的短期预测中，也可应用于未来数年的长期负荷预测中。

4.3.1 指数平滑法负荷预测原理

设组成的时间序列为 $x_1, x_2, \cdots x_t$，处理得计算式

$$
\begin{aligned}
S_t &= \frac{1}{n}(x_t + x_{t-1} + x_{t-2} + \cdots + x_{t-n+1}) \\
&= \frac{1}{n} \cdot x_t + \frac{1}{n}(x_{t-1} + x_{t+2} + x_{t-3} + \cdots + x_{t-n+1} + x_{t-n}) - \frac{1}{n} \cdot x_{t-n} \\
&= \frac{1}{n} \cdot x_t + S_{t-1} - \frac{1}{n} \cdot x_{t-n}
\end{aligned}
\tag{4-13}
$$

若时间序列是相对较平稳的，则可以修改上式为

$$S_t = \frac{1}{n}x_t + S_{t-1} - \frac{1}{n}S_{t-1} = \frac{1}{n}x_t + \left(1-\frac{1}{n}\right)S_{t-1} \qquad (4-14)$$

当 $n=1$ 时, $\frac{1}{n}=1$; 当 $n \to \infty, \frac{1}{n} \to 0$ 。

令 $a = \frac{1}{n}$, a 的取值在 0 与 1 之间, a 称为平滑系数。指数平滑数列的一次递推公式为:

$$S_t' = ax_t + (1-a)S_{t-1}' \qquad (4-15)$$

将上式经过递推展开得

$$
\begin{aligned}
S_t' &= ax_t + (1-a)S_{t-1}' \\
&= ax_t + (1-a)[ax_{t-1} + (1-a)S_{t-2}'] \\
&= ax_t + (1-a)ax_{t-1} + (1-a)^2 S_{t-2}' \\
&= ax_t + a(1-a)x_{t-1} + a(1-a)^2 x_{t-2} + \cdots + a(1-a)^{t-1}x_1 + (1-a)^t S_0'
\end{aligned}
\qquad (4-16)
$$

因 $0 < a < 1$,则随着 i 增加, $a(1-a)^i$ 将递减,即 x_t 的权数将不断地减小,最近的值 x_t 的加权系数为 a 最大, x_{t-1} 的权数为 $a(1-a)$ 较小;越早的数据,其权数越小。所有权数之相加为 1 ,即

$$\sum_{n=1}^{t} a(1-a)^{n-1} + (1-a)^t = 1 \qquad (4-17)$$

经过"加权修匀",最近的搜集数据对未来(预测)值会有较大影响,最早的古老数据影响会很小。

当 $a=0$ 时,将有 $S_t' = S_{t-1}' = S_{t-2}' \cdots = S_0'$,这说明定出 S_0' 以后,不同时点的平滑值都等于 S_0' ,不同时点的 x_t 不能增添影响,数列遭受了严重的修匀。

当 $a=1$ 时,得 $S_t' = x_t$,它说明,平滑后的数列 S_t' 和原来时间序列一样,也可以看作 t 时点 S_t' 即是 x_t ,这个也是 $t+1$ 时点的预测值。

若 a 的值取得比较大时,修匀程度将会变得较小,比较适于变化比较大的或者趋势性比较强的序列。

若 a 值取得较小时,修匀程度将会变得比较大,比较适于变化比较小的或者接近平稳的序列。

从上面的讨论可知,一次指数平滑法非常适合比较平稳的一组时间序列。因为 a 值的选取可以有多种,所以也可以有多方案,原则上一般采用合理的几个 a 值试算的办法,然后计算其均方差 MSE;或者也可以分别计算它们的平均绝对误差 MAD,以 MSE 或 MAD 最小的作为最好的 a 值,并利用 e_t 检验是否为有效预测。

不同时点的平滑预测值 y 和实际值 x 的误差值 e_t :

$$e_t = x_t - S'_{t-1} = x_t - y_t \qquad (4-18)$$

平均绝对误差 MAD：

$$MAD = \frac{1}{N}\sum_{t=1}^{N}|e_t| \qquad (4-19)$$

1. 二次指数平滑法

二次指数平滑法用的是相同的平滑系数 a，对前面的 S'_t 再经过一次指数平滑，这样就构成了二次指数平滑数列 S''_t。

设原始值 $S'_0 = S''_0 = x_1$，则有

$$\begin{aligned} S'_t &= ax_t + (1-a)S'_{t-1}\\ S''_t &= aS'_t + (1-a)S''_{t-1} \end{aligned} \qquad (4-20)$$

可知，二次指数平滑数列 S''_t 经过对原时间序列的两次修匀，便能将不规则或者周期变动清除，长期的趋势性能够更好地显示出来。

和一次指数平滑法相同，恰当的 a 值的选择，原则上也应该选用多个 a 值进行分别计算来构成不同 a 值的数列 S'_t 和 S''_t，则可以根据均方差 MSE 的最小确定原则选出一个比较合理的 a 值。

对时间的序列进行一次或二次指数平滑时，将更加有利于显示出数列的长期趋势，所以二次指数平滑法具有线性的趋势，其线性的趋势预测模型有：

$$y_{t+T} = a_t + b_t \cdot T \qquad (4-21)$$

式中，T 为从 t 时点起向前的预测时点数；a_t, b_t 为待定系数：

$$\begin{aligned} a_t &= S'_t + (S'_t - S''_t) = 2S'_t - S''_t\\ b_t &= \frac{a}{1-a}(S'_t - S''_t) \end{aligned} \qquad (4-22)$$

有效检验预测模型的方法，与上面所陈述的有效性检验基本上原理相同。则不同时点的误差为

$$e_t = x_t - y_t \qquad (4-23)$$

需要对 e_t 数列检验自相关，如前面所述，若 e_t 数列具有随机性，表明这个预测模型有效。

2. 三次指数平滑法

当时间序列呈现非线性趋势时，可用三次指数平滑法。

设时间的序列为 $x_1, x_2, \cdots x_t$，取 $S'_0 = S''_0 = S'''_0 = x_1$；且用相同的平滑系数 a，则用下式进行逐步计算：

$$\begin{cases} S'_t = ax_t + (1-a)S'_{t-1} \\ S''_t = aS'_t + (1-a)S''_{t-1} \\ S'''_t = aS''_t + (1-a)S'''_{t-1} \end{cases} \quad (4-24)$$

同样可利用均方差 MSE 或者 MAD 取最小的原则优选一个 a 值。

以优选的 a 值计算结果 S'_t、S''_t 与 S'''_t 的数列为准，末期 t 的预测数据按照下列式子计算其模型系数：

$$a_t = 3S'_t - 3S''_t + S'''_t$$

$$b_t = \frac{a}{2(1-a)^2}[(6-5a)S'_t - (10-8a)S''_t + (4-3a)S'''_t] \quad (4-25)$$

$$c_t = \frac{a^2}{2(1-a)^2}(S'_t - 2S''_t + S'''_t)$$

则二次抛物线型预测的模型为：

$$y_{t+T} = a_t + b_t \cdot T + c_t \cdot T^2 \quad (4-26)$$

式中，T 为从 t 时点起向前的预测时点数。

有效性检测和上面所述预测数学模型的方法相同，即求出预测偏差 e_t 数列进行检验。

4.3.2 指数平滑法负荷预测算例

以某省全社会 110kV 网供负荷为例对指数平滑法进行演示。负荷数据如表 4-15 所示。

表 4-15   **110kV 负 荷 数 据**   单位：MW

电压等级（年份）	2011	2012	2013	2014	2015	2016	2017	2018
110kV	43650	46815	50164	53099	51896	57482	61953	65951

采用指数平滑模型得到负荷总量变化特征并预测未来负荷总量如表 4-16 所示。

表 4-16   **负 荷 总 量 预 测**   单位：MW

电压等级（年份）	2017	2018	2019	2020	2021	2022	2023	2024
110kV	63395	66482	69570	72658	75746	78834	81922	85010

以上预测结果的计算过程中系数 a 均取 0.5，2017 年与 2018 年的负荷预测结果作为验证值以验证算法准确性，2017 年负荷预测误差为 0.61%，2018 年负荷预测误差为 −0.16%，可见负荷预测模型合理，误差较小。

4.4 灰色理论模型实现负荷预测

灰色关联度是基于灰色系统理论具体量化分析研究对象中各相关因素关联程度大小的一种方法，其基本思想是依据所研究曲线之间相似程度来对其关联程度进行分析的。实质上即为几种曲线几何形状的分析与比较，即可以认为所要分析的时间序列数据点连成的曲线几何形状越接近，则发展变化态势也越接近，关联程度就越大。该方法也可以用以比较与几种预测模型相对应的几条预测曲线跟一条实际曲线的拟合程度，若关联度越大，则可说明对应的预测模型就越优，拟合误差也越小。

4.4.1 灰色理论模型原理

把数列 y_0 指定为参考数列，把数列 y_i 定为被比较数列（或因素数列），其中 $i=1, 2, \cdots, n$，并且有 $y_0=\{y_0(1), y_0(2), \cdots y_0(m)\}$，$y_i=\{y_i(1), y_i(2), \cdots y_i(m)\}$。从而曲线 y_0 与 y_i 在第 j 个点的关联系数如下：

$$\xi_i(j) = \frac{\min_i \min_j |y_0(j)-y_i(j)| + \rho \max_i \max_j |y_0(j)-y_i(j)|}{|y_0(j)-y_i(j)| + \rho \max_i \max_j |y_0(j)-y_i(j)|} \quad (4-27)$$

式中，$\min_j |y_0(j)-y_i(j)|$ 为第一级最小差，表示在曲线 y_i 上找与曲线 y_0 对应的最小差；$\min_i \min_j |y_0(j)-y_i(j)|$ 为第二级最小差，表示所有曲线与曲线 y_0 对应的最小差。ρ 为分辨系数，是 $0\sim1$ 之间的数。

由各点的关联系数，可知整个曲线 y_i 与曲线 y_0 的关联度为：

$$r_i = \frac{1}{n}\sum_{j=1}^{n}\xi_i(j) \quad (4-28)$$

关联度 r 的取值范围为 $0\sim1$，而且数值越大说明关联性越好。对于单位不同，或者初值不相同的数列作关联度分析前，首先要做无量纲化与归一化预处理，也称初值化。为了把所有数列无量纲化，而且要求所有数列都有公共交点，则应该用每一数列的第一个数 $y_i(1)$ 除其他数 $y_i(k)$，即可以解决这两个问题，也使得各数列之间具有了可比性。关联度越大则说明两因素之间的相关性越强。

GM（1，1）灰色模型（Grey Model）是一种基于累加生成灰指数律的最小二乘建模方式，该建模方式对具有近似齐次指数律的数据序列具有较为理想的拟合与预测效果。然而，现实中的数据序列除了有近似齐次指数律特性的数据序列外，还存在大量具有非齐次指数律特性的数据序列，利用仅适用于近似齐次指数律数据序列的灰色模型去预测具有非齐次指数律特性的数据序列，得到的预测结果会产生较大的偏差，NGM（1，1，k）灰色预测模型［Non-homogenous discrete exponential Grey Model，NGM（1，1，k）］利用最小二乘法与矩阵运算法推演出该灰色模型参数的计算公式，并利用微分方程求出了该灰色预测模型的模拟时间响应序列函数。

NGM（1，1，k）灰色模型的建模过程如下。设有原始数据序列为：

$$X = [x(1), x(2), \cdots, x(n)] \tag{4-29}$$

累加序列为：

$$X^* = [x^*(1), x^*(2), \cdots, x^*(n)] \tag{4-30}$$

其中：

$$X^*(k) = \sum_{k=1}^{n} x(k) \tag{4-31}$$

令序列 Z 为：

$$z(k) = \frac{x^*(k) + x^*(k-1)}{2} \tag{4-32}$$

其中 $k = 2, 3, \cdots, n$，Z 被称作背景值序列。

将适用于非齐次指数序列的灰色模型的微分方程：

$$x(t) + az(t) + kt = b$$
$$\frac{\mathrm{d}x^*}{\mathrm{d}t} + ax^*(t) + kt = b \tag{4-33}$$
$$\hat{x}(t) = ce^{-at} - \frac{k}{a}t + \frac{1}{a^2}(ab+k)$$

得到的预测序列 $\tilde{x}$ 为：

$$\tilde{x}(k) = \hat{x}(k+1) - x(k) = c\left(1 - e^a\right)e^{-ap} - \frac{k}{a} \tag{4-34}$$

a、b、c、k 的表达式如下：

$$\begin{cases} a = \ln\left(1 - \dfrac{1}{u_1}\right) \\[2mm] b = a\left(u_2 + \dfrac{k}{a^2} \cdot \dfrac{1 - e^a + a}{e^a - 1}\right) \\[2mm] c = \left[x(1) + \dfrac{k}{a} - \dfrac{b}{a} - \dfrac{\theta}{a^2}\right]e^a \\[2mm] k = -au_3 \end{cases} \tag{4-35}$$

其中 u_1、u_2、u_3 可以按照下式求解：

$$U = (B^T B)^{-1} B^T X^* \qquad (4-36)$$

其中 $U = \begin{bmatrix} u_1 \\ u_2 \\ u_3 \end{bmatrix}$, $B = \begin{bmatrix} x(2) & 1 & 2 \\ x(3) & 1 & 3 \\ \cdots & \cdots & \cdots \\ x(n) & 1 & n \end{bmatrix}$, $X^* = \begin{bmatrix} x^*(2) \\ x^*(3) \\ \cdots \\ x^*(n) \end{bmatrix}$

4.4.2 灰色理论模型应用算例

某省 2003 年至 2012 年用电量数据如表 4-17 所示：

表 4-17 用 电 量 数 据

年份	2003	2004	2005	2006	2007
用电量（10^8kWh）	1240.4	1419.5	1642.3	1909.2	2189.4
年份	2008	2009	2010	2011	2012
用电量（10^8kWh）	2322.9	2471.4	2820.9	3116.9	3210.6

2003 年至 2011 年的该省用电量数据作为样本数据，预测 2012 年的该省用电量数据。

表 4-18 用 电 量 拟 合 结 果

年份	用电量（10^8kWh）	弱化后数据	拟合数据	相对误差
2003	1240.4	2125.9	2125.9	0%
2004	1419.5	2236.6	2261.6	1.12%
2005	1642.3	2353.3	2352.9	−0.02%
2006	1909.2	2471.8	2453.1	−0.75%
2007	2189.4	2584.3	2563.3	−0.81%
2008	2322.9	2683	2684.3	0.05%
2009	2471.4	2803.1	2817.3	0.51%
2010	2820.9	2968.9	2963.5	−0.18%
2011	3116.9	3116.9	3124.1	0.23%

对 2012 年的预测结果如表 4－19 所示。

表 4－19　　　　　　　　　　　　　2012 年 的 预 测 结 果

年份	实际用电量（10^8kWh）	预测用电量（10^8kWh）	相对误差
2012	3210.6	3300.5	2.80%

对该省 2012 年用电量的预测结果中，NGM（1，1，k）灰色模型的预测结果为 3300.5×10^8kWh，相对于 2012 年的实际用电量 3210.6×10^8kWh 预测误差为 2.80%。

4.5　马尔可夫演化模型实现负荷预测

4.5.1　马尔可夫结构演化模型预测原理

马尔可夫过程：

设随机过程 $\{X(t), t \in T\}$ 的状态空间为 I。

如果对时间 t 的任意 n 个数值 $t_1 < t_2 < \cdots < t_n$, $n \geq 3$, $t_i \in T$，在条件 $X(t_i) = x_i$, $x_i \in I$, $i = 1, 2, \cdots, n-1$ 下，$X(t_n)$ 的条件分布函数恰等于在条件 $X(t_{n-1}) = x_{n-1}$ 下 $X(t_n)$的条件分布函数，即：

$$P\{X(t_n) \leq x_n | X(t_1) \leq x_1, X(t_2) \leq x_2, \cdots, X(t_{n-1}) \leq x_{n-1}\} = P\{X(t_n) \leq x_n | X(t_{n-1}) \leq x_{n-1}\}, x_n \in R$$

则称过程 $\{X(t), t \in T\}$ 具有 Markov 性或无后效性，并称此过程为 Markov 过程。Markov 过程可用条件概率来描述。为了方便，将当前时刻的状态记为 x_i，下一时刻的状态记为 x_j，则条件概率的公式可写为：

$$P\{X(t_n) = x_i \mid X(t_{n-1}) = x_j\} = P_{ij} \tag{4－37}$$

式中，P_{ij} 为过程从状态 x_i 到状态 x_j 的转移概率。如果在一次状态转移中转移概率与 t 时刻无关，且为一常数，即：

$$P\{X(t_n) = x_i | X(t_{n-1}) = x_j\} = P\{X(t_1) = x_i | X(t_{t-1}) = x_j\} = P_{ij} \tag{4－38}$$

则称此 Markov 过程为时间齐次的。在能源结构的研究中，只涉及离散的齐次 Markov 过程。由转移概率组成的矩阵 $P(m, m+n) = P_{ij}(m, m+n)$ 称为马氏链的转移概率矩阵。由于在时刻从任何一个状态 x_m 出发，到另一状态 x_{m+n}，路径必然经过 $x_m, \cdots, x_{m+n}$ 中的某一个或若干个，所以：

$$\sum P_{ij}(m, m+n) = 1, \ i = 1, 2, \cdots$$

即转移概率矩阵的每一行元素之和等于 1。当转移概率的步长为 1 时，称转移概率矩阵为一步转移概率矩阵，记为：

$$P^{(1)} = \begin{bmatrix} P_{11}^{(1)} & P_{12}^{(1)} & \cdots & P_{1n}^{(1)} \\ P_{21}^{(1)} & P_{22}^{(1)} & \cdots & P_{2n}^{(1)} \\ \cdots & \cdots & \cdots & \cdots \\ P_{n1}^{(1)} & P_{n2}^{(1)} & \cdots & P_{nn}^{(1)} \end{bmatrix}$$

设系统初始状态的概率向量为 $S(0) = [S_1^{(0)}, S_2^{(0)}, S_3^{(0)}, \cdots, S_n^{(0)}]$，各元素表示处于状态 i 的初始状态概率。若经过 k 步转移后处于状态 j，切普曼–科尔莫戈罗夫方程可得到状态 j 的状态量：

$$S_j^{(k+1)} = \sum S_i^{(k)} P_{ij} \tag{4-39}$$

式中，$S_j^{(k)}$ 为经过 k 次转移后的状态概率。

用式（4-39）模型预测能源结构的未来状态时，具体步骤如下：首先确定系统状态；然后确定一步转移概率矩阵；再利用公式求解某一状态下的概率；最后求解平衡状态的概率，对预测结构进行分析。在 Markov 预测模型中，关键是一步转移矩阵的确定。目前，大多数的研究都采用历史数据建立多元一次方程组的方法来确定转移矩阵困难性，实际上这种方法问题很大，因为实际的演化过程未必完全满足齐次 Markov 过程，即相邻历史年份之间的转移概率矩阵未必是完全一样的，所以多元一次方程组求得的转移概率矩阵在应用于其他年份时存在很大误差。以下采用最优化思想来确定转移概率矩阵。

基于二次规划的状态转移概率矩阵最优估计：

为了获得较为精确的一步转移概率矩阵，利用最优化的思想，即在 m 个时刻中要使实际状态的概率向量与理论计算的状态概率向量的误差平方和达到最小为准则，为此可建立最优化模型。

设 $S^{(t)} = [p_t^{(1)}, p_t^{(2)}, \cdots, p_t^{(n)}]$ 是时刻 t 系统在 n 个状态下的概率向量 $t = 1, 2, \cdots, m$，设一步状态转移概率矩阵为 $P = (p_{ij})_{n \times n}$。实际上由于客观环境的变化，相邻时刻的一步转移概率矩阵并不完全相同，因此 $S^{(t+1)}$ 与 $S^{(t)} P$ 之间总存在误差，由误差平方和达到最小的准则，建立如下最优化模型：

$$\min f(P) = \sum_{t=0}^{m-1} \left\| S^{(t+1)} - S^{(t)} \right\|^2 = \sum_{t=0}^{m-1} \left[S^{(t+1)} - S^{(t)} P \right] \left[S^{(t+1)} - S^{(t)} P \right]^T \tag{4-40}$$

$$\text{s.t.} \begin{cases} \sum_{j=1}^{n} p_{ij} = 1, & i = 1, 2, \cdots, n \\ p_{ij} \geqslant 0, & i = 1, 2, \cdots, n \end{cases}$$

根据上述规划模型能够在众多状态转移矩阵中提取出最适合的典型概率矩阵，从而作为状态转移矩阵的特征值。

依据马尔可夫结构演化模型方法，可以计算得到不同电压等级下不同类型负荷的电压占比，因此尚缺不同电压等下的网供负荷总量，通过负荷总量与负荷占比获得不同电压等级下各类负荷量。预测总量的方法采用线性指数平滑模型，通过模型参数计算获取未来若干年的负荷总量预测值。

4.5.2　马尔可夫结构演化模型预测算例

1. 负荷结构描述

为合理配置配电网变电容量，需要预测分析各电压等级网供负荷分布情况，各电压等级网供负荷、直供负荷分布示意如图 4-15 所示。

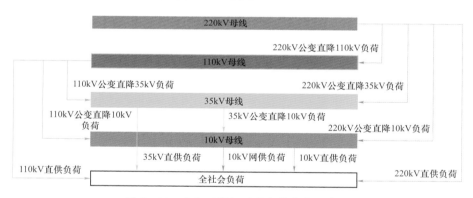

图 4-15　各电压等级网供负荷分布示意图

各电压等级网供负荷预测及平衡流程：

（1）根据全社会用电负荷预测结果，扣除厂用电负荷，参考分行业负荷预测结果，分析各电压等级直供负荷增速与全社会最大负荷增速间关系，以变电站/配电变压器为单位，以历史负荷数据为基础，选取适用方法，预测规划年 10kV 及以上各电压等级直供负荷及 10kV 电网总负荷；

（2）由于分布式风电、光伏发电间具有歇性特征，且夏季最大负荷一般出现在闷热天气的用电晚高峰时段，分布式风电、光伏基本无输出功率，一般不参与分电压等级电力平衡。仅考虑常规电源及分布式天然气、资源综合利用等其他类型新能源参与电力平衡。

（3）分析各电压等级直供负荷供电来源，结合规划原则，依据上图网供负荷间供电关系，合理预测网供负荷：

1）依据 10kV 电网负荷预测结果，参照 110kV、35kV 公用变电站出线供 10kV 公用变电站负荷历史统计数据与 10kV 公用配电变电站负荷、专用配电变电站负荷比例关系，采用比例趋势外推等预测方法，预测 10kV 直供负荷与 10kV 网供负荷。

考虑规划中 220kV 变电站直接为 10kV 电网供电形式应用较少，220kV 及以上公用变压器直降 10kV 负荷总量在规划目标年基本维持现状水平不变；由于城市供电区域为避免重复降压，逐步限制 35kV 电压等级发展，A＋、A、B 类供电区 35kV 公用变压器直降 10kV 负荷占 10kV 直供负荷与 10kV 网供负荷之和比重逐步降低，C、D 类地区由于供电范围广、负荷密度较低，35kV 电网仍大量承担为 10kV 电网供电的任务，35kV 公用变压器直降 10kV 负荷比重基本不变。依据上述分析，合理预测规划年 110（66）kV 公用变压器直降 10kV 负荷与 35kV 公用变压器直降 10kV 负荷占比关系，从而得出 110（66）kV 公用变压器直降 10kV 负荷与 35kV 公用变压器直降 10kV 负荷预测结果。

2）考虑规划中 A＋、A、B 类供电区一般不采用 220（330）/110/35/10 电压序列，新建 110（66）kV 变电站一般不具备为 35kV 电网供电的能力，110（66）kV 公用变压器直降 35kV 负荷占 35kV 直供负荷与 35kV 网供负荷之和比重将逐步降低，C、D 类供电区由于 220（330）kV 变电站布点少，110kV 变电站仍需承担一部分为 35kV 电网供电的任务，110kV 公用变压器直降 35kV 负荷比重基本不变。依据上述分析，合理预测规划年 220kV 公用变压器直降 35kV 负荷与 110（66）kV 公用变压器直降 35kV 负荷占比关系，从而得出 110（66）kV 公用变压器直降 35kV 负荷预测结果。

3）可计算得出，110（66）kV 网供负荷 = 110（66）kV 公用变压器直降 35kV 负荷 + 110（66）kV 公用变压器直降 10kV 负荷，35kV 网供负荷 = 220kV 公用变压器直降 35kV 负荷 + 110（66）kV 公用变压器直降 35kV 负荷 − 35kV 直供负荷，10kV 网供负荷 = 10kV 电网负荷 − 10kV 直供负荷。

2. 负荷预测结果

基于调度采集系统，收集 2011～2018 年 110（66）kV、35kV 每台变压器下网负荷数据及 10kV 公用线路负荷，得到 110kV 及以下分电压等级网供负荷历史数据，如表 4-20 所示。

表 4−20   110kV 及以下分电压等级网供负荷历史数据   单位：MW

电压等级	年份	2011	2012	2013	2014	2015	2016	2017	2018
110kV	市辖	15454	16606	17827	18906	19720	21843	24574	25728
	县级	28197	30210	32337	34193	32175	35639	38436	41977
	合计	43650	46815	50164	53099	51896	57482	61953	65951
	A+	806	873	945	1010	929	983	1049	1080
	A	8530	9191	9893	10520	10701	11312	12075	12434
	B	17687	18979	20348	21550	26621	28142	29072	30932
	C	14788	15799	16863	17780	17190	18172	18792	19974
	D	1837	1971	2113	2238	1869	1975	2021	2171
	E	0	0	0	0	0	0	0	0
35kV	市辖	1279	1280	1280	1262	1170	1175	1127	1133
	县级	4935	5060	5182	5240	5118	5140	4933	4956
	合计	6205	6333	6457	6509	6288	6315	6060	6089
	A+	0	0	0	0	0	0	0	0
	A	581	552	525	492	340	341	327	329
	B	2310	2361	2412	2432	2270	2280	2188	2198
	C	2288	2325	2360	2365	2232	2242	2151	2162
	D	1079	1130	1182	1221	1446	1452	1394	1400
	E	0	0	0	0	0	0	0	0
10kV	市辖	9034	9810	10642	11407	11423	12667	13725	14634
	县级	17242	18761	20395	21906	21977	24371	26407	28155
	合计	26281	28575	31032	33315	33400	37038	40132	42788
	A+	631	678	728	772	526	568	605	656
	A	5818	6297	6809	7274	8333	9006	9594	10390
	B	10280	11103	11980	12770	18122	19586	20864	22596
	C	8163	8984	9878	10732	10558	11411	12155	13164
	D	1383	1506	1638	1761	2912	3148	3353	3631
	E	0	0	0	0	0	0	0	0

计 2011 年该省分区分年度网供负荷数据占比结构为 $S_{2011}^{110} = [S_{2011}^{110-A+}, S_{2011}^{110-A},$ $S_{2011}^{110-B}, S_{2011}^{110-C}, S_{2011}^{110-D}]$、$S_{2011}^{35} = [S_{2011}^{35-A}, S_{2011}^{35-B}, S_{2011}^{35-C}, S_{2011}^{35-D}]$、$S_{2011}^{10} =$ $[S_{2011}^{10-A+}, S_{2011}^{10-A}, S_{2011}^{10-B}, S_{2011}^{10-C}, S_{2011}^{10-D}]$，分别代表负荷的 A+类、A 类、B 类、

C 类、D 类、E 类负荷的占有率。相应地，2011～2018 年的负荷结构可记为 $S_{2011}\sim S_{2018}$。由不同年份的负荷结构可以获得负荷类型间转换的特征值，由状态转移矩阵来表征其变换特征，建立二次规划模型，可求得各电压等级的典型状态转移概率矩阵为：

$$P_{110} = \begin{bmatrix} 0.0000 & 0.0000 & 1.0000 & 0.0000 & 0.0000 \\ 0.0808 & 0.4857 & 0.3689 & 0.0000 & 0.0646 \\ 0.0000 & 0.1042 & 0.8130 & 0.0828 & 0.0000 \\ 0.0000 & 0.1284 & 0.0000 & 0.8716 & 0.0000 \\ 0.0471 & 0.3175 & 0.0000 & 0.0000 & 0.6354 \end{bmatrix}$$

$$P_{35} = \begin{bmatrix} 0.8062 & 0.0000 & 0.1938 & 0.0000 \\ 0.0000 & 0.4103 & 0.4560 & 0.1337 \\ 0.0000 & 0.5863 & 0.4137 & 0.0000 \\ 0.0410 & 0.0193 & 0.1424 & 0.7973 \end{bmatrix}$$

$$P_{10} = \begin{bmatrix} 0.0000 & 0.0000 & 0.0000 & 1.0000 & 0.0000 \\ 0.0000 & 0.1538 & 0.0000 & 0.8463 & 0.0000 \\ 0.0000 & 0.1867 & 0.6590 & 0.0000 & 0.1543 \\ 0.0602 & 0.3471 & 0.3007 & 0.2921 & 0.0000 \\ 0.0000 & 0.0000 & 1.0000 & 0.0000 & 0.0000 \end{bmatrix}$$

由马尔可夫过程的定义可得 2019～2024 年的该省不同电压等级网供负荷的占比结构变化在典型特征转移概率矩阵下的预测比例，分别为 $S_{2018}\times P$，$S_{2018}\times P^2$，$S_{2018}\times P^3$，$S_{2018}\times P^4$，$S_{2018}\times P^5$，$S_{2018}\times P^6$。同时采用线性指数平滑模型得到不同电压等级负荷总量变化特征并预测未来负荷总量，如表 4-21 所示。

表 4-21　　　　　　　　110kV 及以下各电压等级负荷总量预测　　　　　　　　单位：MW

电压等级	2017	2018	2019	2020	2021	2022	2023	2024
110kV	63395	66482	69570	72658	75746	78834	81922	85010
35kV	6302	6282	6261	6241	6221	6200	6180	6160
10kV	46822	50339	53856	57372	60889	64405	67922	71439

以上预测结果的计算过程中系数 a 均取 0.5，2017 年与 2018 年的负荷预测结果作为验证值以验证算法准确性，2017 年 110kV 负荷预测误差为 0.61%，35kV 负荷预测误差为 3.99%，10kV 负荷预测误差为 0.54%；2018 年 110kV 负荷预测误差为 -0.16%，35kV 负荷预测误差为 3.16%，10kV 负荷预测误差为 -0.19%，可见负荷预测模型合理，误差较小。

利用概率转移的典型特征矩阵得到预测结果如表 4-22 所示。

表 4－22　　　　　　　110kV 及以下各电压等级网供负荷预测　　　　　　单位：MW

电压等级	年份	2019	2020	2021	2022	2023	2024
110kV	总量	69570.26	72658.13	75746.01	78833.89	81921.76	85009.64
	A＋占比	1.6628	1.6736	1.6782	1.6806	1.6819	1.6827
	A＋预测	1156.82	1215.98	1271.18	1324.85	1377.82	1430.43
	A 占比	18.7949	18.8412	18.8613	18.8712	18.8766	18.8797
	A 预测	13075.69	13689.64	14286.69	14876.92	15464.05	16049.57
	B 占比	46.2754	46.2192	46.2012	46.1987	46.2027	46.2092
	B 预测	32193.94	33581.97	34995.57	36420.23	37850.04	39282.27
	C 占比	29.9887	29.9687	29.9467	29.9259	29.9076	29.8920
	C 预测	20863.25	21774.73	22683.39	23591.76	24500.85	25411.09
	D 占比	3.2781	3.2974	3.3126	3.3236	3.3312	3.3364
	D 预测	2280.57	2395.81	2509.17	2620.12	2729.00	2836.27
35kV	总量	6261.27	6240.95	6220.63	6200.30	6179.98	6159.66
	A 占比	5.2982	5.2205	5.1631	5.1209	5.0900	5.0675
	A 预测	331.74	325.81	321.18	317.51	314.56	312.14
	B 占比	36.0728	36.0442	36.0214	36.0027	35.9874	35.9752
	B 预测	2258.62	2249.50	2240.76	2232.27	2224.02	2215.95
	C 占比	35.4699	35.4467	35.4275	35.4121	35.3999	35.3903
	C 预测	2220.87	2212.21	2203.81	2195.66	2187.71	2179.92
	D 占比	23.1590	23.2886	23.3881	23.4643	23.5226	23.5671
	D 预测	1450.05	1453.43	1454.88	1454.86	1453.69	1451.65
10kV	总量	53855.67	57372.27	60888.88	64405.48	67922.08	71438.69
	A＋占比	1.5702	1.5856	1.6058	1.6149	1.6217	1.6256
	A＋预测	845.65	909.71	977.78	1040.10	1101.46	1161.34
	A 占比	20.5903	20.6345	20.6907	20.7196	20.7399	20.7522
	A 预测	11089.04	11838.46	12598.33	13344.59	14086.97	14825.06
	B 占比	44.5692	44.2092	44.0374	43.9139	43.8397	43.7917
	B 预测	24003.06	25363.82	26813.85	28282.98	29776.87	31284.24
	C 占比	26.3558	26.6920	26.8429	26.9548	27.0211	27.0643
	C 预测	14194.11	15313.80	16344.37	17360.40	18353.30	19334.40
	D 占比	6.9144	6.8787	6.8232	6.7966	6.7776	6.7661
	D 预测	3723.80	3946.48	4154.55	4377.41	4603.48	4833.64

总体来看，预计到 2020 年，公司经营区内 110kV 网供负荷为 72658.13MW，其中 A＋类负荷为 1215.98MW，A 类负荷为 13689.64MW，B 类负荷为 33581.97MW，C 类负荷为 21774.73MW，D 类负荷为 2395.81MW，"十三五"期间总体年均增长率为 3.99%；35kV 网供负荷为 6240.95MW，其中 A 类负荷为 325.81MW，B 类负荷为 2249.50MW，C 类负荷

为 2212.21MW，D 类负荷为 1453.43MW，"十三五"期间总体年均增长率为 −0.23%；10kV 网供负荷为 57372.27MW，其中 A+类负荷为 909.71MW，A 类负荷为 11838.46MW，B 类负荷为 25363.82MW，C 类负荷为 15313.80MW，D 类负荷为 3946.48MW，"十三五"期间总体年均增长率为 6.25%。

4.6　神经网络实现负荷预测

本小节利用神经网络来实现负荷预测。首先采用分段近似聚合降维技术实现数据降维，提取负荷数据的关键特征。然后基于历史数据与降维后的负荷特征建立样本库实现神经网络的数据驱动负荷预测。

4.6.1　数据聚类降维与预测模型建立

1. 分段近似聚合（PAA）降维技术

本报告采用分段近似聚合技术（PAA）对原始的用户周负荷数据进行降维处理。

PAA 使用每一分段的平均值来代表整个负荷序列。具体来说，PAA 将原长度为 n 序列分为 M 个子段，其中每一个子段的长度均为 k。因此，对于 PAA 算法来说，其压缩比为 $k = n / M$。PAA 算法可利用如下的公式进行说明：

$$\overline{x}_i = \frac{M}{n} \sum_{j=n/M(i-1)+1}^{(n/M)i} x_j \qquad (4-41)$$

图 4−16 展示了将一个 672 点的周负荷曲线数据转化为一个长度为 21 的 PAA 序列的前后对比。经过对比可以发现，PAA 之后的序列基本保留了原数据序列的形态信息和动态行为，消除了由于过多数据造成的高频噪声问题。在 PAA 后的序列，实际上是将一天的负荷数据利用三个典型值来表征，该三个典型值即上文讨论过的 0 点～8 点，8 点～16 点，16 点～24 点的负荷平均值。

2. 多元线性回归与神经网络的日负荷预测

在本部分中，利用神经网络（NN）模型来进行用电日负荷需求预测，并引入多元线性回归（MLR）方法作为预测效果的对比。

为了构建训练数据集，输入特征参数和输出参数如下所述。

输入特征数据 $x = (x_1, x_2 \cdots x_6)$，定义如表 4−23 所示。

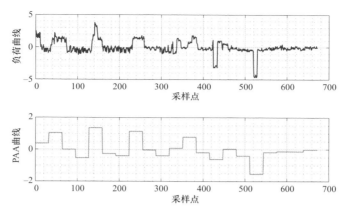

图 4-16 周负荷曲线的 PAA 结果

表 4-23   输 入 参 数 列 表

参数	说明
x_1	前一天同一时刻的负荷值
x_2	前一周同一时刻的负荷值
x_3	前一天的平均负荷
x_4	当前时刻是当天第几个采样点
x_5	当前时刻所处的天数是周几
x_6	当天是否是节假日

输出参数 y 表示当前的负荷值。

对于 MLR 方法，应该找到回归系数 $\beta = (\beta_0, \beta_1 \cdots \beta_6)$ 使数据集的输入和输出满足以下等式。

$$y_{\mathrm{MLR}} = \beta_0 + \beta_1 x_1 + \beta_2 x_2 + \cdots \beta_6 x_6 \qquad (4-42)$$

对于 NN，本报告选择了一个简单的反向传播神经网络作为基本结构。在本节中，NN 有一个隐藏层，有 10 个节点。这里使用的 NN 的示意图如图 4-17 所示。

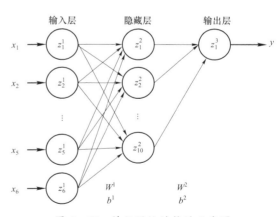

图 4-17 神经网络结构的示意图

NN 模型可以用数学的方式表达如下：

$$z_j^{i+1} = K\left(\sum_k w_{kj}^i z_k^i \right) \qquad (4-43)$$

其中 K 是激活函数，在本节中选择的 K 为 sigmoid 函数。

将 NN 表示为 $y = f(x)$，神经网络训练的目标是使得如下的目标函数最小。

$$L = \sum_{x,y \in \Omega} \left[(f(x) - y)^2 \right] \qquad (4-44)$$

其中 Ω 代表训练数据集。对于已经得到的三种典型的用电模式所对应的负荷曲线，可以利用负荷预测模型来对三种典型负荷进行负荷预测。

4.6.2 神经网络日负荷预测算例

1. 自适应聚类对周/月负荷特征提取结果

利用第二章中空间负荷预测的数据进行聚类降维，在聚类之后，每一个负荷均有其属于自己的聚类标签，其中最佳聚类数目结果为3。通过聚合同一群集中的负载，可以获得3个聚合负荷曲线如图4-18（b）所示。

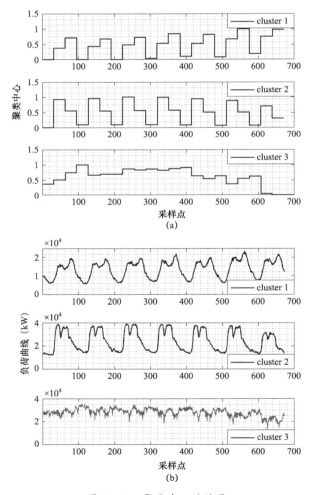

图 4-18　聚类中心的结果

（a）利用 PAA 形式表达的三个聚类中心；（b）每一类对应的聚集负荷

可以看出，第一个和第二个簇都有明显的周期性，但同时也存在一些差异。首先，第一个类别的负荷在一周内的工作日逐渐增加，而在周末呈现出明显的上升趋势；而第二组在工作如与第一组具有相似的形式，但在周末负荷水平明显逐步降低。此外，第一个簇的每日峰值出现在 16—24 时，而第二个簇的每日峰值出现在 8—16 时。对于第三类负荷来说，其具有显著的随机性，从图中可以看出该集群中的负荷不具有明显的周期性特征。

2. 日负荷特征提取以及日负荷曲线预测

在本节中，选择 MLR 模型和 NN 模型来进行负荷预测，对于三个类别的聚集负荷的预测结果分别如图 4-19～图 4-21 所示。

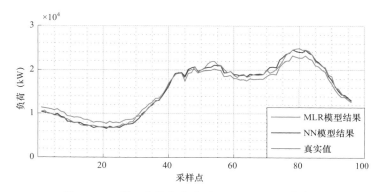

图 4-19　第一类聚集负荷的预测结果以及真实值

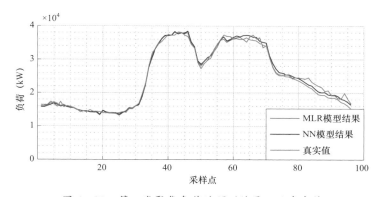

图 4-20　第二类聚集负荷的预测结果以及真实值

然后，使用 HMM 的参数，可以计算 NN 和 MLR 预测序列对应的概率值。为了对比评估结果，本报告使用平均绝对百分比误差（MAPE）指标来对各个预测方法的准确度作为量化的考核。对于不同类的不同模型的预测结果，预测序列概率和 MAPE 结果如表 4-24 所示。

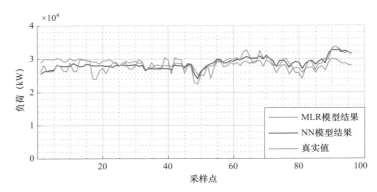

图 4-21　第三类聚集负荷的预测结果以及真实值

表 4-24　　　　　对于 **MLR** 和 **NN** 预测结果的 **HMM** 概率以及 **MAPE** 结果

	预测方法	HMM 概率	MAPE
第一类负荷	MLR	3.3011×10^{-39}	4.1794%
	NN	4.2424×10^{-35}	2.6722%
第二类负荷	预测方法	HMM 概率	MAPE
	MLR	4.1468×10^{-34}	2.6056%
	NN	1.7888×10^{-36}	3.1055%
第三类符合	预测方法	HMM 概率	MAPE
	MLR	1.6341×10^{-53}	6.4223%
	NN	1.0997×10^{-40}	4.3402%

　　对于第一类负荷模式和第三类负荷模式，神经网络模型的预测结果更准确，而对于第二类负荷模式，神经网络模型与多元线性回归方法的预测结果基本一致，总体而言神经网络的预测结果准确性更优。

4.7　支持向量机模型实现负荷预测

　　支持向量机模型（SVM）广泛应用于回归分析和统计分类中，能有效地解决有限样本、非线性和高维模式识别等问题，并对函数拟合等其余机器学习问题也能较好地处理。SVM 的基本思想为定义一个最优的线性超平面，将寻找该超平面的算法转化为一个求解最优化的问题。然后基于 Mercer 核定理展开，通过非线性映射，将样本空间非线性分类和回归问题映射到高维特征空间（Hilbert 空间），在高维特征空间中利用线性函数解决样本空间的非线性分类和回归等问题。简而言之就是实现升维和线性化。本小节将首先介绍 SVM 的基本原理，然后建立最小二乘支持向量短期负荷预测模型，并实现负荷预测。

4.7.1 最小二乘支持向量机负荷预测模型

1. SVM 回归原理

SVM 回归理论是在支持向量机分类的基础上建立的，随着 Vapnik 引入不敏感损失函数，SVM 就能很好地解决样本空间中非线性回归估计问题，SVM 回归原理：通过非线性映射，将低维的样本空间变换到高维特征空间，然后在高维特征空间中有线性方法解决原样本空间的非线性回归，可以获取在低维样本空间非线性回归的结果。即将实际问题通过非线性映射变换到高维特征空间，在高维空间中构造的线性函数来实现原空间中的非线性函数。

对于一组给定的训练样本集：

$$(X_1, y_1), (X_2, y_2), \cdots, (X_n, y_n)$$

其中 $X_i \in R^n$ 为输入向量，$y_i \in R$ 为输出向量。回归问题就是求从输入空间 R^n 到输出空间 R 上的映射 $f : R^n \to R$ 使 $f(x) = y$ 的问题。

引入不敏感损失函数的定义如下：

$$|y - f(x)|_\varepsilon = \begin{cases} 0, & |y - f(x)| \leqslant \varepsilon \\ |y - f(x)| - \varepsilon, & \text{其他} \end{cases} \tag{4-45}$$

式中，$f(x)$ 为构造的回归估计函数，y 为 x 对应的输出值。不敏感函数在特征空间中为一个平面 $f(x)$ 为中心的薄板区域。若样本在这个区域时，损失为 0；不在该区域时，对其进行线性惩罚，由此得到的解具有很强的鲁棒性。学习的目的是构造 $f(x)$，使与目标值之间的距离小于 σ，同时可以保证函数的 VC 维的界最小，这样对于 x，可估计出其最优目标值。

2. 核函数定义

通过非线性映射 $\phi(x)$，将低维空间中线性不可分数据样本映射到高维空间中线性可分的数据样本。因此，引入非线性映射 $\phi(x)$，使 SVM 不再受线性不可分的限制，同时可处理非线性数据样本的分类问题。非线性的 SVM 模型求解比较困难，主要是由于非线性映射 $\phi(x)$ 的具体形式难以确定。在这种情况下得出的 SVM 对偶模型，可以通过计算 $\phi(x)$ 的内积来求解。

定义核函数 $K(x_i, x_j)$ 如下：

$$K(x_i, x_j) = [\phi(x_i) \bullet \phi(x_j)] \qquad (4-46)$$

那么，选定核函数 $K(x_i, x_j)$，模型就不需知道非线性映射 $\phi(x)$ 的具体形式。利用 $K(x_i, x_j)$ 代替相应的内积 $[\phi(x_i) \bullet \phi(x_j)]$，就可得到 SVM 模型及相应的决策函数。

核函数的本质：通过样本数据集在特征空间的内积来实现一种特征变换。SVM 通过引入核函数，有效且方便地解决了分类问题中的线性不可分问题。根据 Hilbert–Schmidt 理论，核函数须是满足 Mercer 定理的对称函数。核函数主要有四种：即线性核函数、多项式核函数、径向基（radial basis function，RBF）核函数和感知器型核函数，其具体形式如下所示：

（1）线性核函数：

$$K(x_i, x_j) = x_i \bullet x_j \qquad (4-47)$$

（2）多项式核函数：

$$K(x, x_j) = (x_i^T \bullet x_j + t)^d \qquad (4-48)$$

（3）径向基（radial basis function，RBF）核函数：

$$K(x_i, x_j) = \exp\left(-\frac{|x_i - x_j|^2}{2\sigma^2}\right) \qquad (4-49)$$

x_i 是维输入向量，x_j 是第 j 个高斯基函数的中心，σ 是标准化参数，决定了高斯函数围绕中心点的宽度，$|x_i - x_j|^2$ 是向量 $x_i - x_j$ 的范数，表示 x_i 与 x_j 之间的距离。

（4）感知器型核函数：

$$K(x_i, x_j) = \tanh(\beta_0 x_i^T \bullet x_j + \beta_1) \qquad (4-50)$$

3. 最小二乘支持向量机基本原理

最小二乘支持向量机（least squares support vector machines，LSSVM）是由 Suykens 等人提出的一种新型 SVM 方法，是 SVM 的一种扩展。标准 SVM 算法是求解一个带不等式约束条件的二次规划问题，而 LSSVM 的优化指标则运用了平方误差项，用一个等式约束条件来代替标准 SVM 中的不等式约束条件，将标准 SVM 算法求解的二次规划问题转化成求解线性问题。

LSSVM 的回归原理：给定一组训练样本集 $\{(X_i, y_i)\}$，$i = 1, \cdots, n$，其中，n 为训练样本的容量，$X_i \in R^n$ 为输入向量，$y_i \in R$ 为输出向量。对训练样本进行非线性回归，LSSVM 的核心思想是通过一个非线性映射 $\phi(x)$，将训练样本映射到高维特征空间，然后在高维特征空间中进行线性回归，此时回归函数为：

$$y = f(x) = \omega \cdot \phi(x) + b \qquad (4-51)$$

其中 ω 为权向量，b 是偏执量，$\phi(x)$ 为从低维空间到高维空间的映射。此时 LSSVM 的优化问题为：

$$\min J(\omega, b, e) = \frac{1}{2}|\omega|^2 + \frac{1}{2}C\sum_{i=1}^{t} e_i^2 \qquad (4-52)$$

$$\text{s.t. } \omega^T \phi(x_i) + b + e_i = y_i, i = 1, \cdots, l$$

式中，e_i 为误差，C（$C>O$）为正则化参数，控制误差的惩罚程度。

由 SVM 回归原理可知，常用的核函数有：线性核函数、多项式核函数、RBF 核函数、感知器核函数。对于不同系统过程的数据进行回归估计，有对应的效果最佳的核函数。RBF 核函数的优点：① 表示形式简单，即使对于多变量输入也不增加太多的复杂性；② 径向对称，光滑性好，任意阶导数均存在；③ 由于该函数表示简单且解析性好，因而便于进行理论分析。基于 RBF 核函数的这些优点，本文采用 RBF 核函数作为 LSSVM 模型中的核函数。RBF 核函数将样本数据非线性变换到高维空间中，能够处理输入、输出为非线性关系的情况。

4. 基于 LSSVM 短期负荷预测模型的建立

根据预测对象特性分析可知，在建立负荷预测模型的时候，要考虑历史负荷所具有的周期性，日期类型工作日、周末和节假日；并且与影响负荷有关的因素，如天气温度，湿度等其他因素。因此，需要考虑负荷预测模型的输入样本和输出为何值。本文采用的负荷预测评价指标为平均相对负荷和均方根误差。用负荷预测 7 天的平均相对误差和均方根误差的平均值比较三种负荷模型的可行性。

预测模型输入样本的选取，选取的每个输入样本均含有 12 个特性指标：前一天同一预测点负荷；前一天的湿度、日类型值、最高温度、最低温度、平均温度；前两天同一预测点负荷；预测日的湿度、日类型值、最高温度、最低温度、平均温度。输出为预测点的负荷值。

LSSVM 在预测模型建立过程中，需要确定两个参数 C 和 σ。如果 C 较小，对偏差的惩罚较小，SVM 回归曲线趋于平缓，易发生机器欠学习的现象；如果 C 值太大，对偏差的惩罚大，满足的点较多，易造成机器过学习的现象。核函数宽度系数 σ 反映了支持向量之间的相关性，σ 定义了非线性映射函数的结构，若 σ 过小，就很容易产生局部优化，SVM 容易造成过训练的危险，而 σ 过大，则会导致 SVM 发生欠训练。

在充分研究了 LSSVM 的原理之后可按照如下的流程来进行建模：

（1）历史负荷数据异常数据辨识与预处理；

（2）将历史数据进行归一化，形成训练样本矩阵；

（3）根据经验确定参数 C 和 σ，建立目标函数；

（4）求解目标函数，得到回归方程；

（5）对利用所得的回归方程，对未来某一天 24 小时的负荷进行预测。

LSSVM 预测模型流程图，如图 4－22 所示。

4.7.2 最小二乘支持向量机负荷预测算例

根据上面确定的 LSSVM 预测模型，LSSVM 模型采用第二章中的地区的历史负荷数据进行预测，选择 3 月 1 日至 3 月 31 日的历史负荷数据，前 25 天作为训练样本，后 7 天作为预测样本。首先依靠经验选择核函数参数和正则化参数，分别为 $\sigma = 2$，$C = 30$，然后对最小二乘支持向量机模型的参数选择。负荷预测曲线如图 4－23 所示。

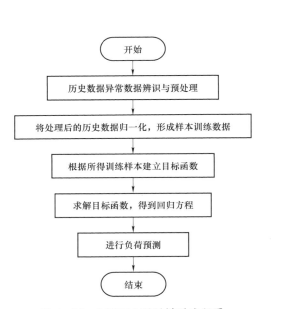

图 4－22　LSSVM 预测模型流程图

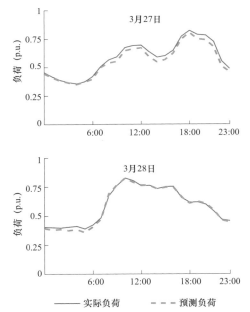

图 4－23　LSSVM 负荷预测曲线

表 4－25　　　　　　　　　　LSSVM 模型负荷的平均相对误差表

日期	MAPE
3 月 25 日	5.926%
3 月 26 日	2.045%
3 月 27 日	2.449%

续表

日期	MAPE
3 月 28 日	2.951%
3 月 29 日	1.453%
3 月 30 日	1.540%
3 月 31 日	2.514%
平均误差	2.697%

从图 4-23 和表 4-25 可知，本节中利用 LSSVM 建立模型，将其用于负荷预测。在用 LSSVM 建立的模型用于预测的结果中，平均相对误差最大的达到 5.926%，最低为 1.45%，平均相对误差的平均值为 2.697%。所以，本节利用 LSSVM 建立的预测模型，在一定程度上可以准确地预测电力负荷，为电网运行与规划提供依据。

4.8　小　　结

本章利用不同的数学方法实现了配电网的近期负荷预测计算，主要介绍了 Logistic 模型、指数平滑法、灰色理论模型与马尔可夫演化模型对近期负荷预测的实现理论、步骤与实例。首先介绍了 Logistic 模型实现负荷预测的基本概念与相关参数的实际含义，详细阐述了 Logistic 模型的数学模型，并通过典型区域算例展示 Logistic 模型实现负荷预测的结果，然后在 Logistic 模型的基础上加入多维度体系，综合考虑可能影响近期负荷的因素实现数据驱动的 Logistic 近期负荷预测模型。随后，本章阐述了常用的几类配电网近期或短期负荷预测的方法步骤，依次介绍了指数平滑法、灰色理论模型、马尔可夫演化模型、神经网络以及支持向量机模型实现负荷预测的基本原理、步骤与预测算例。

5 面向综合能源系统的多能流负荷预测研究

5

在能源互联网环境下的综合能源系统中，电、气、冷、热等多种负荷相互影响，高度耦合。相较于传统电力系统的电力负荷预测，综合能源系统中的多能负荷预测除了单独的电、气、冷、热负荷预测之外，还需要结合综合能源系统多能耦合的特性进行模型构建与综合预测。

本章首先分析了多能流负荷预测的发展现状，介绍了综合能源系统中各种负荷的分类情况，并对不同负荷典型分类进行说明；其次，对多能耦合形式进行了分析，并对综合能源系统的多能耦合方式中的电－热耦合和电－气耦合方式进行了介绍；然后，对电、热、气和冷负荷的预测方法进行了总结，并介绍了综合能源系统用能侧多能负荷预测的方法；最后，搭建了三个典型的多能耦合场景，并使用多能示范区算例说明了多场景模拟的供能侧多能流负荷预测方法的可行性。

5.1　综合能源系统和多能流负荷预测技术

5.1.1　综合能源系统介绍

能源是人类生存和发展的重要基石，是社会经济运行的动力和基础。当今世界，资源短缺、环境污染以及全球气候变化等问题已日益严峻，以非化石清洁能源占比为标志的第三次能源变革首当其冲，成为破解困局的关键。2015 年，《巴黎协定》获得通过，其主要目标是相较于前工业化时期水平，将本世纪内全球气温上升幅度至少限制在 2 摄氏度以内，并且历史性地将排放达峰目标分配至各国，为全球应对气候变化行动"建章立制"。此协议的通过要求世界各国必须从基于化石燃料的能源体系转型为以可再生能源为基础的高效能源体系，全球能源转型开始起航。

而作为第三次能源变革的标志，以风电、光伏为代表的可再生能源在分布上具有显著的随机性、波动性或间歇性，其日内时间特性与常规负荷不同，甚至可能呈现一定的反调峰特性。随着渗透率的不断提高，风电、光伏将对传统电力系统的灵活性提出更高的要求。从广域角度来看，区域之间资源与需求不对称、能源基地远离负荷中心、风电与光伏等可再生能源规模化集中开发和远距离传输将成为新常态。另一方面，可再生能源的分布式接入形式也逐渐成为另一种主流选择，这使得原本单一的电力供应形态变得多元化，分布式可再生能源将成为配电网、微电网层级电力供应的主导。与此同时，电动汽车、储能等新式负荷的大量涌现给电网带了更多的不确定性，其具有极强的资源灵活性，与电网之间可产生双向的功率流动，传统的电网形态将难以实现对其高效利用。上述背景下，为实现广域范围内资源的优化配置、区域内电动汽车、储能等灵活性资源的高效利用以及分布式能源的充分接入，一种新的能源结构应运而生，即能源互联网。能源互联网的示意图如图 5-1 所示。

能源互联网是一种以电能为主要能源表示形式，以电力和信息二元融合的智能电网为传输平台，实现广域范围的传统化石能源、可再生能源、新能源等各种能源的安全接入和充分利用的新型能源网。由于电力是所有一次能源可以转化成为的二次能源形式，因此通过电网实现能源网络的互联互通是建设和发展能源互联网的最优路径。在现有电网技术基

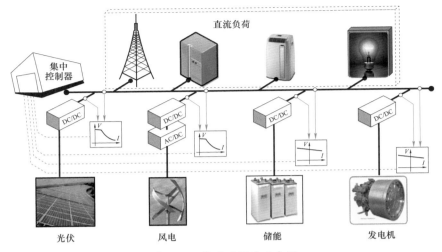

图 5-1　能源互联网示意图

础上发展而来的能源互联网，从广域角度来看，是由多个不同形态的能源基地、负荷中心以及区域能源网通过以柔性交直流输电为代表的高压输电技术互联而成的超级能源体。若缩小范围，基于区域，则是通过柔性互联技术将区域内能量生产设备、消耗设备以及储存设备按照一定的交流、直流乃至交直流混联拓扑组成的区域能源网络。可以总结出能源互联网的五个特点是：

（1）能源互联网是能源运输技术的革新，可以使得能源需求端和供给端的信息及时沟通，使能源运输效率更高，创造新的增量价值。

（2）能源互联网具有改变当前电力行业运行的体系的特点，起到调整能源结构、促进节能、环保电力系统建设的作用。

（3）能源互联网具有使电力系统实现较强的双侧随机性的特点，其能够将可再生能源发电、分布式发电等大规模地并入电力运输网络。

（4）能源互联网具备提高售电企业需求侧管理精细化水平的特点。

（5）能源互联网具备提高用户用电个性化服务水平的特点。

综合能源系统（integrated energy system，IES）是能源互联网发展的一种重要形式，综合能源系统是指一定区域内利用先进的物理信息技术和创新管理模式，整合区域内煤炭、石油、天然气、电能、热能等多种能源，实现多种异质能源子系统之间的协调规划、优化运行，协同管理、交互响应和互补互济的新型能源产供销一体化系统。它主要由供能网络（如供电、供气、供冷/热等网络）、能源交换环节（如 CCHP 机组、发电机组、锅炉、空调、热泵等）、能源存储环节（储电、储气、储热、储冷等）、终端综合能源供用单元（如微网）

和大量终端用户共同构成。综合能源系统是能源互联网的物理载体，在满足系统内多元化用能需求的同时，也有助于提升传统一次能源的利用效率，有助于可再生能源的规模开发，有助于提高社会供能的可持续性和安全性，有助于实现社会能源可持续发展。

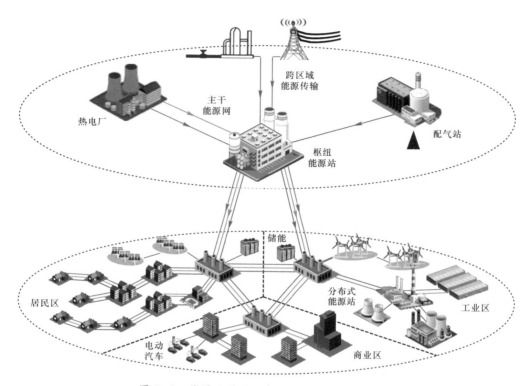

图 5-2　能源互联网环境下综合能源系统示意图

综合能源系统主要有四个特点：灵活性、可靠性、低碳性与可扩展性。

灵活性：单一能源供应系统对能源供应的稳定性依赖极强，当能源供应中断时，生产系统将处于瘫痪状态，造成极大的经济损失。综合能源系统在正常工作时，能针对能源的不同特性提升能源的传输及转化率，利用多能耦合的特性，在某种能源供应由于故障而中断时，系统能够利用其他能源保证系统的正常运行。

可靠性：清洁能源因其自身的间歇性和随机性，不能持续和稳定地供能，制约了其发展。综合能源系统可接受多种清洁能源，在能源获得的难易程度上进行互补，此外，综合能源系统中的储能设备同样极大提高了能源供应的可靠程度。

低碳性：环境与发展相互依赖，相互促进又相互制约。近 200 年来大量使用化石能源，温室气体的排放量越来越大，海平面升高，臭氧层也遭到破坏。综合能源系统中，通过提高可再生能源的占比，减少了传统化石能源的使用，有力推动了环境问题的治理与能源结构的转型升级。

可扩展性：以模块式划分的综合能源系统可根据各适用区域面积，形成单独的综合能源系统或多个综合能源系统联合供应，对于各类供能网络、能源交换及存储模块有较强的适应性及融合度，以满足更大规模的用户需求。

严格意义上来讲，综合能源系统并非全新的概念，因为能源系统中长期存在着不同能源形式协同运行的情况，如冷热电联产（combined cooling heating and power，CCHP）发电机组通过高低品位热能与电能的协调优化，以达到燃料利用效率提升的目的；冰蓄冷设备则协调电能和冷能（也可视为一种热能），以达到电能削峰填谷的目的。本质上讲，CCHP 和冰蓄冷设备都属于局部的综合能源系统，事实上综合能源系统的概念最早就来源于热电协同优化领域的研究。但将综合能源系统的概念明确提出仍然有重要的意义：第一，有利于实现多种能源子系统的统筹管理和协调规划，打破体制壁垒，创新管理体制；第二，有利于通过研究深入理解异质能源物理特性，明晰各种能源之间的互补性及可替代性，开发转换和存储新技术，提高能源开发和利用效率，打破技术壁垒；第三，有利于建立统一的市场价值衡量标准，以及价值的转换媒介，使得能源的转换和互补能够体现出经济和社会价值，不断挖掘新的潜在市场。综合能源系统能源交换示意图如图5-3所示。

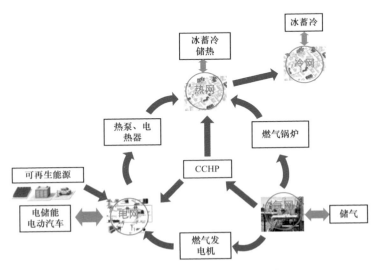

图 5-3 综合能源系统能源交换示意图

综上所述，能源互联网的发展使我国的能源结构变化和生态问题迎刃而解，可再生能源得以被充分利用，从而实现我国的绿色可持续的发展道路。当前，我国正处于能源体系的变革时期，传统的能源供应和消费结构不足以保障国家未来建设发展的需要。早日建立起能源互联网络，能够有效地改善我国能源状况。区域综合能源系统作为能源互联网的重要组成部分，涵盖了供电、供热、供气及电气化交通等能源系统，集成了多种形式的供能、能量转换和储能设备，在源、网、荷等不同环节实现了不同类型能源的耦合，是实现传统能源供应模式变革的一条重要途径。在满足人们对电、气、热和冷等能源需求的同时，需要有效地提高多种类型能源的综合利用效率，提出低碳模式下的能源供给策略。而对于能源互联网环境下多能流负荷预测的研究是顺应能源互联网发展不可缺少的一个研究内容，其研究成果对今后我国能源互联网的建设具有十分重要的指导意义。

5.1.2 多能流负荷预测研究现状

在能源互联网环境下的综合能源系统中，电、气、冷、热等多种负荷相互影响，高度耦合。相较于传统电力系统的电力负荷预测，综合能源系统中的多能负荷预测除了单独的电、气、冷、热负荷预测之外，还需要结合综合能源系统多能耦合的特性进行模型构建与综合预测。下面对单独预测与综合预测的国内外研究现状分别进行概述。

1. 电负荷预测

电力负荷是综合能源系统多能负荷中最基本、最重要的组成部分，它构成了整个综合能源系统的基础。电负荷预测对于电力系统有重要的意义，因为电力系统的发展规划、发电计划、调度计划都需要基于较为准确的电负荷预测进行设计。因此，国内外众多学者针对电负荷预测开展研究，其主要的出发点大多是通过更加先进的理论和方法提高预测的准确性，以保证电力系统安全、高效地运行。

电负荷预测通常是按照预测的时间尺度来进行分类的。一般来说，年度预测与月度预测合称为中长期预测，日预测、小时预测则归为短期预测。不同类型的预测问题具有不同的特征，长期预测基本上呈现单调变化，中期预测以 1 年为周期存在一定的周期性变化规律，短期预测则在月、周、日内均存在明显的规律。

中长期负荷预测的主要影响因素是国民经济发展情况、产业结构调整情况、电价政策等。由于中长期预测是为国家宏观政策设计与电力系统长期规划提供参考，因此其精度上的要求并不高。在实际应用中，传统而简单实用的方法，如专家调查法、产值单耗法、弹性系数法、年最大负荷利用小时数法等，通常就能够满足工作的需要。除此之外，一些通用的序列预测方法也有较多的应用。

2. 热负荷预测

热负荷是指能源系统中对热量的需求。这其中既包括居民生活中的供暖需求（如北方地区冬季的集中供暖），也包括大型建筑内的供暖以及工业流程中的供热需求。与电负荷预测类似，热负荷预测对供热系统的良好运行有重要意义。近些年来，国内外学者针对热负荷预测开展了许多研究工作，通过对热负荷变化规律的探索与预测方法的改进与创新，尽可能提高热负荷预测的准确度，为设计供暖方案提供可靠的参考。热负荷研究当中着重研究中短期预测，目前较为主要的方法包括时间序列预测法、神经网络预测法、灰色系统预测法等。

时间序列预测法是计量经济学的一个分支。热负荷数据通常按照一定时间间隔进行记录，因此，时间序列预测法在热负荷预测方面得到了广泛运用。该方法的优势在于，计算速度较快，需要的数据量较小，但是对原始数据的平稳性要求较高。国外方面，有研究者应用时间序列分析方法对热负荷以及生活用热水的需求量进行了模拟分析，取得了良好效果。有研究者建立了基于时间序列方法的集中供热系统日需热量模型，并且考虑了室外空气温度的影响。国内方面，有研究者通过现场测取的热力站负荷预报样本序列，建立了基于时间序列的 AR 预测模型。

神经网络预测法是热负荷预测的另一种常用的方法。国外方面，有研究者利用 BP 神经网络用于预测建筑热负荷，并利用 225 栋建筑的数据进行训练。有研究者建立了输入变量为建筑朝向、建筑保温层厚度和透射率参数的 BP 神经网络用于建筑热负荷预测。

灰色系统预测法是研究者针对信息不完全、各因素之间的映射关系不确定的系统提出的一种预测方法。热负荷预测问题也具有灰色系统特征，因此该方法在热负荷预测中也有应用。胡文斌等根据城市供热负荷的变化特点，基于灰色系统方法分别提出了预测模型。有研究者根据区域供热负荷长期变化的趋势和周期变化的特点，在一般灰色模型基础上建立残差序列，用周期均值叠加法将该序列分离为若干个周期波，对其线性叠加后将周期波进行外延进行热负荷中期预测。

其他在热负荷预测中应用到的相关方法还有小波包变换、粒子群算法、马尔可夫残差修正模型、有源自回归模型、高斯混合模型聚类算法等，在此不再详细展开说明。

3. 冷负荷预测

冷负荷的预测对于空调系统的优化运行至关重要。目前而言，冷负荷预测方法大致分为三类：基于仿真软件的预测法、基于线性回归分析的预测法和基于人工智能的预测法。

基于仿真软件的预测法主要使用空调负荷计算软件，根据典型气象数据，对空调负荷运行工况进行仿真，作为空调负荷的预测值。在输入参数等效或保持一致的前提下，它们对于空调系统结果的模拟差异较小，但往往需要大量的输入数据和计算工作。在该类方法上，周欣等对 EnergyPlus、DeST 和 DOE-2.1E 这三个建筑能耗模拟软件的空调系统模拟部分，从计算结构、主要设备模型及控制策略几方面进行了对比和分析，并通过一系列测试案例对不同模拟软件的计算过程进行了详细对比分析。研究显示，这三个模拟软件均可实现空调系统和能耗的模拟，且在输入参数保持一致或等效的前提下，模拟结果的差异较小。

基于线性回归分析的预测法需确定与空调冷负荷最为相关的输入变量或历史负荷数据的系数或权值。回归分析法与基于仿真软件的预测法相比，可以使用可测的、更少的输入变量获得接近第一类方法的值，但回归模型的普适性需要进一步加强。该方法中自回归模型是一种较为常见的模型。金碧瑶等针对回归方法不能实时反映外部因素突变问题，提出一种实时气象因子和历史负荷为输入变量的自回归模型的冷负荷预测方法，可实现对冷负荷的逐时预测，具有良好的准确性，且简单有效。

常见的基于人工智能的冷负荷预测法有神经网络和支持向量机等，它们具有较高的预测精度，但存在计算复杂以及局部最优的问题。有研究者提出了一种用于噪声数据回归预测的完全自主的基于核的神经网络模型，成功采用建筑物内部占用面积和二氧化碳浓度来模拟建筑物的内部制冷负荷。有研究提出了应用支持向量机模型和改进并行猫群优化算法的区域制冷系统次日制冷负荷预测模型，提高了制冷负荷的预测精度。

4. 气负荷预测

精确、稳定、科学的燃气负荷预测对于燃气管理及运营，乃至城市的发展建设都有十分重要的意义，因此国内外都对燃气负荷预测开展了研究工作。

国外方面，美国、俄罗斯以及西班牙等发达国家的学者在负荷预测及管道调控方面已经取得了较大的成果。国外的燃气管理公司都根据所管辖区域的燃气用量特点编制成了专业的燃气预测软件，例如，英国的能源管理公司开发了基于神经网络的短期预测软件 Gas Load Forecaster，该软件将根据用气量信息、天气状况以及日期类型的不同，对城市未来一段时间的用气量进行预测，其预测的精度相对较高，而且可以实现在线预测的功能。在理论研究方面，主要采用的是基于数学原理与人工智能的方法。有学者提出了非线性回归燃气负荷预测模型，并使用包含 62 个单独客户的真实数据集验证了模型的预测性能。国内方面，我国相关的研究工作开展较晚，但也取得了较多的成果。在预测方法上，与国外相同，我国学者也是主要基于数学原理与人工智能方法进行预测。韩旭等提出了偏最小二乘回归分析、弹性系数和 GDP 单耗法组合预测模型，克服了单一预测模型的局限性，具有较高的预测精度。廉德胜提出了基于改进人工蜂群算法的 LSSVM 模型，相比于传统的支持向量机，提高了运算速度和预测精度。

5. 多能负荷综合预测

多能负荷预测的准确性将直接影响综合能源系统的设计、配置和运行。为了准确地预测负荷，目前广泛使用负荷计算方法和软件模拟方法。软件模拟方法主要是采用 Design Builder 软件和 Energy Plus 软件计算建筑的冷热负荷，这两款软件的准确性已经得到美国暖通工程协会的验证。在综合预测方法上，研究者所采用的基本方法与前述各类方法大致相同，但在具体的模型构建上，各项研究工作都有较大的差异。

国外方面，有研究针对 CCHP 系统，采用 TSRLS 方法构建了可用于预测冷、热、电多能负荷的预测模型，并提出了相应的调度策略。有研究应用多任务学习与最小二乘支持向量机技术，构建了电 – 热 – 冷 – 气多能负荷混合预测模型。有研究提出了一种新型的基于多变量相空间重构和卡尔曼滤波的冷、热、电联供系统负荷预测方法，多元负荷预测方法充分考虑了冷、热、电负荷中多个变量的相互耦合关系，能有效提高负荷的预测精度。国内方面，有研究提出了一种基于改进粒子群的小波神经网络综合能源系统短期负荷预测方法，提高了预测精度。朱瑞金等针对传统方法存在着没有考虑天然气因素的不足，提出了一种考虑天然气因素影响的短期电负荷预测方法。翟晶晶等提出一种基于径向基函数神经网络模型的综合能源系统电、气、热多元负荷短期预测方法。马建鹏等通过 Copula 理论对多元负荷之间以及多元负荷与天气因素之间的非线性相关性进行分析，构建了一种区域综合能源系统多元负荷短期预测模型，具有较高的预测精度。

5.2　综合能源系统多能负荷特性分析

综合能源系统中包含电能、热能、天然气等多种能源形式，其中电能是整个能源系统的核心，其他的能源形式通过耦合环节与电能建立联系，实现电能与其他能源形式之间的相互转化。根据能源形式的不同，综合能源系统中的负荷大致可以分为电负荷、热负荷、冷负荷与气负荷（燃气负荷）四大类型。下面对四种类型的负荷特性进行简要介绍。负荷

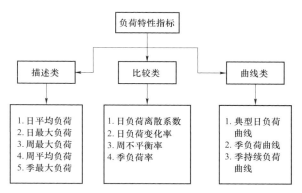

特性指标的分类如图 5-4 所示：

5.2.1　电负荷特性分析

电能是综合能源系统中的枢纽。除电能的直接消耗外，综合能源系统中其他形式的能量也通常都由电能转化而来（如电锅炉将电能转化为热能）或转化为电能在终端消耗（如应用天然气发电机组发电以供用电设备使用），因此电能是沟通各种不同能源形式的桥梁。

图 5-4　负荷特性指标

消耗电能的设备统称为电负荷或电力负荷，包括异步电动机、同步电动机、电解装置、制冷制热设备、电子仪器和照明设施等各种类型。电负荷是随机变化的，每当用电设备启动或停止都会有对应的负荷发生变化，但从某种程度上也可以发现一定的规律性，例如某些负荷随季节、企业工作制的不同而出现一定程度的变化。电负荷变化的规律性可用负荷曲线来描述。最常用的负荷曲线是有功负荷曲线。负荷曲线按时间坐标轴长短不同，还可分为日负荷曲线、年负荷曲线等。典型日负荷曲线如图 5-5 所示。按描述的负荷范围不同，负荷曲线还可区分为用户负荷曲线、地区负荷曲线和电力系统、发电厂负荷曲线等。电负荷涉及面极广，进行合理的分类有利于更加清晰地了解耗能状况、用电特性、产业结构等信息。

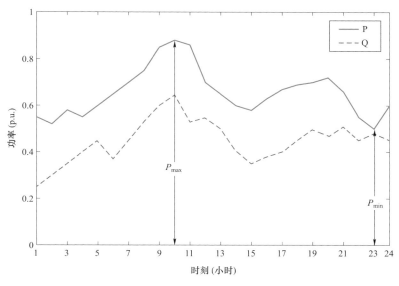

图 5-5　典型日电负荷曲线

1. 电负荷分类

（1）按生产环节分类。

电力在生产、输送、终端使用的过程中都会发生消耗，因此可以按照生产环节对电负荷进行分类。第一类是厂用负荷，即发电厂厂用设备所消耗的功率，是电能生产环节的负荷；第二类是线路损失负荷，即电能在输送过程中发生的功率和能量损失，是电能输送环节的负荷；第三类是用电负荷，即用户的用电设备在某一时刻实际取用的功率的总和，是电能终端使用环节的负荷。在实际的生产中，用电负荷是最主要的电负荷，发电厂与电网的主要任务就是通过合理安排电能的生产与输送，满足终端用户的用电负荷。

（2）按用电部门属性分类。

按照用电部门的不同属性，电负荷可以分为工业用电、农业用电、交通运输用电、市政生活用电等。

工业用电的特点是用电量大，用电比较稳定。一般冶炼工业的用电量大，而且负荷稳定，负荷率高，一般在 0.95 以上；而机械制造行业和食品加工业的用电量较小，负荷率也较低，一般在 0.70 以下。但是，无论是重工业还是轻工业，或者是冶炼业、加工业，电力负荷在月内、季度内和年度内的变化都较小。

农业用电在全部电力消耗中的比重较小，即使像我国这样的农业大国，农业用电量在全国电力消耗中的比重仍然很低。农业用电的一个突出的特点，就是季节性很强，从负荷特性上看农业用电在日内的变化相对较小，但在月内，特别季度内和年度内，负荷变化很大，呈现出不均衡的特点。

交通运输用电是交通运输所消耗的电力。其主要用户为电气化铁道。目前我国的交通运输用电比重较小，今后随着电气化铁路运输及其他运输事业的发展，交通运输用电量也会有较大的增长，但交通运输用电比重不会有多大变化。

市政生活用电包括政府部门日常用电、公共设施用电等，通常随时间变化不大，但也会受到气候、季节等因素的一定影响。目前而言，我国市政生活用电不高，远小于工业化国家，今后随着生活设施的日益现代化及居民生活水平的提高，比重将有所上升。

（3）按重要程度分类。

根据重要程度的不同，电负荷可以分为一级负荷、二级负荷与三级负荷。

一级负荷是指突然中断供电将会造成人身伤亡、经济巨大损失、社会秩序严重混乱或严重政治影响的电负荷。

二级负荷是指突然中断供电会造成经济上较大损失的；将会造成社会秩序混乱或政治

上产生较大影响的。

三级负荷是指不属于上述一类和二类负荷的其他负荷。相较于一级负荷与二级负荷而言，三级负荷是中断供电后损失最小的负荷，也是日常生活中最常见的负荷类型。

电负荷的这种分类方法，其主要目的是为确定供电工程设计和建设标准，保证使建成投入运行的供电工程的供电可靠性能满足生产或安全、社会安定的需要。

2. 电负荷影响因素

因为受到各类外在因素的影响，电力系统的负荷特性有很强的随机性，影响低压区负荷的因素可以分为经济因素、时间因素、气象因素、价格因素、随机因素和其他因素。

（1）气象因素：气象因素是影响负荷变化的一个关键因素，气象包括了温度、湿度、降雨量、日照强度、天气情况等。有相关研究发现，气象因素对电网的最大负荷有明显的相关性，主要因为其对第一产业、第H产业和居民生活负荷的影响很大，但对电网用电量的影响稍弱，因为占总用电量比重最大的第二产业用电量相对稳定。

（2）经济因素：经济发展水平是电力发展基础，它将宏观地影响整个地区的电力发展，通常来讲经济发展水平相对较高的地方，电力的需求相对较大，人们的用电量较多。

（3）时间因素：时间因素主要包括季节性因素、工作日和休息日以及法定节假日，它们是影响负荷变化的主要时间因素。不同季节的白昼小时数、日照小时、温度的变化不同，都会影响到台区负荷的变化；由于工作方式和人们生活习惯在工作和作息上循环交替，使得台区负荷具有日周周期性。在我国除了"五一""十一"、元旦，现也将春节、清明节、端午节、中秋节纳入法定假日。法定节假日伴随着休息、旅游等活动，使得比平时相比显著降低，研究还表明节日前和节日后的负荷也会受到节假日的影响但略有降低。

（4）电价因素：在电力市场中，电价是多变的，阶梯电价和分时电价已开始实施，随着电网改革的不断深入，电力市场也越来越开放，电价的变化又将成为影响负荷变化又一关键性因素。

（5）其他因素：随机因素，即其他大量的能够引起负荷波动，而又无法归入以上四类的随机事件，比如电力系统中的故障、重大政治活动和热门的电视节目等都是影响用户负荷的重要随机因素；不同的负荷构成比例，比如居民、工商业负荷的比例差异。

3. 电负荷特性指标

（1）最值负荷。

最值负荷指考察期（如日、月、年）内所记录的负荷中最大或最小的一个。电能表所计量负荷的时间跨度有瞬时、15min、30min 和 60min 等。日最大（最小）负荷一般指小时电能表所计量的最大（最小）值。日最大负荷、月最大负荷以及年最大负荷的计算如式（5-1）～式（5-3）所示（仅以最大负荷为例，最小负荷的计算以此类推）：

$$日最大负荷 = \max_{i=1,2,\cdots,24} \{一日中第\ i\ 个时刻的负荷记录值\} \tag{5-1}$$

$$月最大负荷 = \max_{i=1,2,\cdots,31} \{一个月中第\ i\ 日的最大负荷\} \tag{5-2}$$

$$年最大负荷 = \max_{i=1,2,\cdots,12} \{一年中第\ i\ 个月的最大负荷\} \tag{5-3}$$

有相关研究指出，"最大负荷"应代表一种最高负荷水平状态，而不是一个带有偶然性（如由个别异常天气、突发事件造成）的上限值，采用单一的负荷瞬时或整点最大值来表示均将具有一定的局限性。为排除因偶然因素而出现的最大负荷值，建议采用最大 3 日平均负荷来描述电力负荷的峰值特性，该指标可通过对一个月内最大的 3 个日负荷值取平均值得到。

（2）平均负荷。

从统计意义考虑，平均负荷指考察期内各时刻负荷的平均值；从物理意义考虑，平均负荷指考察期内的用电量与时间之比值，在此定义下的平均负荷又称为平均电力负荷。当电量统计的时间间隔取为 1h 时，二者相等。计算公式如式（5-4）所示。

$$日平均负荷 = \frac{1}{24} \sum_{i=1}^{24} \ 第\ i\ 个时刻的负荷值 \tag{5-4}$$

月平均日负荷为一个月内每日平均负荷的平均值，年平均日负荷定义类似。

（3）峰谷差。

峰谷差指考察期内最大负荷与最小负荷之差，即系统电力负荷变化幅度的绝对值。其中，日峰谷差的定义为：

$$日峰谷差 = 日最大负荷 - 日最小负荷 \tag{5-5}$$

在日峰谷差的基础上，可以得到最大峰谷差及平均峰谷差。最大峰谷差指考察期内最大的日峰谷差，平均峰谷差则指考察期内日峰谷差的平均值。具体指标包括月最大峰谷差、年最大峰谷差、月平均日峰谷差和年平均日峰谷差等。

（4）峰谷差率。

峰谷差仅反映了负荷变化幅度，但并不能反映变化幅度的大小程度，峰谷差率则可体现峰谷差与最大负荷的相对大小。其中，日峰谷差率的定义为：

$$日峰谷差率 = \frac{日峰谷差}{日最大负荷} \tag{5-6}$$

月最大峰谷差率、月平均日峰谷差率、年最大峰谷差率和年平均日峰谷差率等指标可在日峰谷差率的基础上计算得到。

（5）负荷率。

负荷率为考察期内的平均负荷与最大负荷的比值，可以用于描述负荷分布的不均衡程度。日负荷率（γ）与年负荷率（δ）的定义为：

$$日（年）负荷率 = \frac{日（年）平均负荷}{日（年）最大负荷} \qquad (5-7)$$

月负荷率的定义有所不同，指以月为考察期时该月的平均负荷与最大负荷日的平均负荷之比，即：

$$月负荷率 = \frac{月平均负荷}{该月最大负荷日的平均负荷} \qquad (5-8)$$

以上三个指标可反映某单个考察期内的负荷分布情况，若欲反映不同考察期内负荷分布的综合情况，则可使用年平均日负荷率（$\bar{\gamma}$）、年平均月负荷率（$\bar{\sigma}$）和季负荷率（ρ）这三个指标。其中，年平均日负荷率并不是指全年日负荷率的平均值，而是由下式确定：

$$年平均日负荷率(\bar{\gamma}) = \frac{\sum\limits_{i=1}^{12}第i个月的最大负荷日的平均负荷}{\sum\limits_{i=1}^{12}第i个月的最大负荷日的最大负荷} \qquad (5-9)$$

年平均月负荷率（$\bar{\sigma}$，又称月不均衡系数）指全年各月的平均负荷之和与各月最大负荷日的平均负荷之和的比值，即：

$$年平均月负荷率(\bar{\sigma}) = \frac{\sum\limits_{i=1}^{12}第i个月的平均负荷}{\sum\limits_{i=1}^{12}第i个月的最大负荷日的平均负荷} \qquad (5-10)$$

季负荷率（ρ，又称为季不均衡系数）指全年各月最大负荷的平均值与年最大负荷的比值，即：

$$季负荷率（\rho） = \frac{\frac{1}{12}\sum\limits_{i=1}^{12}第i个月的最大负荷}{年最大负荷} \qquad (5-11)$$

根据以上的指标定义可知，年负荷率（δ）为年平均日负荷率（$\bar{\gamma}$）、年平均月负荷率（$\bar{\sigma}$）和季负荷率（ρ）之间存在的定量关系如下：

$$\delta = \bar{\gamma} \times \bar{\sigma} \times \rho \qquad (5-12)$$

5.2.2 热负荷特性分析

热负荷是指在供暖系统中维持房间热平衡单位时间所需供给的热量或在工业生产中进行部分工艺所需供给的热量。通常可以分为采暖热负荷、通风热负荷、生活热负荷和生产工艺热负荷四类。其中采暖和通风热负荷是季节性热负荷，随气候条件而变化，在一年中变化很大，但在一天内波动较小；热水供应和生产工艺热负荷是常年性热负荷，受气候条件影响较小，在一年中变化不大，但在一天内波动大，特别是对非全天需热的用户。典型日热负荷曲线和热负荷的周期性如图5-6所示。

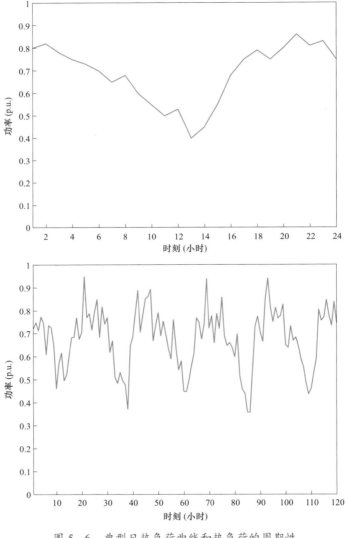

图5-6　典型日热负荷曲线和热负荷的周期性

1. 热负荷分类

（1）采暖热负荷。

采暖热负荷是指在冬季某一室外温度下，为达到要求的室内温度，供热系统在单位时间内向建筑物供给的热量。在制订城市或区域供热规划或设计其供热系统时，往往缺乏确切的原始资料，一般只能用热指标法估算，即用单位建筑面积的热指标乘以建筑面积，得出采暖的设计热负荷。

（2）通风热负荷。

在某些民用建筑以及工厂车间中，经常排出污浊的空气，并引进室外新鲜空气。在采暖季节，为了加热新鲜空气而消耗的热量，称为通风热负荷。一般住宅只有排气通风，不采用有组织的进气通风，它的通风用热量包括在采暖热指标中，不会另外计算通风热负荷。建筑物的通风热负荷，可采用通风体积热指标法或百分数法进行概算。

（3）生活热负荷。

生活热负荷可以分为热水供应热负荷和其他生活用热热负荷两类。热水供应热负荷是日常生活中用于洗脸、洗澡、洗衣服以及洗刷器皿等所消耗的热量。热水供应热负荷取决于热水用量。热水供应系统的工作特点是热水用量具有昼夜的周期性。每天的热水用量变化不大，但小时热水用量变化较大。

其他生活用热热负荷是指在工厂、医院、学校等地方，除热水供应外，还可能有开水供应、蒸汽蒸饭等用热。这些用热热负荷的概算，可根据具体的指标（如：开水加热温度、人均饮水标准、蒸饭锅的蒸汽消耗量等）来参照确定。

（4）生产工艺热负荷。

生产工艺热负荷主要指用于生产过程的加热、烘干、蒸煮、清洗等工艺，或用于拖动机械的动力设备（如汽锤、气泵等）所需要供给的热量。由于用热设备和用热方式繁多，生产工艺热负荷一般按实测数据，或用单位产量的耗热概算指标估算。如无实测资料，可参考工厂以往的燃料耗量、锅炉效率等因素估算热负荷。

2. 热负荷影响因素

热负荷受自身因素、气象因素、社会因素、政策因素以及各种不可避免的随机干扰因素等诸多因素影响。但是，在真正的热负荷预测工作中，考虑所有的影响因素是不现实的，这是因为：① 将所有因素的历史数据收集齐全是非常不容易的；② 因素太多会使建模过程复杂，带来模型训练不稳定以及训练时间过长等问题。因此，要着重分析对热负荷影响程度较大的因素，这些关键因素可以归纳总结为以下五种类型：

（1）自身因素：热负荷的变化趋势有连续性和延迟性等特点，其变化曲线为一不间断的波形。

（2）社会因素：工作日类型、作息时间以及工作方式等构成影响热负荷的社会因素。相比于正常日，节假日对热负荷的变化模式影响较大，该期间的热负荷显著偏高。这是由于节假日时热用户大部分都在家中，对舒适性的要求增高。

（3）气象因素：主要指室外温度、相对湿度、风速、太阳辐射强度等外部气象因素，特别是室外温度对热负荷的影响最为明显。

（4）政策因素：由于近年来我国的集中供热事业发展迅速，随之带来了大气污染等问题，所以我国政府对排放的二氧化碳有明确的限制规定，甚至部分地区开始实施碳交易政策，其在某种程度上对热负荷有间接的影响。

（5）随机干扰因素：是指事先无法预知的能干扰热负荷变化的因素，这些因素都有其各自的特点，而且具有一定的随机性。虽然这些因素并不是影响热负荷变化的重要因素，但是进行热负荷预测时要根据需要分析不同因素特有的作用。

5.2.3　冷负荷特性分析

冷负荷是指为保持建筑物的热湿环境和所要求的室内温度，必须由空调系统从房间带走的热量，或在某一时刻需向房间供应的冷量。由于在生产生活中，制冷通常都由空调系统完成，因此一般所称冷负荷，主要指的是空调冷负荷。当无建筑物设计热负荷资料时，部分地区民用建筑的空调冷负荷可根据《城市热力网设计规范》所提出的公式计算。

冷负荷预测的影响因素可分为内扰、外扰、人为管理三种。

（1）内扰。是指在室内造成建筑冷负荷变化的变量，它包括人体的散热、散湿，室内用电设备散热，室内家具散热，新风及室内空气流动量，室内温度，照明灯具散热等。而这些因素本身又与各自相关因素有紧密的关系，如人体的散热与人体性别、衣着、年龄、体型、劳动强度等相关；照明灯具与它自身类型、安装方式、安装位置有着重要关系；室内用电设备散热与设备功率，设备位置等相关，另外这些因素之间也有相互联系，使得冷负荷的影响因素具有一定的复杂性和随机性。

（2）外扰。是指室外造成建筑冷负荷变化的变量，它包括室外空气温度、围护结构传热、太阳辐射、空气渗透等。这些因素一般从宏观上来讲都存在一定的规律或者说具有周期性，白天太阳辐射相对较大，室外空气温度高，围护结构传热就大，而到了晚上则太阳辐射相对较小，室外空气温度低，围护结构传热就变小。以年为周期来讲，这些因素的变化趋势相对有规律可循。但从它自身出发，又具有很大的不确定性，这些因素都是随机变化的，具体某时刻它的数据是多少难以估计。同样，因素之间也会相互影响。

（3）人为管理。对于建筑来讲，是否对空调供冷进行有效的管理，对冷负荷的变化也有着重大的关系。比如合理地关窗与关门，对人数的控制，以及对室内设备的运行管理，这些都与冷负荷的变化有着重要的关系。而人为的管理如果不规范，并且带有随机性，则又会增加冷负荷预测的复杂性与难度。

5.2.4 气负荷特性分析

燃气负荷是指工业生产或居民生活中对天然气的需求。目前燃气负荷主要集中于工业生产、采暖制冷、机动车用气、发电动力等领域。

燃气负荷与热负荷类似，可以分为常年性负荷和季节性负荷。常年性负荷通常指居民生活用气、商业用气和工业用气，在一年中变化不大，在一天内波动较大；季节性负荷通常指季节性的采暖、制冷用气，在一天内波动较小，但在一年中随季节变化较明显。

掌握城市用气规律，使上游供气方能够按照下游用气需求稳定供气；确定合适的高峰用气系数，有利于输配管网设计能够兼顾安全和经济性；城市储气调峰设施的设计和运行是按照城市月日时用气不均匀性规律确定的。因此，更新各类用户的用气量指标，研究其用气规律，对城市燃气规划、可行性研究及工程设计具有重要意义，为燃气集团的调度和运行管理提供理论依据。各类用户的用气情况随月、日、时而变化，用气不均匀性受多种因素的影响，而燃气规范中对不均匀系数的确定只能提供大致的参考范围。针对具体城市分析天然用气不均匀性，通过对大量的历史数据处理得到有针对性的不均匀系数，合理的不均匀系数对城镇天然气输配系统的设计调度有指导意义。

用气不均匀性一般分为月不均匀性、日不均匀性与时不均匀性，考虑到燃气公司提供的数据未包括详细的时用气量，天然气负荷的不均匀性用不均匀系数表示。

用气月不均匀系数表示一年内不同月的用气不均匀性，故月不均匀系数 K_m 按下式计算：

$$K_m = \frac{该月平均日用气量}{全年平均日用气量} \qquad (5-13)$$

月不均匀系数最大的月称为计算月，该月的平均日用气量最大，称该月的月不均匀系数为月高峰系数 $K_{m,\max}$：

$$K_{m,\max} = \frac{计算月的平均日用气量}{全年平均日用气量} \qquad (5-14)$$

同理可获得日高峰系数和小时高峰系数。

5.2.5 多能负荷影响因素分析

1. 灰色关联法计算关联度

气象因素、人为和社会因素、建筑物本身的建筑材料因素都会影响综合能源系统中各种负荷的变化。一般用关联度来表示两函数曲线图像的相近程度，在灰色系统理论中，它表示两个系统之间的关系的紧密程度。如果两个要素之间联系紧密，且他们的变化走向是同方向的，这说明二者关联程度较高；反之，则较低。因此，灰色关联系数就是根据因素之间走向或趋势的一致性与否而计算出来的，通过对比关联系数大小，来反映因素间相似程度。

将自变量所在的序列称为比较数列，因变量所在的数列称为参考数列，通过分析动态数据的发展趋势，研究所采集的数据之间存在的线性或非线性关系，根据灰色系统原理计算公式求出参考数列与各比较数列之间的灰色关联系数。关联系数较大的比较数列就是与参考数列关系比较接近，发展方向也趋于一致，联系程度也较高。灰色关联分析的具体步骤为：

第一步：确定参考序列。它主要是指能够反映出系统行为特征的那些数据列；确定比较数列，它主要是指能够反映出那些能够改变系统行为特征的数据列。

第二步：预处理参考数列和比较数列。无量纲化处理是为了消除由于各序列的数据级别不同而产生不同的影响，深入地分析数据内部所蕴含的数据规律，包括初值化处理和均值化处理。初值化处理是将这一序列里的第一个数据作为初始值，该序列除第一个数据外后面每一个数据都除以这个初始值而得到的序列，成为初值化序列。均值化处理是对这列原始数据求取平均数，再用该序列中的每一个数据均除以该数列的平均数，最后将得到的数据组成一列就可以得到均值化数列。

第三步：计算差序列

$$\Delta_i(k) = \left| y_i(k) - y_0(k) \right| \qquad (5-15)$$

式中，y_0 为参考序列；y_i 为比较序列 i；Δ_i 为差序列。

第四步：计算灰色关联程度系数。对原始数据列采用的是均值化处理操作，得到的参考数列 y_0 在第 k 点的灰色关联程度系数为：

$$r[y_0(k), y_j(k)] = \frac{\min_i \Delta_{i,\min}(k) + \rho \max_i \Delta_{i,\max}(k)}{\Delta_i(k) + \rho \max_i \Delta_{i,\max}(k)} \qquad (5-16)$$

式中，$0 < \rho < 1$，称为灰色关联度中的分辨系数，$\Delta_{i,\min}$ 是参考数据列和比较数据列中每列的两级最小差，$\Delta_{i,\max}$ 是参考数据列和比较数据列中每列的两级最大差。从灰色关联程度系数计算公式中可以看出当 ρ 越大，产生的作用也就越大，因此要确保灰关联系数失真程度越小，削弱带来更大的作用，故就不是取得越大越好，这样分辨力才会更大。当 $\rho \leq 0.5463$ 时，分辨力最好，通常取 $\rho = 0.5$。

第五步：计算关联度。

$$R_i = R(y_0, y_i) = \frac{1}{n} \sum_{k=1}^{n} r[y_0(k), y_i(k)] \qquad (5-17)$$

式中，R_i 为影响因素 i 的关联度。

第六步：关联度排序。关联度的大小本身虽然具有一定的参考价值，但它并不是判断各个要素之间的关联程度的标准，主要还是看各个因素的关联度的前后排序。比如各个影响因素的关联度均在 0.9 以上，这使分析出哪个因素是最主要的影响因素就更为重要了，那么关联度最大的那个因素就是主要的研究对象。灰色关联系数的计算流程图如图 5-7 所示。

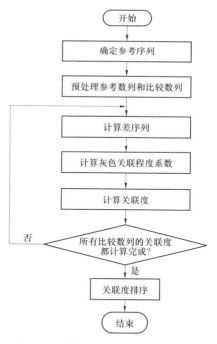

图 5-7 灰色关联系数的计算流程图

2. 关联度分析实例说明

根据灰色关联分析相关理论知识,对某个集中供暖系统采暖季中 15 天的室外和室内设计温度调取出来,分析影响热负荷的因素,考虑到实际可以量化并能够采集到的数据,这里选取室外平均温度、室外平均风速、日照时间三个因素，如图 5-8~图 5-10 所示。

可以看出室外平均温度和日照时间与供暖热负荷大致呈反方向变化，也就是说，在其他条件不变的情况下，室外平均温度升高或是日照时间加长，那么供暖热负荷数值就会变小；室外平均风速与供暖热负荷大致呈正方向变化，即在其他条件不变的情况下，室外平均风速升高，那么供暖热负荷数值就会变大。这一结论与经验判断相符。

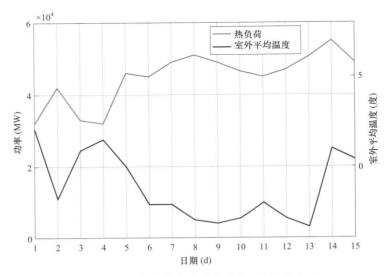

图 5-8 热负荷随室外平均温度的变化曲线图

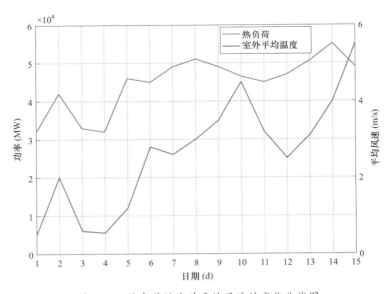

图 5-9 热负荷随室外平均风速的变化曲线图

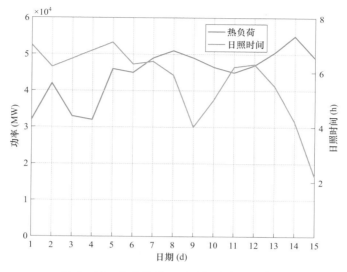

图 5-10　热负荷随日照时间的变化曲线图

利用 Matlab 对室外平均温度、室外平均风速、日照时间和供暖热负荷进行灰色关联度编程，计算这三个因素对于供暖热负荷的影响力大小。用 R_1 表示室外平均温度的灰色关联系数，R_2 表示室外平均风速的灰色关联系数，R_3 表示日照时间的灰色关联系数，得到的结果见表 5-1 所示。

表 5-1　　　　　　　　　　　　　温度、风速、日照时间的灰色关联度

灰色关联度符号	因素	灰色关联度
R_1	室外平均温度	0.5634
R_2	室外平均风速	0.4607
R_3	日照时间	0.3760

由上表可得 $R_1 > R_2 > R_3$，即热负荷影响因素的排序结果为：室外平均气温，室外平均风速，日照时间。

5.3　综合能源系统用能侧多能流负荷预测

随着我国电力系统的不断发展，科学地进行用能侧多能流负荷估计对于区域内的用电规划、经济发展、居民生活、工业生产、科技发展、产业发展等都具有重要意义。综合能源系统中包含电能、热能、天然气等多种能源形式，其中电能是整个能源系统的核心，其

他的能源形式通过耦合环节与电能建立联系，实现电能与其他能源形式之间的相互转化。根据能源形式的不同，综合能源系统中的负荷大致可以分为电负荷、热负荷、冷负荷与气负荷（燃气负荷）四大类型。如何准确预测用能侧负荷是保障此类综合能源项目能够可持续运行的关键问题。较精确的用能侧负荷预测对整体功能系统的装机容量、输配系统和末端设备选型及其初投资等问题具有良好的指导效应。此外全年累计负荷对设备的利用率和运行费用也有直接关系。因此，综合能源体的冷、热、电需求特性分析和预测是进行能源系统综合设计的基础性工作，是能源系统配置优化的依据。用能侧负荷估计步骤可分为：

（1）确定负荷估计目标和内容；

（2）选择及建立合适的用能侧负荷估计模型；

（3）输入相应数据进行过程分析；

（4）对估计的数据结果进行综合分析；

（5）评价、评估相应负荷估计结果，出具方案可行性报告。

5.3.1　用能侧电负荷预测

随着我国经济水平的快速增长，一方面，电力行业不断发展壮大，电网建设的业务和范围大幅扩张；另一方面，城镇化进程的加快发展，空间资源日益紧张，电力部门建设用地难以得到保证，经济和电网之间的发展协调性问题已不容忽视。因此，从电力行业发展的长远角度出发，科学地做好用能侧电负荷预测，提高电网规划运行的经济性和合理性，才能适应市场经济体制下的电力企业发展需要，从根本上保证社会经济与电力行业的协调可持续发展。

用能侧电力负荷预测一直是电力系统中的一个重要课题。在智能电网建设的大背景下，电网规模越来越大，电力负荷的影响因素也越来越多，例如：政治活动、专家经验、用电需求、气温气候、经济发展、电价水平、市场竞争、环境背景等都在一定程度上影响着电力负荷的变化。同时，负荷曲线结构的复杂化，也给电力系统中可靠性分析、经济运行分析等基础性工作带来了较大困难。工业负荷用电占全社会总用电量的比重日趋下滑，增大了负荷曲线的波动性，造成负荷率和年最大负荷利用小时数指标不断下降，严重影响了电网运行的稳定性和经济性；空调、采暖器等新兴家电的普及，使电网负荷受天气等不确定因素影响变大，增大了电网负荷的预测难度；计划经济体制向市场经济体制的转变，导致了电力负荷内部构成出现较大变动，对电网的安全运行提出了更高的要求。

1. 弹性系数法

弹性系数法是用能侧中长期负荷预测中一种经典的相关分析法，其主要步骤如下：

首先，根据年用电量及国民经济指标计算出历年电力弹性系数或产业弹性系数值，通过观察其变化规律，选用适宜的预测方法对未来一段时间的弹性系数指标做出预测。其中，弹性系数的计算公式如下：

$$E = \frac{R_e}{R_g} \tag{5-18}$$

式中：E 为弹性系数指标；R_e 为用电量增长速率；R_g 为用经济指标增长速率。

其次，通过查阅地区电网的规划文本及相关资料，获取未来一段时间内可靠的国民经济发展规划，从而准确地把握预测时间段内经济指标的增长速率，并根据公式计算得出电量指标的增长速度。

$$\overline{R}_e = E\overline{R}_g \tag{5-19}$$

式中，$\overline{R}_e$ 为预测时间段内用电量增长率；$\overline{R}_g$ 为预测时间段内国民经济指标增长率。

最后，根据已掌握的电量指标增速，应用公式对未来几年的全社会用电量或各产业用电量指标做出预测。

$$\overline{W}_i = W(1+\overline{R}_g)^i \tag{5-20}$$

其中：W 为基准年用电量指标，$\overline{W}_i$ 为第 i 年的预测结果。

2. 增长速度法

增长速度法的预测步骤为：

首先，计算历史样本数据的增长率，公式为：

$$\Delta_t = \frac{y_{t+1} - y_t}{y_t} \times 100\%, \ t = 1,2,\cdots n-1 \tag{5-21}$$

其次，以 Δ_t 指标为研究对象，选用相关算法模型对增长率指标的未来发展趋势进行预测。最后，根据增长率指标的预测结果，结合基准历史数据，得出未来时刻的预测值。

$$\overline{y}_t = y_n \left[\prod_{i=1}^{t-1}(1+\Delta_i) \right], \ t \geqslant n+1 \tag{5-22}$$

式中，$\overline{y}_t$ 为未来时刻的预测值；y_n 为基准历史数据。

3. 曲线外推法

曲线外推法是根据电量指标的发展规律，从数学角度出发，运用指数模型、线性模型、对数模型等函数曲线对历史电量指标拟合，实现未来负荷预测的一种方法。由于曲线外推法具有较强的"数学化"倾向，预测对象只有满足以下两个要求时才能选用该种方法：一是预测对象的历史样本负荷发展较为平稳，保持有较强的连续性，不存在较大的波动；二是预测对象的外在影响因素较为固定，即主导因素在预测时间段内不会发生大的变动。表 5-2 为各种预测模型的优缺点和适用范围的分析。

表 5-2　　　　　　　　　　　　不同预测模型的比较

预测模型	优点	缺点	适用范围	相对误差
回归分析法	技术成熟，过程简单	线性模型精度较低，非线性模型过程复杂	中期负荷预测	≤15%
时间序列法	所需历史数据少	没有考虑负荷变化的因素	负荷变化均匀的短期负荷预测	≤15%
人工神经网络	强大的自学能力，预测精度高	通用性差，并且训练需要大量的样本	短期或者超短期预测	≤5%
组合预测	精度较高，稳定性好	精度与算法有关，并且模型较为复杂	负荷总量的预测	≤5%
灰色预测	所需历史数据少，模型简单易于实现	数据离散程度越大，预测精度越差	贫信息条件下的短期负荷预测	≤10%
支持向量机	能解决小样本、非线性等问题，预测精度较高	技术不成熟，算法较为复杂	短期负荷预测	≤5%

5.3.2　用能侧热负荷预测

供热行业密切联系着人们的日常生活，对整个国民经济的发展起着举足轻重的作用。为了降低能源消耗和减少城镇环境污染，目前我国大部分城市采用集中供热的方式进行供热。集中供热系统一般由热源、热网和热用户三部分组成，以热水为热介质在比较广的地域范围内应用的供热系统。热电厂、集中锅炉、余热锅炉等热源生产蒸汽、热水，然后由热网输送到公共建筑、工业厂房和民用建筑等热用户。我国北方城镇普遍采用集中供热方式进行采暖，采暖能耗成为了建筑能源消耗的最大组成部分，因此供暖节能是我国建筑节能工作中潜力最大、最有效的途径之一。

供热本身就是一个具有时滞性、时变性、非线性、强耦合、不确定等特点的过程。采用供热计量（分户热计量）后，更加增强了供热系统的非线性和不确定性。传统的控制方法难以应对供热过程中的这些特点，进而突出了对其进行先进控制策略研究的重要意义。为了达到节能的效果，供热系统需执行按需供热方针，即实时调度供热系统的运行过程，并且对其进行自动控制，来提高供热系统的能源利用率。要对供热系统进行按需供热，就要准确地知道供热系统的热负荷值。供热过程的特点和传统的控制方法的局限性就要求能够准确地预测供热系统的热负荷。热负荷预测一般是指从原有的、历史的供热热负荷数据出发，综合考虑各种影响因素，掌握其变化规律，最终实现对将来某一时刻或某一段时间热负荷的准确预测。热负荷预测一方面指导着供热规划，决定着系统中供热设备的类型和新增负荷的大小；同时也指导着供热系统的运行，其能准确地确定供热参数、储备容量、系统的运行状态等情况，使锅炉的运行和换热设备的检修更合理。

通过对用能侧热负荷快速准确的预测，使供热系统实现精细化运行管理，在很大程度上提高集中供热管网系统的经济性、运行效率和可靠性，同时也实现了节能和环保的目的。

1. 用能侧热负荷传统预测方法

为了降低能源消耗和减少城镇环境污染，目前我国大部分城市采用集中供热的方式进行供热。集中供热系统一般是由热源、热网和热用户三部分组成的以热水为热介质在比较广的地域范围内应用的供热系统。通过对用能侧热负荷快速准确的预测，使供热系统实现精细化运行管理，在很大程度上能够提高集中供热管网系统的经济性、运行效率和可靠性，同时也实现了节能和环保的目的。本文根据数据处理方式，对热负荷预测方法进行分类和分析，将热负荷预测方法分为：时间序列法、结构分析法和系统方法。

（1）时间序列法。

用能侧热负荷预测的时间序列法按照确定性可分为确定型和随机型。其中按照确定型分类的方法又可以分为：移动平均法、指数平滑法和趋势外推法。时间序列预测方法通常做这样一种假设，即已知的历史数据可以将相应系统的历史行为准确描述。例如，已知序列 $\{X\}$ 的历史时刻（$1, 2, \cdots, m-1$）对应的观察值 $\{x_1, x_2, \cdots x_{m-1}\}$ 及当前时刻 m 所对应的观察值 x_m，则时间序列预测就是：利用时间序列分析方法对未来时刻 $m+l$（$l \geqslant 1$）的值 x_{m+l} 进行估计预测。当预测步长 $l=1$ 时，为单步预测；当预测步长 $l \geqslant 1$ 时，为多步预测。

设预测模型为：

$$\hat{x}_{m+l} = f(x_1, x_2, \cdots, x_m) + g(\varepsilon_1, \varepsilon_2, \cdots, \varepsilon_m) \tag{5-23}$$

式中，中 $f(\cdots)$ 和 $g(\cdots)$ 均为待估函数；$\{\varepsilon_t\}$ 为观测噪声，因此时间序列预测的关键就在于得到函数 $f(\cdots)$ 和 $g(\cdots)$。

针对平稳时间序列，有自回归模型（Autoregressive Model，AR）、移动平均模型（Moving Average Model，MA）、自回归移动平均模型（Autoregressive Moving Average Model，ARMA）等。

1）自回归模型。自回归模型主要思想为：将待预测的负荷值作为因变量，负荷的过去值作为自变量，则当前热负荷预测值 l_t 可表示为过去 p 个时刻的历史负荷值与当前的一个随机干扰项的和，线性表达式为：

$$l_t = \varphi_1 l_{t-1} + \varphi_2 l_{t-2} + \cdots + \varphi_p l_{t-p} + b_t \qquad (5-24)$$

引入延迟算子 B，且有

$$\varphi(B) = 1 - \varphi_1 B - \varphi_2 B^2 - \cdots - \varphi_p B^p \qquad (5-25)$$

上式变形为：

$$\varphi(B)l_t = b_t \qquad (5-26)$$

式中，l_t 表示随机变量；p 为模型阶数；$\varphi_1, \varphi_2, \cdots, \varphi_p$ 为自回归系数也即模型系数；b_t 为随机干扰项。若满足 $\varphi(B) = 0$ 的根都在单位圆外时，则可判断该自回归模型为平稳的，为 p 阶移动平均模型并记作 MA (p)。

2）移动平均模型。理论上自回归模型中干扰项是一直存在的，如果假设随机干扰只是在时间序列有限的几个时间间隔内存在影响，则可以得到移动平均模型。则当前电力负荷预测值 l_t 可表示为随机干扰项也即白噪声的线性组合，表达式为：

$$l_t = \theta_1 b_{t-1} + \theta_2 b_{t-2} + \cdots + \varphi_p b_{t-p} \qquad (5-27)$$

引入延迟算子 B，且有

$$\theta(B) = 1 - \theta_1 B - \theta_2 B^2 - \cdots - \theta_p B^p \qquad (5-28)$$

上式变形为：

$$\theta(B)l_t = b_t \qquad (5-29)$$

式中，l_t 表示随机变量；p 为模型阶数；$\theta_1, \theta_2, \cdots, \theta_p$ 为自回归系数也即模型系数；b_t 为随机干扰项。若满足 $\theta(B) = 0$ 的根都在单位圆外时，则可判断该自回归模型为平稳的，为 q 阶移动平均模型并记作 MA (q)。

3）自回归移动平均模型。此模型可以看作是自回归模型和移动平均模型的结合，由于既包含了自回归部分，同时也包含了移动平均部分，因此在进行超短期负荷预测时具有更强的灵活性，表达式为：

$$l_t = \varphi_1 l_{t-1} + \varphi_2 l_{t-2} + \cdots + \varphi_p l_{t-p} + b_t - \theta_1 b_{t-1} - \theta_2 b_{t-2} - \cdots - \varphi_p b_{t-p} \qquad (5-30)$$

同时引入延迟算子 $\theta_p(B)$ 和 $\theta_q(B)$，上式变形为：

$$\theta_p(B) = \theta_q(B)b_t \qquad (5-31)$$

$\theta_p(B)$ 和 $\theta_q(B)$ 二者都满足平稳性条件时，即得到自回归移动平均平稳模型并记作 ARMA (p, q)。

从模型的表现形式不难发现，当 $q = 0$ 时，ARMA (p, q)模型即退化成 AR (p) 模型；而

$p=0$ 时，$ARMA(p,q)$ 模型即退化成 $MA(q)$ 模型。$AR(p)$ 模型和 $MA(q)$ 模型都是 $ARMA(p,q)$ 模型的特例。

影响时间序列变化的因素是多样的，而其中重要的影响因素具有长期决定性，这就使时间序列的变化呈现出一定的规律性，并且逐渐显现出某种发展趋势。其他影响因素的作用是短期而非决定性的，时间序列会呈现出不太稳定的变化趋势。

（2）结构分析法。

结构分析法可以分为回归分析法和指标分析法，其中回归分析法又可以分为一元线性回归分析法、多元线性回归分析法和非线性回归分析法。回归分析预测方法是从需要预测对象与影响因素之间的因果关系入手，通过对预测对象的变化趋势建立模型加以分析，推算预测对象未来的状态数量的表象的预测方法。当集中供热系统的热负荷的变化比较大时，也可以采用修正与其相应变化因素所对应的预测值来进行调整，所以归化分析法预测方法适用于中长期负荷预测。归化分析法是依托自变量对其相应变量进行预测，因此对于归化分析法来说，预测结果的关键因素就是自变量的选取和准确性。

（3）系统方法。

系统分析法可以分为灰色预测方法和人工神经网络方法，其中灰色预测方法又可以分为灰色关联度分析法、灰色数列预测方法、灰色指数预测方法和灰色拓扑预测方法。灰色预测方法是一种抛开系统结构分析，通过对原始数据的累加生成来寻找系统的整体规律并构建指数模型的不太严格的系统预测方法。

2. 区域建筑群用能侧热负荷预测

城市或区域建筑群预测模型，基于不同的目的，有用来预测区域建筑用能需求的，也有用于研究区域温室效应或热岛效应的分布和影响。对于大型区域的预测研究，研究者们大多采用自上而下（Top-down）和自下而上（Bottom-up）这两种基本的分析方法。预测区域建筑群负荷方法论，也基本立足于这两种方法。

（1）自上而下方法论。

自上而下方法是一种化整为零的手段，从整体上为切入点，进而通过一些模型或策略落实到各个单体。自上而下建筑区域能源分析法通常把某一区域内所有建筑作为一个耗能源，而非具体到单栋建筑用能情况。依据建筑行业持续的长时间变化或变迁确定其对能源消耗的影响，用来决定能源供给量。参数包括宏观经济指标（GDP，价格指数，就业率）、气候、新建/撤迁率、设备所有权评估和建筑数量等。自上而下方法论模型简单，只需要汇总的历史数据，而且容易获得。但是这种方法论，并不研究具体的单体建筑用能状况。当社会、环境和经济发生改变时，这种预测方法论就显得不合适。

（2）自下而上方法论。

自下而上方法则是一种化零为整的手段，以单体为基础，充分分析了单体的情况，再通过模型整合为整体的一种策略方法。与自上而下方法相反，自下而上方法考虑到温湿度、建筑性能、末端设备和运行特点等细节，把具有代表性的单体建筑用能作为基础推广到地区或国家级别建筑能源需求模拟。这类分析方法在地区和国家级别的预测模拟运用广泛。只要充分分析单体模型的详细状况（包括分项细节），再通过面积扩展或者一些修正即可得到整体的预测情况。基于自下而上理论，对于居住建筑，总能耗计算公式为：（典型住宅或公寓模型能耗）×（采暖或空调面积比）×（住宅或公寓房屋总数量）；对于商业建筑，总能耗计算公式为：（典型建筑模型单位面积能耗）×（采暖或空调面积比）×（对应类型总建筑面积）。这种方法的最大优点是容易得到需要的输入信息：单体建筑能耗账单的收集。自下而上方法可直接利用工程模拟计算或调查建筑能耗数据通过简单的面积扩展估算总体能耗，或者利用抽查区域总的能耗数据，通过回归技术获得分类型建筑能耗，以此为预测因子，得出区域总的建筑能源需求。自下而上方法是从建筑单体底层参数搭建模型，这为区域建筑能源需求的实现提供了可能。

（3）单位面积指标法。

自上而下方法通常的计算方法主要是采用单位面积指标法估算出各单体建筑的负荷，如用能侧热负荷可按下式计算：

$$Q = qF \qquad (5-32)$$

式中，Q 为建筑物用能侧热负荷，单位为 W；q 为单位建筑面积冷负荷指标，按相关统计中选取，单位为 W/m^2；F 为建筑总面积，m^2。再将各单体建筑的负荷进行叠加。此方法是一种静态的估算方法，将会高估区域建筑总负荷。单位面积指标法尽管在准确性上存在不足，但仍在世界范围内广泛使用，尤其是在冷、热、电项目的前期规划、预研、甚至初步设计阶段，仍然是最简洁有效的建筑能耗估算方法。面积指标法是一种静态估算法，不能用于动态计算。区域建筑逐时的动态负荷计算有利于能源规划和区域能源系统方案的设计，有利于提高建设项目的能源利用率。

对于集中供热系统的用能侧热负荷预测来说通常采用概算指标法来确定各类热用户的热负荷，面积热指标法是概算指标法的其中一种。面积热指标法是以采暖建筑物的面积为基准按下式估算采暖热负荷：

$$Q_n = q_f \cdot F \qquad (5-33)$$

式中，Q_n 为建筑物供暖设计的热负荷，W；F 为建筑物面积 m²，q_f 为建筑物供暖面积热指标 W/m²，它表示每 1m² 建筑面积的供暖设计热负荷。建筑物的采暖热负荷主要取决于通过垂直围护结构向外传递的热量，它与建筑物平面尺寸和层高有关，因而不是直接取决于建筑平面面积。近年来多采用面积热指标法对城市集中供热系统用能侧热负荷进行概算。

（4）面积扩展预测法。

利用自下而上的分析方法论，用能侧热负荷预测通常的方法用工程模拟的手段得到标准建筑的逐时动态负荷，然后通过对每类建筑的逐时负荷基于面积进行拓展来获得逐时区域建筑整体的负荷，这种简单的面积叠加模型可以用下式表示：

$$Q_t = \sum_{j=1}^{p} q_{j,t} S_j, \forall t \qquad (5-34)$$

式中，Q_t 为区域内建筑整体总负荷，W；$q_{j,t}$ 为 j 类建筑单位面积 t 时刻的负荷，可以成为负荷预测因子，W/m²；S_j 为区域内 j 类建筑总面积，m²；p 为区域内建筑类型总数。

这种简单面积叠加模型简单，能够快速地通过调查统计值或者工程模拟值得到区域整体的热负荷。然而，这种预测模型的准确性有待商榷，具有一定的局限性。主要表现在以下两个方面：① 式（5-34）中并没有考虑各类建筑的同时使用系数的选取，各类建筑内部还必须体现同时使用系数。很显然，该公式将为大大高估负荷值。而且，就同一类建筑而言，由于建筑的使用情况、生活习惯、工作情况、家庭成员构成的不同将会使同时使用系数不同。因此，各类建筑的同时使用系数的选择存在一定难度。② 如果能得到各类建筑的同时使用系数或者忽略同时使用系数，但是本文的各类标准建筑是由调查统计和标准规范构造的"虚拟建筑"，其动态负荷特性只能粗略代表该类建筑的一个"合理值"。然而，实际中就算是同一区域内同一类建筑的尖峰负荷和出现的时间也可能不尽相同，如果直接采用标准单体建筑的负荷模拟分析法进行简单地叠加，可能将导致计算结果与实际现象产生较大偏离。综上分析，实际上，工程模拟方法突出气象、建筑形态、功能和设定室内环境等参数对单体建筑能耗的确定性影响，但建筑的行为难以预测，不同的区域更会表现出差异性。

（5）指标概算法。

通常的计算方法主要是采用单位面积指标法估算出各单体建筑的热负荷，再把各单体建筑的负荷简单叠加。此方法是一种静态的估算方法，将会高估区域建筑总负荷。单位面积指标法尽管在准确性上存在不足，但仍在世界范围内广泛使用，尤其是在热电项目的前期规划、预研、甚至初步设计阶段，仍然是最简洁有效的建筑能耗估算方法。在事先要求估计空调的设计费用，建设初期又无法按详细方法计算，这时可根据以往类似建筑实际运行中积累起来的空调负荷概算指标作粗略估算。

如已知房屋体积，也可采用下述公式进行计算：

$$Q_n' = q_v V_w (t_n - t_{wn}) \qquad (5-35)$$

式中，q_v 表示建筑物的采暖体积热指标，V_w 表示建筑物的外围体积，t_n 表示采暖室内计算温度，t_{wn} 表示采暖室外计算温度。

集中供热系统的采暖年耗热量可以采用下述公式进行计算：

$$Q_{n,a} = Q_n' \left(\frac{t_n - t_{pj}}{t_n - t_{wn}} \right) N \qquad (5-36)$$

式中，$Q_{n,a}$ 表示建筑物的采暖年耗热量，t_{pj} 表示供暖期室外平均温度，N 表示采暖期天数。

对于通风热负荷，热指标法公式如下所示：

$$Q_t' = q_t V_w (t_n - t_{wt}') \qquad (5-37)$$

式中：Q_t' 表示建筑物的通风热负荷，q_t 表示建筑物的通风体积热指标，V_w 表示建筑物的外围体积，t_n 表示采暖室内计算温度，t_{wt}' 表示通风室外计算温度。

民用建筑（如旅馆、体育馆等）有通风空调热负荷时，可按照该建筑物的采暖设计热负荷的百分数进行概算。百分数法公式如下所示：

$$Q_t' = K_t Q_n' \qquad (5-38)$$

式中，K_t 表示计算建筑物通风、空调热负荷的系数，一般取 0.3~0.5，Q_n' 表示建筑物的采暖热负荷。

集中供热系统的通风年耗热量可以采用下述公式进行计算：

$$Q_{t,a} = Z Q_t' \left(\frac{t_n - t_{pj}}{t_n - t_{wt}'} \right) N \qquad (5-39)$$

式中，$Q_{t,a}$ 表示建筑物的通风年耗热量，Z 表示采暖期通风装置每日平均运行小时数。

对于一般居住区，热水供应热负荷可按下式计算：

$$Q_{rp}' = q_s F \qquad (5-40)$$

式中，Q_{rp}' 表示居住区采暖期生活热水平均热负荷，q_s 表示居住区生活热水指标，当无实际统计资料时，可查阅表 5-3 取用：

表 5-3　　　　　　　　　　　居住区采暖期生活热水指标

用水设备情况	热指标
住宅无生活用水设备，只对公共建筑供热水时	2.5～3.0
全部住宅有浴盆并供给生活热水时	15～20

集中供热系统的热水供应年耗热量可以采用下述公式进行计算：

$$Q_{r,a} = Q'_{rp}N + Q'_{rp}\left(\frac{t_r - t_{lx}}{t_r - t_l}\right)(350 - N) \qquad (5-41)$$

式中，$Q_{r,a}$ 表示热水供应年耗热量，t_r 表示热水供应设计温度，t_{lx} 表示夏季冷水温度（非采暖期平均水温），t_l 表示冬季冷水温度（采暖期平均水温），$(350-N)$ 表示全年非采暖期的工作天数（扣去 15 天检修期）。

根据温度的面积热指标法具体计算过程如下：

1) 确定综合能源系统内建筑面积，确定各类建筑占比或者面积 A_α；

2) 确定各类建筑的综合热指标 q_α，以及相应的采暖室外、室内计算温度 t_α^1，t_α^2；

3) 根据实际温度 t 计算负荷比 $c_\alpha = \dfrac{t - t_\alpha^1}{t_\alpha^2 - t_\alpha^1}$；

4) 估算实际用能侧热负荷 $q = \sum q_\alpha c_\alpha A_\alpha$。

3. 标准建筑热负荷模型样本量

由于所选的研究对象是某气候区某工程区域内的所有建筑类型，而非具体的地块。因此，要使模拟的结果更具有代表性，能够基本反映各类建筑的负荷特性，就必须使各类标准建筑模型拥有足够的样本量。在标准建筑模型参数获取中，只有建筑的外形参数中几何参数（长、宽、高、窗墙比）主要是通过调研统计获取，其他参数都是按标准规范或软件设定。由于，建筑在满足规范中体形系数情况下，几何参数多样。因此，建筑外形参数只有几何参数表现为不确定性。建筑的几何参数恰恰为可以表示建筑规模（总建筑面积）的参数，本文的建筑二次分类基于建筑规模划分。又由于有研究指出建筑负荷最大影响因素是体形系数和窗墙比。体形系数与建筑规模有必然的联系。

影响区域建筑负荷的因素除建筑功能类型和影响单体建筑负荷的因素外，还包括区域开发过程中所特的一些影响因素，如区域开发密度、建筑分布形式、建筑功能的分区等。区域建筑群是由不同类型的建筑组合而成的，各类单体是建筑区域中的一部分，影响单体建筑的因素依然发挥类似的作用，所以单体建筑负荷影响因素与区域建筑负荷影响因素也是密不可分的。总结相关学者的大量研究表明，影响区域建筑负荷的最主要因素可以分为建筑功能多样性、建筑外形及布局、建筑围护结构传热、室内热源散热和室内外设计参数因素。

（1）建筑功能多样性。

建筑功能的多样性是形成建筑类型多样性主要原因。区域建筑群内建筑类型复杂多样，如果不考虑建筑功能的话，即建筑内部如果没有人员和设备，建筑其实就是一个空壳，那么所有建筑都是一样的，没有本质的区别，正是因为有了内部的功能性，建筑才被区分为多种建筑类型，所以建筑功能的多样性是影响区域建筑负荷的首要因素。建筑的内扰负荷与建筑功能有关，一般地，按照建筑的功能，建筑可分为工业建筑和民用建筑。参考《城市用地分类与规划建设用地标准》，民用建筑可以分为居住建筑和公共建筑。另一方面，建筑类型的多样性是由于不同功能建筑的使用时间表不同。影响建筑内扰负荷最大的因素是建筑内部的使用情况，建筑内部使用情况即为建筑内人员密度、新风量、照明功率密度和设备功率密度的变化情况，这4者的变化情况可以用建筑的使用时间表来表述。建筑内的新风量需求量根据人员数量来确定，若采用变风量系统，新风量的变化情况与建筑内人员数量变化情况是一致的。建筑使用时间表实质上就是各种内扰强度逐时值所占设计者的比例在一天24小时的分布曲线，它是影响负荷峰值出现时间的主要因素。因此，区域的建筑功能类型组成就影响到区域的整体负荷分布情况，所以分析区域热负荷分布情况就要考虑到区域建筑功能类型的多样性。

（2）建筑规模。

建筑规模用总建筑面积（m²）衡量。当建筑底面面积和建筑高度已知后，即可得知总建筑面积。区域内建筑多样复杂，同功能性建筑的规模也不一定相同。对于同一地区、同一类型建筑，建筑规模影响建筑空间的布局。一般地，公共建筑也划分为中小型和大型公共建筑两类。一般地，同类型建筑也有规模大小不同之分，这些建筑在单位面积负荷上存在一定差异，因此，在对建筑进行分类时，必须考虑到规模大小。

（3）对工作日进行归一化处理。

将星期一到星期五这段时间定义为工作日；星期六和星期日这两天定义为周末；将传统节日和法定节假日统一定义为节假日。在本文中将工作日、周末和节假日的归一化取值按如下方式处理。

本文按照不同的日期类型，其热负荷的需求的不同对日期类型进行归一化处理。由于本文主要针对住宅区，而人为因素是本文对热负荷影响的主要硬性因素。本文按照不同的时间点，待在家里的人数对其进行归一化；考虑到在工作日这段时间内，人们一般是外出上班，所以待在家里的人数比节假日和周末都要少，故本文取工作日的归一化值为 0.4；人们在节假日这段时间内，待在家里的人数比工作日时间段内要多，但是由于外出旅游，又要比周末待在家里的人要少，故本文取节假日的归一化值为 0.7；在周末这段时间内，待在家里的人数较工作日多，但是由于其时间比节假日短，往往外出的人也比节假日少，故本文取周末的归一化值为 0.8。综上，工作日归一化的值为 0.4，节假日归一化的值为 0.7，周末的归一化的值为 0.8。

（4）建筑分类。

利用标准建筑模型对区域建筑进行负荷预测，因此建筑分类后的标准建筑必须体现各类建筑负荷特性。本文的建筑分类依据需满足：

1）负荷水平相当。负荷水平也即建筑的负荷强度水平，要求同类建筑负荷的日、月或年平均值差异在控制范围内。

2）负荷特点相近。负荷特点也即建筑的负荷变化趋势。建筑的负荷是随时间不断变化的，要求同类建筑负荷的变化趋势大致相同，才体现同类建筑负荷特性。

3）负荷指标一致。负荷指标一致即用来估算的单位面积指标，同类建筑的逐时单位面积指标也应该在一定控制范围内，不应相差太大。

该三个点相近的建筑可分为一类，当不满足上述三个条件中的任何一个，则需要根据其他因素继续分类。我们需要注意：第一，如果类间负荷差异不大，则分类可能没有意义，需考虑是否进行分类；第二，如果分类模式不健全，将导致分类不合理，影响负荷预测的结果。

根据建筑分类的原则和方法，并由相关参考文献对标准建筑的分类，结合对区域建筑内的调查，建筑分类首先考虑建筑功能，所以，一次分类因子选为功能性因子。按照上述分类理论，一次分类一般还达不到分类要求，将进一步进行二次分类。依据文献分析，对于区域或城市级别的建筑二次分类的分类因子一般选其建筑规模。标准建筑分类结果如表 5 - 4 标准建筑分类结果所示。总建筑面积大于 20000m^2 的建筑称为大型建筑，小于 20000m^2 的建筑为中小型或一般建筑。居住建筑一般以小区的形式出现，小区内住宅公寓一般都是相似且规模不大，基本为标准性建筑。办公建筑按建筑规模（总建筑面积）分为中小型办公建筑和大型办公建筑；商业建筑按商业类型分小型商铺和大型商场。

表 5－4　　　　　　　　　　标 准 建 筑 分 类 结 果

区域建筑	一次分类	二次分类
	居住建筑	住宅公寓
	办公建筑	中小型办公建筑
		大型办公建筑
	商业建筑	小型商场
		大型商场
	工业建筑	工厂

　　为了研究在不同区域类型下区域供冷适用性的变化趋势。本文假定了一系列功能不同的区域类型。通过参考多个国内使用区域供冷系统的区域规划案例，和相关的项目数据，本文将区域按照功能和类型分为：办公区域、商业区域、工业区域和住宅区域四个类型。各类型区域均为混合型区域，即同时含有商业建筑、酒店、写字楼和住宅四种建筑类型。不同开发区含有的各类型建筑面积比例不一样。一般区域在规划阶段会根据使用需求、地块形状等众多因素规划出适合的不同功能建筑面积比例分布。本文对不同类型区域中各类型建筑面积比例做了简单地划分，仅以能够区别区域主要功能为目的。面积划分的设置原则具体设置如表 5－5 所示。

表 5－5　　　　　　　不同区域类型中各类型建筑面积比例设置

类型	比例（%）			
	办公建筑	商业建筑	工业建筑	住宅建筑
办公区域	50	30	10	10
商业区域	10	60	0	20
工业区域	20	10	70	0
住宅区域	10	20	0	70

　　本文中的窗墙比主要是指南北向窗墙比，东西窗墙比一般比较小，统一定为 0.1～0.2。一般地，居住建筑的窗墙比一般在 0.3 左右，故设定居住建筑窗墙比为 0.3。依据湖南省国家机关办公建筑和大型公共建筑节能监管体系建筑项目中统计了湖南省 80 栋建筑的基本信息，可知商业建筑建筑底面多为正方形，层数多为 5～8 层，本文选 6 层。因此，居住建筑和商业建筑为 3 因素 3 水平，办公建筑和旅馆建筑为 4 因素 3 水平，见表 5－6 所示。用能侧热负荷指标如表 5－7 所示。

表 5-6   不 同 类 型 建 筑 因 素

建筑类型	水平	因素			
		底面长	底面宽	层数	窗墙比
居住建筑	1	20	10	6	0.3
	2	40	20	12	0.3
	3	60	30	18	0.3
办公建筑	1	40	20	6	0.3
	2	60	30	10	0.3
	3	100	40	15	0.3
商业建筑	1	40	40	6	0.3
	2	60	60	6	0.4
	3	80	80	6	0.5
工业建筑	1	100	60	3	0.3
	2	120	100	2	0.3

表 5-7   用 能 侧 热 负 荷 指 标

建筑类型	W/m²
居住建筑	45
办公建筑	60
商业建筑	140
工业建筑	220

5.3.3 用能侧气负荷预测

随着我国城市化水平的大幅提高，特别随着新城镇化发展规划的出台，以及各地相继出台治理环境污染政策方针，作为清洁能源的天然气必将逐步成为城市的主导气源，城市能源结构将发生很大变化。因此，进行用能侧燃气系统负荷预测研究是适应时代的必然需求。在进行中长期负荷预测时应综合考虑以下六个方面：① 管网的历史负荷资料、用气构成和需求管理情况；② 国内生产总值及其年增长率和地区分布情况；③ 国民经济结构的历史、现状和可能的变化发展趋势；④ 管网发展情况；⑤ 大用户用气设备及主要高能耗产品的年用气量；⑥ 气象实况资料等其他影响季节性负荷需求的相关数据。

由于气负荷预测是受多因素影响的复杂非线性系统。在多因素的影响叠加下，单一的固定模式很难准确描述燃气负荷预测的实际复杂变化规律，往往会因为负荷规律发生变化而不能正确自适应这种变化而产生较大的误差，不能适应外部因素的变化，造成其预测误差精度较差，为此在建立预测模型时应充分考虑上述影响因素对城市燃气负荷的影响。

1. 用能侧气负荷预测模型研究

通过数据采集及统计分析，总结了以下各类用户用气指标及用气不均匀系数，可应用于用能侧气负荷预测工作中。

（1）居民用户用气指标和用气不均匀系数如表5-8、5-9所示。

表 5-8　　　　　　　　　　　居 民 用 户 用 气 指 标

指标	MJ/（人·年）	MJ/（人·年）	立方米/（人·年）	立方米/（人·年）
数值	2579.65	6732.89	72.26	188.6

表 5-9　　　　　　　　　　居 民 用 户 用 气 不 均 匀 系 数

类型	月高峰系数	日高峰系数	小时高峰系数
数值	1.14	1.16	2.76

（2）公共服务用户用气指标和用气不均匀系数如表5-10、5-11所示。

表 5-10　　　　　　　　　　公共服务业用户用气指标

类型	单位	指标	单位	指标
学校	立方米/（日·人）	0.069	立方米/（年·平方米）	0.5
办公楼	立方米/（日·人）	0.134	立方米/（年·平方米）	2.41
医院	立方米/（日·床）	0.335	立方米/（年·平方米）	25.7
餐厅	立方米/（日·座）	0.726	立方米/（年·平方米）	65.34
商场	立方米/（日·座）	0.412	立方米/（年·平方米）	15.04
其他	—	—	立方米/（年·平方米）	65.34

表 5-11　　　　　　　　　　公共服务业用户用气指标

类型	月高峰系数	日高峰系数	小时高峰系数
学校	1.34	1.19	3.51
办公楼	1.19	1.44	3.41
医院	1.13	1.15	3.61
餐厅	1.07	1.13	2.37
商场	1.16	1.16	2.81
其他	1.30	1.35	3.44

（3）采暖用户用气指标和用气不均匀系数如表5-12、5-13所示。

表 5-12　　　　　　　　　　采 暖 综 合 年 用 指 标

类别	民用	公建	工业	综合
指标（立方米/年·平方米）	8.81	9.01	5.81	8.57

表 5-13　　　　　　　　　　公共服务业用户用气指标

类型	月高峰系数	日高峰系数	小时高峰系数
民用	3.61	1.15	1.26
公建	3.58	1.24	1.41
工业	3.2	1.2	1.4
综合	3.56	1.18	1.32

2. 用能侧气负荷传统预测方法

天然气负荷预测技术主要分为传统预测技术和现代预测技术。传统预测技术主要包括时间序列法、结构分析法、趋势分析法、灰色预测技术等。现代预测技术主要包括模糊预测法、系统分析法等。

（1）相关分析法。

相关分析是一种研究变量之间是否存在某种依存关系，以存在这种关系的现象为研究对象，对其相关方向及相关程度进行讨论和研究的统计方法，主要包括三个方面的内容：线性相关分析、偏相关分析和距离分析。线性相关分析研究两个变量之间的线性关系程度，用相关系数 r 来描述事物间的相关关系，通过比较相关系数绝对值的大小判断相关程度的强弱，并且可以用相关系数的正负来反映事物间相互影响的方向。若有 X 和 Y 的 n 个独立观测值，可根据下式计算两变量间相关系数：

$$r = \frac{\sum_{i=1}^{n}(x_i - \overline{x})(y_i - \overline{y})}{\sqrt{\sum_{i=1}^{n}(x_i - \overline{x})}\sqrt{\sum_{i=1}^{n}(y_i - \overline{y})}} \tag{5-42}$$

式中，$\overline{x} = \frac{1}{n}\sum_{i=1}^{n}x_i$ 和 $\overline{y} = \frac{1}{n}\sum_{i=1}^{n}y_i$ 分别为 x_i 和 y_i 的总平均数。相关系数 r 的性质：$|r| = 1$：可判断两个变量之间线性相关；$|r| > 0.95$：可判断两个变量之间存在显著性相关，分析中需重点关注；$|r| \geqslant 0.8$：可判断两个变量之间高度相关，分析中必须考虑其影响；$0.5 \leqslant |r| < 0.8$：可判断两个变量之间中度相关，分析中应适当考虑其影响；$0.3 \leqslant |r| < 0.5$：可判断两个变量之间弱相关或者低度相关，分析中可适当简化其影响；$|r| < 0.3$ 可判断两个变量之

间极弱相关，分析中可以认为不具备相关；$|r| = 0$：可判断两个变量之间无相关性。

偏相关分析是在研究两个变量之间的线性相关关系过程中，将其他许多因素进行弱化处理，尽可能地去控制对其产生主要影响的变量，通过计算偏相关系数来判断所选取的两个变量之间的相关程度。距离分析是一种广义的距离，它主要度量变量之间相似或不相似程度。

相关分析法的优点在于可以更好地定量描述出气负荷与相关因素之间的关系，在相关参量确定的情况下能够实现较为准确的负荷预测。缺点为与负荷预测相比，相关参量的确切更为困难。相关分析法适用于气负荷规模变化较大，预测周期较长的地区。

（2）多项式拟合预测模型。

多项式拟合预测是在所选实例城市历史数据的基础上，进行曲线拟合，得到满足回归系数检验值、假设检验的显著概率 Sig、拟合优度 R^2、修正的 R^2 等方面的拟合模型。利用多项式函数拟合数据点，多项式函数形式如下：

$$y(x, W) = w_0 + w_1 x + \cdots + w_m x^m = \sum_{i=0}^{m} w_i x^i \tag{5-43}$$

令：$W = \begin{bmatrix} w_0 \\ w_1 \\ \vdots \\ w_m \end{bmatrix}$，$X = \begin{bmatrix} 1 & x_1 & \cdots & x_1^m \\ 1 & x_2 & \cdots & x_2^m \\ \vdots & \vdots & \ddots & \vdots \\ 1 & x_n & \cdots & x_n^m \end{bmatrix}$ 则多项式函数可化为线性代数形式：

$$y(x, W) = XW \tag{5-44}$$

为了评价拟合函数的优劣，需要建立损失函数，测量每个样本点目标值与预测值之间的误差，拟合的目标是让误差最小。计算误差时使用均方根误差：

$$E_{\text{RMS}} = \sqrt{\frac{E(W^*)}{N}} \tag{5-45}$$

1）最小二乘法。

为了取得误差函数的最小值，直接令函数的导数等于 0，可以得到唯一解，此解称为解析解。不带正则项的解析解误差函数为：

$$E(W) = \frac{1}{2}(XW - T)^T (XW - T) \tag{5-46}$$

对其求导得：

$$\frac{\partial E(W)}{\partial W} = X^T X W - X^T T \tag{5-47}$$

令导数等于 0，得：

$$W = (X^T X)^{-1} X^T T \tag{5-48}$$

求解上式即可完成最小二乘法曲线拟合。最小二乘法看似简单，但是涉及矩阵求逆运算，当数据规模较大时，矩阵求逆速度较慢，因此需要其他优化方法，如梯度下降法，共轭梯度法，牛顿法等。

2）二元线性拟合。

二元线性拟合是多元线性拟合中最常用的模型，如下式所示：

$$Q = at^2 + bt + c \tag{5-49}$$

式中，a，b，c 为拟合曲线的系数，不同的历史数据条件，拟合系数各不相同；t 为年份。

（3）X-12-ARIMA 季节调整原理。

对季节变化进行估计，有利于制订生产计划和控制存货，同时从研究数据中消除季节变化，能够更清晰反映其他类型的活动。通过季节调整，可以将隐含在原始月度或季度时间序列中的由于季节性因素引起的季节影响分离，季节调整后的数据消除了季节性因素的影响，使得不同年份的数据具有可比性。与没有经过季节调整的数据相比，调整后的数据能够更及时地反映经济的瞬息变化，反映经济变化的转折点。

1954 年，首个能够在计算机上运行的季节调整程序由美国普查局的 Shiskin 开发，并命名为普查局模型I。此后，对该程序的每一次改进之后，在名字后都以 X 加上序号表示。比较完整的季节调整程序 X-11 在 1965 年推出，并很快成为全世界统计机构使用的标准方法，该方法在实践中使用遇到了一些问题，在对数据的处理过程中，目标序列两端的数据丢失，因为计算移动平均的项数越多，相应丢失的数据越多。加拿大统计局的 Dagum 在 X-11 的基础上引进随机建模的思想，开发了 X-11-ARIMA 方法。该方法在进行季节调整前，通过对目标序列建立 ARIMA 模型前向预测和后向预测补充数据，使得在应用移动平台进行季节调整的过程中数据的完整性不受影响，弥补了 X-11 方法的缺陷。X-12-ARIMA 程序可以分为 regARIMA 和 X-11 两个子模块，regARIMA 用于建立 ARIMA 模型，X-11 用于季节调整，完整的程序处理过程由建模、季节调整和诊断三个阶段组成，如图 5-11 所示。

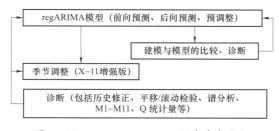

图 5-11　X-12-ARIMA 程序基本流程

预调整模块 regARIMA 采取标准的 ARIMA 建模方法，通过识别、估计和诊断建立 ARIMA 模型并用于预测，从而实现时间序列的延拓。一个一般的季节 ARIMA 模型，时间序列 z_t 可以记为如下形式：

$$\varphi(L)\phi(L^s)(1-L)^d(1-L^s)^D z_t = \theta(L)\Theta(L^s)\alpha_t \qquad (5-50)$$

式中，L 为滞后算子；s 为季节周期；$\varphi(L)$ 为非季节自回归算子，$\varphi(L)=(1-\varphi_1 L-\cdots\varphi_p L^p)$；$\phi(L^s)$ 为非季节自回归算子，$\phi(L^s)=(1-\phi_1 L^s-\cdots\phi_p L^{ps})$；$\theta(L)$ 为非季节自回归算子，$\theta(L)=(1-\theta_1 L-\cdots\theta_p L^p)$；$\Theta(L^s)$ 为非季节自回归算子，$\Theta(L^s)=(1-\Theta_1 L^s-\cdots\Theta_p L^{Qs})$；$\alpha_t$ 为独立同分布，均值为 0，方差为 σ^2 的白噪声；$(1-L)^d(1-L^s)^D$ 为非季节差分次数 d，季节性差分次数 D。

通过线性回归构造时变均值函数，对上述 ARIMA 模型做一个扩展，该线性回归方程表示为：

$$y_t = \sum_i \beta_i x_{it} + z_t \qquad (5-51)$$

式中，y_t 为被解释时间序列；x_{it} 为与同时观测的回归变量；β_i 为回归参数；z_t 为回归误差，服从 ARIMA 模型。

对于时间序列模型，z_t 通常存在自相关，两式一起定义了 X-12-ARIMA 程序的一般 regARIMA 回归模型，如式 5-52 所示：

$$\varphi(L)\phi(L^s)(1-L)^d(1-L^s)^D(y_t-\sum_i \beta_i x_{it}) = \theta(L)\Theta(L^s)\alpha_t \qquad (5-52)$$

这里的回归变量 x_{it} 主要包括各种离群值和与日历效应有关的影响因素等。在 X-12-ARIMA 程序中，离群值包括以下四类：

1）AO 离群值表示发生在 t_0 时刻的离群值点：

$$AO_t^{(t_0)} = \begin{cases} 1 & t=t_0 \\ 0 & t\neq t_0 \end{cases} \qquad (5-53)$$

2）水平漂移 LS 表示从 t_0 时刻起变量突变到一个新的水平上，并保持这一水平：

$$LS_t^{(t_0)} = \begin{cases} -1 & t<t_0 \\ 0 & t\geq t_0 \end{cases} \qquad (5-54)$$

3）暂时变动 TC 其中 α 是经指数衰减回归原有水平的速率：

$$TC_t^{(t_0)} = \begin{cases} 0 & t<t_0 \\ \alpha^{t-t_0} & t\geq t_0 \end{cases} \qquad (5-55)$$

4）斜线变动 RP 从 t_0 时刻起，变量以线性速率逐渐变化到新的水平上：

$$RP_t^{(t_0,t_1)} = \begin{cases} -1 & t \leqslant t_0 \\ (t-t_0)/(t_1-t_0)-1 & t_0 < t < t_1 \\ 0 & t \geqslant t_1 \end{cases} \qquad (5-56)$$

若事先已知有关离群值的信息，可以通过在其发生的时间位置上设定离群类型。同时程序也能自动探测离群值，根据对每个时间位置计算不同类型离群值的 t 统计量，按照显著程度判定离群成分，若通过检验，自动加入模型中。日历效应是指包括闰年、交易日效应、移动假日效应等各种与日历相关的影响因素，同季节因素一样是固定存在的，同样对于年度时间序列具有影响，造成经济周期的判断的困难，所以常和季节因素组合考虑。通过 X－12－ARIMA 程序的回归设定功能，可对日历效应以及其他回归变量进行估计和调整，X－12－ARIMA 程序完整的季节调整流程如图 5－12 所示。

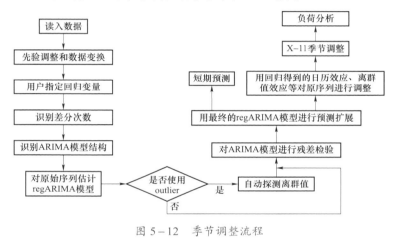

图 5－12　季节调整流程

5.3.4　用能侧冷负荷预测

冷负荷是指为了维持室内设定的温度,在某一时刻必须由空调系统从房间带走的热量,主要包括通过围护结构传入室内的热量、通过天窗和外窗进入室内的太阳辐射量、人体散热量、照明和设备等室内热源散热量以及室外新风带入室内的散热量等，其大小与建筑物所在地理位置、体形系数、建筑物的朝向、建筑物外围护结构类型等密切相关，影响因素繁多且复杂。

用能侧冷负荷预测是供冷系统调节与控制的前提，合理的预测是提高供冷质量和实现节能减排的重要依据。冷负荷自身的随机性、复杂性及非线性，建立用能侧冷负荷预测的物理模型是相对困难的。

综上所述，建筑冷负荷其实是一个具有复杂性、多变量性、随机性、动态性的随机性模型。复杂性和多变量性是指它的影响因素有很多，而且这些因素在不断发生变化当中，同时因素之间也有相互影响关系。由于影响它的因素在不断变化，而且这些变化是具有不确定性，是难以预知的，这也决定了冷负荷预测也具有随机性，它的变化也具有多种，包括历史发展趋势变化，周期性变化以及随机性变化。另外，预测的时候需要指定预测的时间范围，具体的时间又有着不同的变化因素，这也标识着冷负荷预测具有时间特性，因此在进行冷负荷预测的时候，往往需要从中众多的影响参数中选取必要的、准确的、影响力大的参数，从而简化数据收集范围，减少预测过程中考虑的数据，提高预测速率。

1. 情景分析法

正确的区域冷负荷预测应采用情景分析方法。应用情景分析法把室外气候条件和建筑内负荷强度分别设置若干情景，并列出不同功能建筑的使用时间表，通过分析不同建筑在同一时刻出现的不同情景确定区域冷负荷。情景分析法是常用的定性预测分析方法，在充分考虑外部环境变化对事件影响的基础上，通过研究识别出各种影响因素，然后对事件做出详细、严密地推理和描述来构想未来各种可能的方案。情景分析法的本质特点在于对未来发展的多样化考虑，决定了多种可能性的预测结果。情景分析方法在各领域都有所应用，近年来，在建筑能源需求研究中也开始采用。情景分析方法为区域建筑负荷的预测提供了新的研究思路，通过不同的情景设定，分析各情景下负荷可能出现的概率。

利用情景分析进行负荷预测，首先要明确的是对预测对象所处环境的完整描述，包括社会经济发展水平、人口规模、产业结构特征、社会节能政策措施、获得能源和资源的途径和限制条件等。然后对影响建筑负荷与能耗的关键因素进行具体参数指标的设置，例如建筑体形、建筑朝向等。在以上分析的基础上，计算不同情景下的建筑负荷、能耗。情景分析法的使用仍然需要借助动态能耗模拟软件才能得到准确的负荷预测数值，在方法上需要满足对宏观环境的准确掌握和情景设置，但是这种设置容易受到主观因素的影响。

2. 虚拟特征建筑整合法

通过分析建筑冷负荷的组成及影响因素，将区域建筑整合为表征只有内外扰冷负荷分布的特征建筑，然后利用能耗模拟软件进行模拟，得出逐时负荷，推导出区域建筑冷负荷预测可以转化为其特征建筑的冷负荷预测。

3. 数据统计分析法

通过实测和调研了大量建筑物的实际能耗，统计分析后得出了几类建筑各分项负荷的动态特性（包括逐时逐月的变化）。

4. 负荷因子法

负荷因子法基于三种假设：围护结构负荷与室内外温差呈线性关系；新风负荷与室内外空气焓差呈线性关系；内扰负荷与室外气象条件无关。首先，依据冷负荷系数法推导出各类形状的建筑围护结构逐时冷负荷指标。然后分别建立了建筑围护结构、新风、人员、照明及设备的逐时冷负荷预测模型，得出各类分项的负荷因子。最后利用各分项负荷指标乘以相应的负荷因子逐时叠加获得总的建筑空调负荷。此法移植性强，只需改变少量输入参数，便可以应用于不同功能建筑。因此，在城市规划阶段，利用负荷因子法分别计算各类型建筑的逐时负荷，便可获得区域总的建筑逐时冷热负荷。

用能侧冷负荷预测技术快速发展，主要是在于短期负荷预测的研究与应用上的发展，在此类负荷预测领域，人们研究了很多预测方法。其中，数学统计方法主要在于研究负荷和历史数据的关联性，而人工智能方法则试图避开预测过程中的人为因素的影响，更方便及自动化地发掘事物内部关联，更具简单性及方便性。当然，由于冷负荷和热负荷特性相似，因此用能侧冷负荷也可以采用单位面积指标法，该方法在前文已经做过介绍，此处不再赘述。用能侧冷负荷指标如表 5 - 14 所示。

表 5 - 14 用 能 侧 冷 负 荷 指 标

建筑类型	W/m²
居住建筑	80
办公建筑	100
商业建筑	180
工业建筑	290

5.3.5　多能流负荷预测误差分析

预测误差是指预测对象的真实值和预测值之间的差值，产业误差的原因主要有几个方面：一是预测需要用到大量的资料，资料不能全部保证准确无误；二是建立的预测模型只能包括研究对象的主要影响因素，次要因素一般忽略不计；其次还有某些突发情况，因此预测误差是不可避免的，一般可通过相对误差、平均误差、均方根误差等指标判断预测精度。

1. 平均相对误差绝对值（MAPE）

以 MAPE 作为评判指标，即先对 n 个预测值的相对误差求绝对值，再求其平均值，这样可以避免相对误差平均值的正负负荷相互抵消，计算公式如式（5-57）所示，假设有 n

个预测值 $\hat{x}_1, \hat{x}_2, \cdots \hat{x}_n$，对应的有 n 个实际值 $x_1, x_2, \cdots x_n$。

$$\text{MAPE} = \frac{1}{n} \sum_{t=1}^{n} \left| \frac{x_t - \hat{x}_t}{x_t} \right|, \qquad t = 1, 2, \cdots n \qquad (5-57)$$

2. 均方根误差（RMS）

使用均方根误差时，计算公式如下：

$$\text{RMS} = \sqrt{\frac{1}{n} \sum_{t=1}^{n} e_t^2} = \sqrt{\frac{1}{n} \sum_{t=1}^{n} (x_t - \hat{x}_t)} \qquad (5-58)$$

式中，RMS 值越大，表示预测精度越低。

3. 均方误差（MSE）

均方误差也是预测性能的评价指标之一，计算公式如下：

$$\text{MSE} = \frac{1}{n} \sum_{t=1}^{n} (\hat{x}_t - x_t)^2 \qquad (5-59)$$

式中，MES 的值越小，表示预测精度越高。

预测作为一种对未来情况的估计，其误差的存在是不可避免的，评价预测方法好坏的指标之一就是根据对误差的分析确定预测模型的精度等级，目前，预测计算根据平均相对误差，把预测精度划分为表 5-15 所示的四个精度等级。

表 5-15　　　　　　　　　　　　预 测 精 度 等 级 表

平均相对误差（%）	预测等级
<10	高精度预测
10~20	好的预测
20~50	可行的预测
>50	不可行的预测

4. 多能负荷预测评价指标

由于模型需要针对多种能源负荷进行预测，为了整体评价模型预测精度，提出了考虑多权重的平均精度评价指标，针对综合能源系统不同能源的重要性，对不同能源类型赋予不同权值。计算平均精度（mean accuracy，MA）以及权重平均精度（weighted mean accuracy，WMA）：

$$\text{MA} = 1 - \text{MAPE} \qquad (5-60)$$
$$\text{WMA} = \alpha_1 \text{MA}_1 + \alpha_2 \text{MA}_2 + \cdots + \alpha_k \text{MA}_k \qquad (5-61)$$

式中，k 为多能能源类型，α_k 为第 k 种能源类型负荷预测平均精度的权重。

5.3.6 算例分析

在夏热冬冷的某城市有一多能示范区，以建设资源节约社会和环境友好社会为目标，建设成为低碳经济和生态宜居的示范区，多能示范区建筑区域分类图和鸟瞰图如图 5-13、图 5-14 所示。2019 年该多能示范区区域内核心规划面积 810 亩，扩展区规划面积 670 亩，其中：建筑面积约 20 万 m²，包括住宅公寓、办公楼、商业楼以及工业园区等建筑物。2016～2019 年间多能示范区中各种建筑的建筑面积不断扩大，按本文建筑分类的方法将多能示范区分为办公区域、商业区域、工业区域和住宅区域，多能示范区内的各类型区域面积如表 5-16 所示。在之后的时间里，该多能示范区中各种建筑还会继续不断地建

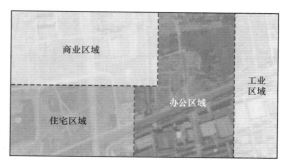

图 5-13　多能示范区建筑区域分类图

设。由设计标准可知，该多能示范区的用能侧有电、热、气和冷负荷。此时需要对该多能示范区的多能流负荷进行预测，由于预测的结果将用于该多能示范区的规划，所以预测采用中长期预测，预测的时间尺度为年。该多能示范区 2016～2019 年的用能侧历史电负数据如表 5-17 多能示范区历史用能侧电负荷数据所示，历史气负荷数据如表 5-18 所示。

图 5-14　综合能源示范区鸟瞰图

表 5-16　　　　　　　　多能示范区建筑区域面积统计　　　　　　　单位：m²

建筑类型＼年份	2016	2017	2018	2019
办公区域	35210	39132	41190	43360
商业区域	69200	76980	81030	85300
工业区域	9890	10990	12150	13500
住宅区域	13900	15200	16965	18849

表 5-17　　　　　　　　多能示范区历史用能侧电负荷数据

年份	2016	2017	2018	2019
电负荷（万千瓦时）	20400.5	21290.2	23105.1	29237.9

表 5-18　　　　　　　　多能示范区历史用能侧气负荷数据

年份	2016	2017	2018	2019
气负荷（万立方米）	36.9	50.8	52.23	57.01

根据多能示范区建筑面积的统计结果可以得到 2016～2019 年该多能示范区中各种建筑的面积如表 5-19 所示。

表 5-19　　　　　　　　多能示范区建筑面积统计　　　　　　　单位：m²

建筑类型＼年份	2016	2017	2018	2019
办公建筑	40744	45279	47815.5	50504.9
商业建筑	47821	53141.2	56130	59285.8
工业建筑	20885	23217.4	24846	26652
住宅建筑	27091	29949.2	32200.5	34590.3

算例中假设每年为 365 天，其中 245 天为工作日，100 天为周末，其余的 20 天为法定节假日。由前文可知工作日归一化的值为 0.4，节假日归一化的值为 0.7，周末的归一化的值为 0.8。可计算得到 2016 年至 2019 年之间该多能示范区的用能侧热负荷和用能侧冷负荷如表 5-20、5-21 所示。

表 5-20　　　　　　　　多能示范区历史用能侧热负荷数据

年份	2016	2017	2018	2019
热负荷（万千瓦时）	6890.5	7654.8	8129.6	8640.1

表 5-21　　　　　　　　　　　多能示范区历史用能侧冷负荷数据

年份	2016	2017	2018	2019
冷负荷（万千瓦时）	9633.5	10700.8	11366.2	12081.3

由于已知多能示范区用能侧电负荷的历史数据，因此采用灰度预测法预测出 2020～2040 年的用能侧电负荷，所得到的用能侧电负荷的预测结果如表 5-22、图 5-15 所示。

表 5-22　　　　　　　　　　　多能示范区用能侧电负荷预测结果

年份	电负荷（万千瓦时）	年份	电负荷（万千瓦时）
2020	33801.78	2027	108331.91
2021	39920.79	2028	127942.83
2022	47147.50	2029	151103.84
2023	55682.43	2030	178457.60
2024	65762.41	2035	410046.22
2025	77667.13	2040	942172.80
2026	91726.93		

同理，由于已知示范区用能侧气负荷的历史数据，因此采用趋势移动平均法来对之后三年示范区的用能侧气负荷进行预测。但当时间序列出现直线增加或减少的变动趋势时，用简单移动平均法和加权移动平均法来预测就会出现滞后偏差。因此，需要对简单的移动平均法进行修正，修正的方法是作二次移动平均，利用移动平均滞后偏差的规律来建立直线趋势的预测模型。趋势移动平均法对于同时存在直线趋势与周期波动的序列，是一种既能反映

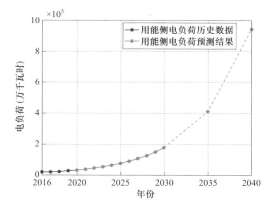

图 5-15　多能示范区用能侧电负荷
历史数据和预测结果

趋势变化，又可以有效地分离出来周期变动的方法。所得到的用能侧气负荷的预测结果如表 5-23、图 5-16 所示。

表 5-23   多能示范区用能侧气负荷预测结果

年份	气负荷（万立方米）	年份	气负荷（万立方米）
2020	59.28	2027	87.13
2021	62.38	2028	92.39
2022	68.14	2029	96.44
2023	72.58	2030	100.30
2024	75.44	2035	120.27
2025	80.27	2040	140.32
2026	84.87		

对于用能侧热负荷和冷负荷来说，由于没有获得该多能示范区的用能侧热负荷和冷负荷的历史数据，因此在计算得到多能示范区 2019 年用能侧热负荷和用能侧冷负荷后，采用弹性系数法对之后数年的用能侧热负荷和用能侧冷负荷进行预测。通过调研相关文件获知，该多能示范区的经济增长率为 6%。通过弹性系数法得到的用能侧热负荷和用能侧冷负荷的预测结果如表 5-24 和表 5-25 所示。多能示范区用能侧热负荷预测结果和用能侧冷负荷预测结果如图 5-17 所示。

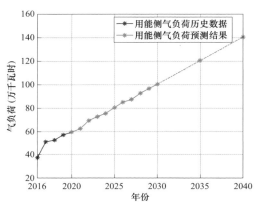

图 5-16 多能示范区用能侧气负荷
历史数据和预测结果

表 5-24   多能示范区用能侧热负荷预测结果

年份	热负荷（万千瓦时）	年份	热负荷（万千瓦时）
2020	9158.5	2027	14597.1
2021	10290.4	2028	15472.9
2022	10907.8	2029	16401.3
2023	11562.3	2030	17385.4
2024	12256.0	2035	23265.6
2025	12991.3	2040	29372.2
2026	13770.8		

表 5－25　　　　　　　　多能示范区用能侧冷负荷预测结果

年份	冷负荷（万千瓦时）	年份	冷负荷（万千瓦时）
2020	12806.2	2027	19255.7
2021	13574.5	2028	20411.1
2022	14389.0	2029	21635.8
2023	15252.4	2030	22933.9
2024	16167.5	2035	30690.8
2025	17137.5	2040	41071.1
2026	18165.8		

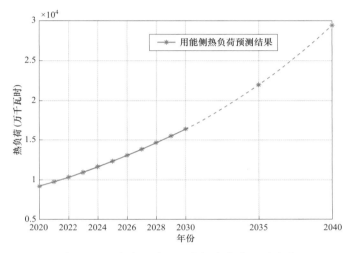

图 5－17　多能示范区用能侧热负荷预测结果

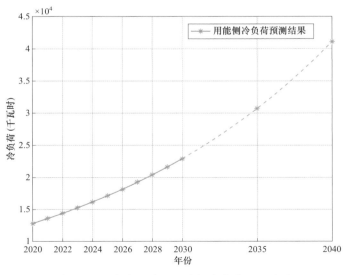

图 5－18　多能示范区用能侧冷负荷预测结果

5.3.7　小结

本节研究了用能侧多能流负荷预测的内容。对于用能侧电负荷预测，首先介绍了用能侧电负荷的特性，之后介绍了用能侧电负荷的特性指标，最后详细说明了用能侧电负荷的预测方法。对于用能侧热负荷，首先介绍了用能侧热负荷的影响因素，随后分析了用能侧热负荷的传统预测方法，之后介绍了现在较为常用的区域建筑群用能侧热负荷预测方法，各种标准建筑模型热负荷样本量也被收集和整理。对于用能侧气负荷预测，对用能侧气负荷的影响特性和影响因素进行了分析，之后介绍了气负荷预测的步骤，最后对用能侧气负荷预测模型进行了研究。本节还对用能侧冷负荷的预测方法进行了介绍，并且总结了负荷预测误差的分析方法。通过对某多能示范园区进行用能侧多能流负荷预测的算例分析，说明了用能侧负荷预测方法的可行性和实用性，用能侧多能流负荷预测的结果也将用于供能侧的多能流负荷预测中。

5.4　多场景模拟的供能侧多能流负荷预测

多能耦合的重要性越来越凸显并且多能耦合越来越广泛地应用于实际的大背景下，未来将会有越来越多的用户的多能需求会被多能耦合综合供能系统满足，因此政府和相关部门有必要开展对未来的能源供给方案的规划。而多能源规划的第一步就是要估计供能侧供给用户侧的电、冷、热、气负荷量。从供能侧的角度看，考虑到用户侧的多能耦合情况，需要根据用户侧电、冷、热、气负荷估计从供能侧供应角度计量的电、冷、热、气负荷量。根据用户侧多能耦合场景的不同，供能侧供应的电、冷、热、气负荷量也会不同，因此有必要对多种可能的多能耦合场景进行模拟计算。本章主要包含了多能耦合的多场景模拟计算，从用户侧的负荷估计供能侧的负荷。

5.4.1　多能耦合系统及耦合参数

多能耦合打破了原有各供能系统单独规划、单独设计和独立运行的既有模式，进行社会能源系统的一体化规划设计和运行优化。多能耦合有助于实现能源优势互补，能够大大提高能源利用效率，并且能够减少不同能源互相转化的损失和不必要的能源传输损失，实现社会福利最大化。构建统一规划、设计、调度和运行的多能耦合系统已经成为了满足人类能源需求和减少环境污染的最有希望的途径。综合能源系统中存在多种能源形式，为实现多能源协调运行、优势互补，需要多能耦合元件参与综合能源系统的运行。在综合能源系统中，因耦合设备的不同，能源系统组成与结构存在多种方式，并且随着能源利用形式的不断多样化，能源系统组成与结构也变得越来越复杂。此处列举较为典型的能源耦合元件，并指明元件所进行的能源形式转换和相关能源转换参数。

1. 热电联产

热电联产（combined heat and power，CHP）是指利用热机或发电站同时产生电力和有用热量的技术，实景图和原理图分别如图 5-19、图 5-20 所示。在单独的电力生产中，一些能量必须作为废热被丢弃，但是在热电联产中，这些热能中的一些被投入使用，从而在发电过程中同时产生了热量，实现了热能与电能的联合生产，提高了能源的利用率。三重热电联产或冷-热-电三联产（combined cooling heating and power，CCHP）则是指从燃料燃烧或太阳能集热器中同时产生电和有用的热量和冷却。

热电联产作为一种工业制程技术，利用发电后的废热用于工业制造或是利用工业制造的废热发电，从而达到能量最大化利用的目的。以先发电式来说，由于传统发电机效率只有 30% 左右，高达 70% 燃料能量被转化成无用的热，汽电共生能再利用 30% 的热能于工业，使燃料达到 60% 效率。热电联产使用在常规发电厂中浪费的热量，对于最好的常规发电厂，有潜力达到高达 80% 的热效率。当热量可以在现场使用或非常接近时，热电联产是最有效的；但当热量必须传输较长距离时，总效率则降低，因为这需要高度隔热的管道，其价格昂贵并且低效。

热电联产不仅能够发同样的电量，而且还能够提供居民和工业所需的热水、热暖、蒸汽等资源。热电联产机组的热效率大都高于 45%。主要的参数或者技术指标如下：

（1）热电联产机组燃料的利用系数（总效率）η_{tp}。

该系数也称为热电联产机组总热效率，指的是，热电联产机组生产的热、电两种产品，总能量和消耗的燃料能量之比，即：

$$\eta_{tp} = \frac{3600N_{el} + Q_h}{B_{tp}q_l} \qquad (5-62)$$

式中，N_{el} 为热电联产机组能够产生的发电量，kW；Q_h 为热电联产机组能够产生的供热量，kJ/h；B_{tp} 为热电联产机组的煤耗量，kg/h；q_l 为燃料的低位发热量，kJ/kg。

（2）机组热化发电率 ω。

热化发电率 ω 只与联产部分的热、电有关。它是供热机组的热化发电量 W_h 与热化供

热量 Q_h 之间的比值，即单位热化供热量的电能生产率：

$$w = \frac{W_h}{Q_h}$$ （5-63）

对于一般的热电联产机组相关参数范围见表5-26。

表5-26 不同热电联产方式性能参数

热电联产方式	热电比（kW/kW）	发电效率（%）	热效率（%）
背压式蒸汽轮机	4.0～14.3	14～28	84～92
抽汽冷凝式蒸汽轮机	2.0～10.0	22～40	60～80
燃气轮机	1.3～2.0	24～35	70～85
燃汽轮机联合循环	1.0～1.7	34～40	69～83
内燃机	1.1～2.5	33～53	75～85

此外，根据国家规定，热电联产机组，总热效率年平均大于45%。对于热电比：单机容量5万千瓦以下的热电机组，其热电比年平均应大于100%；单机容量5万千瓦至20万千瓦以下的热电机组，其热电比年平均应大于50%；单机容量20万千瓦及以上抽汽凝汽两用供热机组，在采暖期其热电比应大于50%。

图5-19 热电联产工厂实景图

2. 热泵

热泵是一种充分利用低品位热能的高效节能装置。热量可以自发地从高温物体传递到低温物体中去，但不能自发地沿相反方向进行。热泵的工作原理就是以逆循环方式迫使热量从低温物体流向高温物体的机械装置。一般热泵的工作原理为：在蒸发器中，制冷剂处

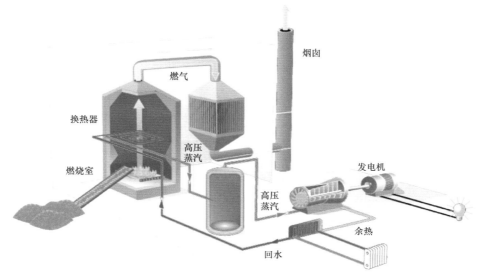

图 5-20 热电联产原理

于低压雾化状态，与热交换器进行热交换，制冷剂在蒸发器中吸热蒸发形成低压蒸汽；压缩机做功形成压力差，制冷剂（低压蒸汽）经过压缩机加压后压力增大，流向冷凝器；冷凝器中制冷剂（高压蒸汽）液化放热，放出的热被用户侧吸收；液化后中温高压的制冷剂流过热力膨胀阀变为低温低压雾状制冷剂，为制冷剂的再次蒸发创造条件，除此之外膨胀阀还具有控制流量的作用；制冷剂再次回到蒸发器完成一次热循环。

　　热泵在工作时，它本身消耗一部分能量，把环境介质中储存的能量加以挖掘，通过传热工质循环系统提高温度进行利用，而整个热泵装置所消耗的功仅为输出功中的小部分，因此，采用热泵技术可以节约大量高品位能源。热泵的实物图和原理图如图 5-21、5-22 所示。

图 5-21 热泵实物图

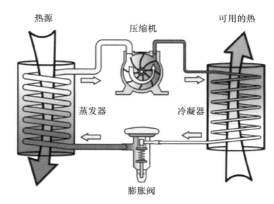

图 5-22 热泵原理图

3. 地源热泵

热泵按照热源的不同可以分为空气源热泵、水源热泵、地源热泵等。其中以地源热泵拥有最高的稳定性。

我们所说的浅层地热能一般指自然界江、河、湖、海等地表水源、污水（再生水）源及地表以下 200 米以内、温度低于 25℃的岩土体和地下水中的低品位热能。浅层地热能属于可再生能源，冬季温度比大气温度高，夏季温度比大气温度低，因此浅层地热能在冬季可以作为热源给建筑供暖，在夏季可以作为冷源给建筑制冷。并且浅层地热能分布广泛，储量巨大，一般土壤，江河中都能采集。

据估计，使用地源热泵进行供暖将比使用现有方法节能 20%～40%，用来制冷将比现有方法节能 30%～50%。除了节能和高性能系数以外，地源热泵基本不会产生污染，并且地源热泵只要一机便能同时解决供暖和制冷的问题。

虽然地源热泵有稳定性强，热源温度常年恒定，性能系数（Coefficient of Performance，COP）较高的特点，但是由于其需要开凿地下钻井，施工麻烦、成本高昂、并且对当地土壤条件有一定的要求，目前地源热泵的推广应用远远不及空气源热泵。空气源热泵虽然稳定性和 COP 不如地源热泵，但仍具有非常可观的节能效果并且成本较低。

热泵最重要的参数就是性能系数 COP。COP 定义为：

$$\text{COP} = \frac{q^{hp,out}}{e^{hp}} \qquad (5-64)$$

式中，$q^{hp,out}$ 为热泵的制热量；e^{hp} 为热泵的耗电量。

如今的地源热泵的 COP 一般在 2.5～4.0 左右。地热泵示意图如图 5-23 所示。

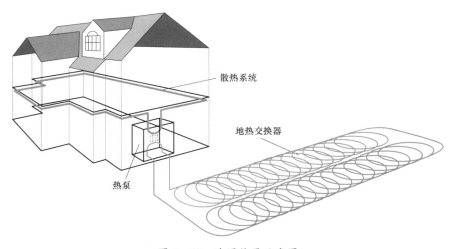

图 5-23　地源热泵示意图

4. 电锅炉

电锅炉也称电加热锅炉、电热锅炉，是以电力为能源，利用电阻发热或电磁感应发热，通过锅炉的换热部位把热媒水或有机热载体（导热油）加热到一定参数（温度、压力）时，向外输出具有额定工质的一种热能机械设备。电锅炉加热的过程实现了电能向热能的转换过程。

电锅炉大致可以分为三类：电开水锅炉、电热水锅炉和电蒸汽锅炉。电开水锅炉也称电开水锅炉、电饮水锅炉、电茶水炉、电茶炉，分为连续式电开水锅炉和分舱式电开水锅炉两种，是为了满足较多人员饮用开水的需求而设计、开发的一种利用电能转化为热能生产开水的饮水设备，主要适用于学校、医院、工厂、超市、商场等人口密集型单位使用。电热水锅炉也称电采暖锅炉、电取暖锅炉、电供暖锅炉、电洗浴锅炉、电浴池锅炉等，电热水锅炉是采用最新电热技术及控制系统设计完成的生产热水，满足采暖或供应生活、洗浴用热水的全自动环保锅炉。此类锅炉广泛适用于宾馆、别墅、厂房、办公楼、政府机关、高等院校、医院、部队等外观要求较高场所的生活热水和采暖。此类锅炉又分为直热式电锅炉和蓄热式电锅炉两种，直热式电锅炉顾名思义在这里就不再多解释了，蓄热式电锅炉是根据电力部门鼓励在低谷时段用电加热，并享受优惠电价的政策，推出的一种新型、高效节能电加热产品。蓄热式电锅炉配以蓄热水箱及附属设备即构成蓄热式电锅炉系统，利用蓄热水箱中的热水采暖，从而达到全部使用低谷电力或部分低谷电力的目的。电蒸汽锅炉就也称电蒸汽炉，电蒸汽锅炉是指利用电源来加热并且产生额定压力的蒸汽锅炉。电蒸汽锅炉可用于纺织、印染、造纸、食品、橡胶、塑料、化工、医药、冶金等工业产品加工工艺过程所需蒸汽，并可供企业、机关、宾馆、学校、餐饮、服务性等行业的取暖、洗浴、空调及生活热水。

电锅炉是利用水作为介质直接将电能转化为热能的装置，是实现电热耦合的关键元件，其制热功率与消耗的电功率有关，模型可表示为：

$$Q_{eb} = \eta_{eb} P_{eb} \tag{5-65}$$

式中，Q_{eb} 为电锅炉的制热功率；η_{eb} 为热电功率比；P_{eb} 为装置的电功率。

制热功率 Q_{eb} 不能超过电锅炉设备允许的最大制热功率。

现在的电锅炉效率都比较高，通常都能超过 90%，非常接近于 100%，文献中可以见到取 99%的。电锅炉实物图如图 5-24 所示。

图 5-24　电锅炉实物图

5. 燃气锅炉

燃气锅炉包括燃气开水锅炉、燃气热水锅炉、燃气蒸汽锅炉等，其中燃气热水锅炉也称燃气采暖锅炉和燃气洗浴锅炉。燃气锅炉顾名思义指的是燃料为燃气的锅炉，燃气锅炉和燃油锅炉、电锅炉比较起来最经济。与电锅炉类似，燃气锅炉也是把其他能源转化为热能的设备，燃气锅炉只是利用的是燃气而不是电能。

与电锅炉类似，燃气锅炉模型可表示为：

$$Q_{gb} = \eta_{gb} P_{gb} \tag{5-66}$$

式中，Q_{gb} 为燃气锅炉的制热功率；η_{gb} 为热气功率比；P_{gb} 为装置的气的耗量（转化为功率单位）。制热功率 Q_{gb} 不能超过燃气锅炉设备允许的最大制热功率。

在文献中，高温燃气锅炉的效率可以见到取 88%，低温燃气锅炉的效率可以见到取 90%。燃气锅炉效率如表 5-27 所示，燃气锅炉实物图和原理图如图 5-25、5-26 所示。

表 5-27　　　　　　　　　　　燃 气 锅 炉 效 率

	高温燃气锅炉	低温燃气锅炉
效率	88%	90%

图 5-25　燃气锅炉实物图

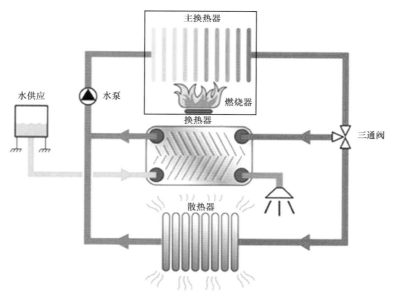

图 5-26　燃气锅炉原理图

6. 电力制气系统

电力制气系统，可以使用电力通过电解的方式将水分解为氧气和氢气，氢气可以作为储存能量的手段，所以这种用途也被称为氢储能。电解水制氢方法主要有碱性电解水制氢、固体聚合物电解水制氢、高温固体氧化物电解水制氢。碱性电解水制氢是技术最成熟、成本低的大规模制氢方法，H_2 和 O_2 的纯度一般可达 99.9%；固体聚合物电解水制氢成本较高、制氢规模较小，H_2 和 O_2 的纯度在 99.99% 以上；高温固体氧化物电解水制氢工作温度约为 800～950℃，高温在提高电解效率的同时也限制了电解池关键材料的选择。

电转气将水电解获得氢气，以及进一步将氢气与二氧化碳等合成甲烷等气体，从而实现电能转化为相对方便储存的气体。在可再生能源电力大规模扩张的形势下，电能储存需求日益高涨。相对成熟的储能技术中，典型的如电池、压缩空气储能、抽水蓄能等技术都存在规模限制，只能在较小的时间尺度进行电量调节。但配备地下储气库的电转气储能技术，是一种大规模储能技术，能够实现季节及以上的调节功能。电转气技术实现了能量从电力系统向天然气系统的传输及能量的大规模、长时间存储，为能源互联网中可再生能源的消纳提供了新的思路。目前电解水反应的效率约为 56%～73%，甲烷化反应的效率约为 75%～80%。

电转氢气仅进行电解水反应，反应效率约为 56%～73%，避免了甲烷化反应的能量损失，同时削减了甲烷化反应相关的基础建设费用。但氢气注入到现有天然气管道会引起管材方面的风险（氢脆和渗透），故存在一定的限制。目前，天然气管道混合气中氢气的最大允许体积分数约为 10%～15%，燃气轮机的燃料中氢气的最大允许体积分数约为 5%。

电转甲烷包括电解水反应和甲烷化反应两步，效率约为 42%～58%，效率比电转氢气低。甲烷可直接注入现有的天然气管道和储存装置，从而实现能量的远距离传输和大规模存储。总结如表 5－28 所示。P2G 工厂实景图和原理图如图 5－27、5－28 所示。

表 5－28 　　　　　　　　　　　 电 力 制 气 效 率

	电解水	甲烷化	电转甲烷
效率	56%～73%	75%～80%	42%～58%

图 5－27　P2G 工厂实景图

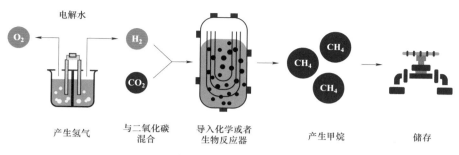

| 电解水 | | | | |

产生氢气　　与二氧化碳　导入化学或者　产生甲烷　　储存
　　　　　混合　　生物反应器

图 5-28　P2G 原理图

7. 燃气轮机

燃气轮机（Gas Turbine）是以连续流动的气体为工质带动叶轮高速旋转，将燃料的能量转变为有用功的内燃式动力机械，是一种旋转叶轮式热力发动机。燃气轮机将燃料的化学能转化为机械能，而燃气轮机常常用来发电，最终可以转化为电能。

经过几十年的发展，燃气轮机已经达到了很高的水平。目前，先进的 J 级燃气轮机的最大功率为 460MW，初温为 1600℃，单循环效率接近 41%，联合循环效率超过 60%。燃气轮机产业已经高度垄断，形成了以 GE、西门子、三菱、阿尔斯通公司为主的重型燃气轮机产品体系。某些型号燃气轮机技术资料如表 5-29 所示，燃气轮机实物图和原理图如图 5-29、5-30 所示。

表 5-29　　　　　　　　　　　某些型号燃气轮机技术资料

燃气轮机型号	PG9531（FA）	V94.3A	M701F
ISO 简单循环基本功率（MW）	255.6	265	270.3
简单循环供电效率（%）	36.9	38.5	38.2
压缩比	15.4	17	15.6
燃气初温（℃）	1300	1310	1349
联合循环代号	S109FA	GUD IS.94.3.A	MPCP1（M701F）
ISO 联合循环基本功率（MW）	390.8	380	397.7
联合循环供电效率（%）	56.7	58	57

8. 吸收式制冷机

目前制冷行业面临的两大主题——节能与环保。那些往往被人们忽视的低品位能源，比如太阳能、生物质能、地热能和工业废热都可以直接应用到吸收式制冷上，能够极大地提高能源利用率。吸收式制冷能够直接利用低品位热源，不使用对臭氧层有很大破坏作用的 CFCs 制冷工质，具有很大的优点，而且整套吸收式制冷系统除了必要的泵和阀件外，绝大部分都是换热器,系统运转起来安静,振动小,小型化、高效化和采用空冷方式的吸收式制冷机也是重要的发展方向。

图 5－29　燃气轮机实物图

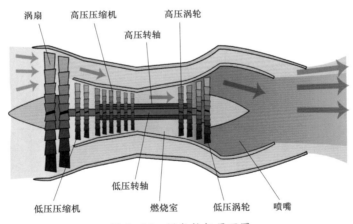

图 5－30　燃气轮机原理图

　　以溴化锂吸收式制冷机为例,其以溴化锂溶液为吸收剂,以水为制冷剂,利用水在高真空下蒸发吸热达到制冷的目的。为使制冷过程能连续不断地进行下去,蒸发后的冷剂水蒸气被溴化锂溶液所吸收,溶液变稀,这一过程是在吸收器中发生的,然后以热能为动力,将溶液加热使其水分分离出来,而溶液变浓,这一过程是在发生器中进行的。发生器中充有溴化锂溶液,且压力较低,稍加热时,水便从溴化锂溶液中蒸发由来(水比溴化锂易蒸发)。蒸发出来的水蒸气在冷凝器中冷凝,成为制冷剂水,经节流阀在蒸发器中蒸发。带走箱内的热量,蒸发出的水气又被吸收器中的溴化锂溶液吸收(溴化锂溶液特易吸收水气),此溶液再在发生器中加热蒸发,就这样不断循环,实现制冷循环。发生器中得到的蒸汽在冷凝器中凝结成水，经节流后再送至蒸发器中蒸发。如此循环达到连续制冷的目的。

系统的性能用一个热量比（系统输出的能量与输入能量的比值）η 表示：

$$\eta = \frac{Q_e}{Q_g + W_p} \tag{5-67}$$

式中，Q_e 为系统输出的能量；Q_g 为系统输入的热量；W_p 为溶液泵的功率。

然而，溶液泵的功率远远小于发生器输入热量，习惯上把 COP 定义为：

$$COP = \frac{Q_e}{Q_g} \tag{5-68}$$

吸收式制冷所消耗的能源为低品位的热能，常见 COP 如表 5-30 所示：

表 5-30 吸收式制冷机效率

	单效型吸收式制冷循环	双效型吸收式制冷循环
COP	约 0.7	1.2~1.6

最后，还有空调这种常见的制冷设备，由于太过熟悉所以就不再详述，空调的 COP 也容易在自家空调和市售空调的铭牌上找到，大约在 2.6~5 之间。吸收式制冷机实物图和原理图如图 5-31、5-32 所示。

图 5-31 吸收式制冷机实物图

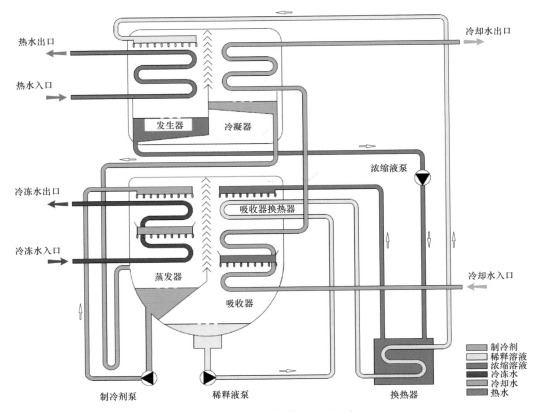

图 5-32 吸收式制冷机原理图

5.4.2 多能系统的耦合方式

在上一小节中，我们介绍了实现多能耦合的元件以及相应的参数，然而，多能源系统中往往不止一种能源耦合元件，多能源系统需要多种能源耦合元件相互配合来实现能源的综合利用，这一小节我们介绍最常见的电-热系统耦合方式和电-气系统耦合方式。

1. 电-热耦合

电热耦合能源系统以电力系统和热力系统为典型代表，通过电锅炉等能源转换设备实现不同系统之间的互动与耦合。一般的电热耦合系统包括上级电网、与负荷直接相连的配电网、用户侧的电锅炉、分布式光伏、储热装置、储电装置、供热网以及电热负荷等，如图 5-33 所示。

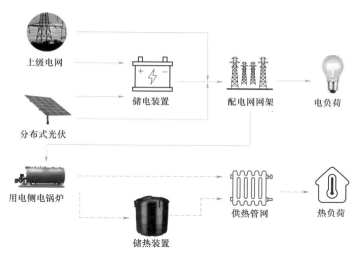

图 5-33　电热耦合示意图

对于分布式光伏，建立其全年 8760h 的时序输出有功功率模型。光伏的输出有功功率主要取决于光照强度，根据相关文献，可以得到光伏输出有功功率与光照强度的关系，如式（5-69）所示：

$$P_b = \begin{cases} P_{sn}[G_{bt}^2/(G_{std}R_c)], & 0 \leqslant G_{bt} < R_c \\ P_{sn}(G_{bt}/G_{std}), & R_c \leqslant G_{bt} < G_{std} \\ P_{sn}, & G_{bt} \geqslant G_{std} \end{cases} \quad (5-69)$$

式中，P_b 为光伏的实时输出有功功率；P_{sn} 为光伏的额定功率；G_{std} 为额定光照强度；R_c 为某一特定强度的光强，即光伏输出有功功率与光强的关系由非线性到线性的转折点；G_{bt} 为第 t 个小时的实时光强，其可以通过有关模型产生。

电负荷可以通过负荷的典型年-周曲线、周-日曲线以及日-小时曲线得到，其具体表达式如下：

$$L_t = L_p \times P_w \times P_d \times P_h(t) \quad (5-70)$$

式中，L_p 为年负荷峰值；P_w 为与第 t 小时对应的年-周负荷百分比系数；P_d 为对应的周-日负荷百分比系数；$P_h(t)$ 为对应的日-小时负荷百分比系数。

通过收集实际区域的数据，得到全年 8760h 的典型时序热负荷曲线，其由供暖热负荷和生活热负荷两部分组成。每年供热期的热负荷为 2 部分的叠加，而非供热期仅包括烘干、热水等生活热负荷。

储电装置的模型可以分为并网与孤岛两种状态，在并网状态下其模型如下：

$$\begin{cases} Q_{\text{soc}}(t) = Q_{\text{soc}}(t-1) + \Delta Q_{\text{soc}}^{\text{ch}}(t), t \in T_{\text{ch}} \\ Q_{\text{soc}}(t) = Q_{\text{SOC}}(t-1) - \Delta Q_{\text{soc}}^{\text{dis}}(t), t \in T_{\text{dis}} \end{cases} \quad (5-71)$$

$$\begin{cases} \Delta Q_{\text{soc}}^{\text{ch}}(t) = \dfrac{P_{\text{ch}}(t)\eta_{\text{ch}}\Delta T}{S_{\text{ES}}}, t \in T_{\text{ch}} \\ \Delta Q_{\text{soc}}^{\text{ch}}(t) = \dfrac{P_{\text{dis}}(t)\eta_{\text{dis}}\Delta T}{S_{\text{ES}}}, t \in T_{\text{dis}} \end{cases} \quad (5-72)$$

式中，$Q_{\text{SOC}}(t)$ 和 $Q_{\text{SOC}}(t-1)$ 分别表示储电装置在 t 及（$t-1$）时刻的荷电状态；$\Delta Q_{\text{SOC}}^{\text{ch}}(t)$ 与 $\Delta Q_{\text{SOC}}^{\text{dis}}(t)$ 分别表示储电装置在 t 时刻的充电、放电电量；$P_{\text{ch}}(t)$ 与 $P_{\text{dis}}(t)$ 分别表示 t 时刻的充电、放电功率；η_{ch} 与 η_{dis} 分别表示充电、放电效率；ΔT 表示充放电时长；S_{ES} 表示额定容量；T_{ch}，T_{dis} 分别表示储电装置处于充电状态或放电状态的时段。

储电装置具体的充放电功率与电价有关，t 时刻功率与电价 $C(t)$ 的关系如下：

$$\begin{cases} P_{\text{ch}}(t) = \alpha_{\text{ch}}C(t) + \beta_{\text{ch}}, t \in T_{\text{ch}} \\ P_{\text{dis}}(t) = \alpha_{\text{dis}}C(t) + \beta_{\text{dis}}, t \in T_{\text{dis}} \end{cases} \quad (5-73)$$

式中，α_{ch} 与 β_{ch} 为充电时刻电价与功率的关系系数；α_{dis} 与 β_{dis} 为放电时刻电价与功率的关系系数；

同时，$P_{\text{ch}}(t)$ 与 $P_{\text{dis}}(t)$ 均不能超过该储电设备的最大允许充放电功率，且充放电后不能超过设备容量限制。

而在孤岛状态下，需要结合光伏输出有功功率与负荷大小，确定储能的运行状态，当孤岛内光伏输出有功功率大于负荷时，储电装置充电，表达式如下：

$$P_{\text{ch}}(t) = \begin{cases} P_{\text{pw}}(t) - L(t), P_{\text{pv}}(t) - L(t) \leqslant P_{\text{ch}}^{\text{max}} \\ P_{\text{ch}}^{\text{max}}, P_{\text{pv}}(t) - L(t) > P_{\text{ch}}^{\text{max}} \end{cases} \quad (5-74)$$

而当光伏小于负荷时，储能放电，表达式如下：

$$P_{\text{dis}}(t) = \begin{cases} L(t) - P_{\text{pv}}(t), L(t) - P_{\text{pv}}(t) \leqslant P_{\text{dis}}^{\text{max}} \\ P_{\text{dis}}^{\text{max}}, L(t) - P_{\text{pv}}(t) \geqslant P_{\text{dis}}^{\text{max}} \end{cases} \quad (5-75)$$

式中，$P_{\text{dis}}^{\text{max}}$ 为储电装置最大允许的放电功率，当储能以最大功率放电仍不能满足负荷需求时，需要削减负荷，并更新荷电状态。

储热设备具体包括蓄热罐和蓄热槽等，其储热容量、输入输出功率以及热损耗之间有明确的数量关系，具体表示如下：

$$S(t) = S(t-1) + P_{\text{hs}}(t)\Delta t - \eta \times S(t-1) \quad (5-76)$$

式中，$S(t)$ 与 $S(t-1)$ 分别为 t 时刻与（$t-1$）时刻的储热容量，$P_{\text{hs}}(t)$ 为储热系统在 t 时刻

的输出功率，η 表示储热系统的储热效率。储热功率与容量的约束如下：

$$P_{hs}^{min} \leqslant P_{hs}(t) \leqslant P_{hs}^{max} \qquad (5-77)$$

$$S_{min} \leqslant S(t) \leqslant S_{max} \qquad (5-78)$$

式中，P_{hs}^{min} 与 P_{hs}^{max} 分别表示储热系统允许的最小与最大输出功率；

S_{min} 与 S_{max} 分别表示储热系统的容量下限与上限。

电锅炉是利用水作为介质直接将电能转化为热能的装置，是实现电热耦合的关键元件，其制热功率与消耗的电功率有关，模型可表示为：

$$Q_{eb} = \eta_{eb} P_{eb} \qquad (5-79)$$

式中，Q_{eb} 为电锅炉的制热功率；η_{eb} 为热电功率比；P_{eb} 为装置的电功率。制热功率 Q_{eb} 不能超过电锅炉设备允许的最大制热功率。

2. 电-气耦合

为了反映电-气系统耦合特性，这里只讨论两种耦合模式。一种是以微型燃气轮机作为电-气系统的耦合设备，它以天然气或煤制气为燃料，可以为区域提供电能和热能，热能不能满足供应要求时再采用其他供热设备作为补充，成为电\气\热耦合运行的一种重要方式，简称为 MT 模式。空调与燃气锅炉两设备之间也存在天然气与电能的耦合，也是综合能源系统协调运行的一种耦合运行模式，简称为 AC/GB 模式。

（1）微型燃气轮机耦合模式。

微型燃气轮机以天然气为燃料，驱动永磁同步发电机发电，可作为天然气网络与电网络的耦合点。图 5-34 表示天然气网络的一部分，节点 1 为恒压的供气点，以节点 2 为一分气点，则其按照一定分配系数给节点 4 提供燃气负荷，同时也给燃气轮机提供能源供应，这便构成了两网络的耦合，在负荷侧，则为表现为电负荷，热负荷以及燃气负荷的耦合。

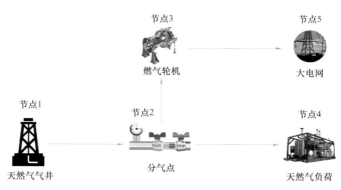

图 5-34　MT 耦合模式示意图

微型燃气轮机冷热电联产系统结合空调（AC）设备，可以有两种运行模式，即以热定电（following the thermal load，FTL）和以电定热运行模式（following the electric load，FEL）。

以热定电是指微型燃气轮机消耗的天然气量由热负荷决定，如热负荷需求超过 MT 供热上限，则由 AC 设备补充热负荷差额，AC 设备消耗的电能差额则由外界电网提供，耦合关系如下：

$$\begin{cases} P_{g,CHP} = \dfrac{L_h}{\eta_{gh}^{MT}}, & L_h \leqslant P_{h,MT}^{max} \\ \Delta L_h = 0 \end{cases} \tag{5-80}$$

$$\begin{cases} P_{g,CHP} = \dfrac{P_{h,MT}^{max}}{\eta_{gh}^{MT}}, & L_h > P_{h,MT}^{max} \\ \Delta L_h = L_h - P_{h,MT}^{max} \end{cases} \tag{5-81}$$

$$P_{e,AC} = \frac{\Delta L_h}{\eta^{AC}} \tag{5-82}$$

$$P_{e,CHP} = L_e + P_{e,AC} - P_{g,CHP}\eta_{ge}^{MT} \tag{5-83}$$

以电定热是指微型燃气轮机消耗的天然气量由电负荷决定，产生的热能与 AC 设备共同供应给热负荷，耦合关系如下：

$$\begin{cases} P_{g,CHP} = \dfrac{L_e}{\eta_{ge}^{MT}}, & L_e \leqslant P_{e,MT}^{max} \\ \Delta L_e = 0 \end{cases} \tag{5-84}$$

$$\begin{cases} P_{g,CHP} = \dfrac{P_{e,MT}^{max}}{\eta_{ge}^{MT}}, & L_e > P_{e,MT}^{max} \\ \Delta L_e = L_e - P_{h,MT}^{max} \end{cases} \tag{5-85}$$

$$P_{e,AC} = \frac{L_h - P_{g,CHP}\eta_{gh}^{MT}}{\eta^{AC}}, \quad P_{e,AC} \geqslant 0 \tag{5-86}$$

$$P_{e,CHP} = P_{e,AC} + \Delta L_e \tag{5-87}$$

式中，$P_{g,CHP}$ 和 $P_{e,CHP}$ 为天然气网络获取的燃气需求，和从电网获取的电能需求；$P_{h,MT}^{max}$ 和 $P_{e,MT}^{max}$ 为燃气轮机的热功率输出上限和电功率输出上限；η_{gh}^{MT} 和 η_{ge}^{MT} 分别为微型燃气轮机的发电效率和热能利用效率。$P_{e,AC}$ 为空调制热所消耗的电功率；L_h 和 L_e 分别为 CHP 系统的热负荷和电负荷。

（2）空调/燃气锅炉耦合模式：

空调与燃气锅炉两设备之间也存在天然气与电能的耦合，因此空调系统与燃气锅炉联合运行时，也有两种运行模式，即以热定电，以电定热运行模式。

以热定电是指燃气锅炉消耗的天然气量由热负荷决定，如热负荷需求超过 GB 供热上限，则由 AC 设备补充热负荷差额，由 AC 设备消耗的电能差额则由外界电网提供，耦合关系如下：

$$\begin{cases} P_{g,CHP} = \dfrac{L_h}{\eta_{gh}^{GB}}, & L_h \leqslant P_{GB}^{max} \\ \Delta L_h = 0 \end{cases} \tag{5-88}$$

$$\begin{cases} P_{g,CHP} = \dfrac{P_{GB}^{max}}{\eta_{gh}^{GB}}, & L_h > P_{GB}^{max} \\ \Delta L_h = L_h - P_{GB}^{max} \end{cases} \tag{5-89}$$

$$P_{e,AC} = \dfrac{\Delta L_h}{\eta^{AC}} \tag{5-90}$$

$$P_{e,CHP} = L_e + P_{e,AC} \tag{5-91}$$

以电定热是指首先使用空调满足冷热需求，当制热能力达到上限时或者为了维持电网稳定，供电能力被限制的情况下，由 GB 设备补充热负荷差额，耦合关系如下：

$$\begin{cases} P_{e,AC} = \dfrac{L_{hC}}{\eta^{AC}}, & L_h \leqslant P_{h,AC}^{max} \\ \Delta L_h = 0 \end{cases} \tag{5-92}$$

$$P_{h,AC}^{max} = \eta^{AC} \times P_{e,AC}^{max} \tag{5-93}$$

$$\begin{cases} P_{g,CHP} = \dfrac{\Delta L_h}{\eta_{gh}^{GB}}, & L_h > P_{h,AC}^{max} \\ \Delta L_h = L_h - P_{e,AC}^{max} \end{cases} \tag{5-94}$$

$$P_{e,CHP} = P_{e,AC} + L_e \tag{5-95}$$

式中，$P_{g,CHP}$ 和 $P_{e,CHP}$ 为天然气网络获取的燃气需求，和从电网获取的电能需求；$P_{h,AC}^{max}$ 为利用电能，满足约束时空调制热的上限；η_{gh}^{MT} 和 η_{ge}^{MT} 分别为空调的效率和燃气锅炉的热能利用效率；$P_{e,AC}$ 为空调制热所消耗的电功率；L_h 和 L_e 分别为 CHP 系统的热负荷和电负荷。

5.4.3 多能耦合的能源集线器模型描述

在多能耦合系统中，电、气、热耦合环节是通过能量转化设备实现的，能量转化设备实现综合能源的转换、分配和存储，为此需要构建其适用的宏观的能量分析模型。瑞士苏黎世联邦理工学院大学的 G.Anderson 教授提出的能源集线器（energy hub，EH）模型可有效描述多能源耦合关系。

能量转化设备可以是多种多样的，能量转化设备的相互连接也可以不尽相同，能量转化系数也可以有高有低，但是无论形式怎样，只要每种能量转化设备的输入输出是线性关系（在实际中，能量转化设备的输入输出确实一般都是只差一个转化效率或者比例），则可以把能量转化网络的转化关系用统一的抽象的形式表示：

$$\underbrace{\begin{bmatrix} L_e \\ L_h \\ L_g \end{bmatrix}}_{L} = \underbrace{\begin{bmatrix} C_{ee} & C_{eh} & C_{eg} \\ C_{he} & C_{hh} & C_{hg} \\ C_{ge} & C_{gh} & C_{gg} \end{bmatrix}}_{C} \underbrace{\begin{bmatrix} P_e \\ P_h \\ P_g \end{bmatrix}}_{P} + \underbrace{\begin{bmatrix} P_w \\ P_{PV} \end{bmatrix}}_{R} \tag{5-96}$$

或者简写为：$L = CP + R$。这里 P_e, P_h, P_g 分别为输入的电、热、气，即供能侧的电、热、气负荷，L_e, L_h, L_g 分别为经过能量转换网络后输出的电、热、气，即用能侧的多能负荷，C_{**} 在这里表示各种能源之间的转换系数或者称为耦合系数。L 表示能源需求量，C 表示系数矩阵，P 表示能源供给量，R 表示可再生能源量。

当知道了能量转换网络的具体设备、连接方式和参数便可以直接求出转换系数矩阵 C。知道了转换系数矩阵便可以根据输入的能量求输出的能量或者根据输出的能量求输入的能量。

若无法知道能量转换网络的具体设备、连接方式和参数，我们也可以根据输入输出的负荷数据估计转换系数。以上面的转换系数矩阵为例，只要知道了三个组线性无关的输入输出关系便可以求出转换系数矩阵。或者根据许多组输入输出关系回归分析出转换系数矩阵的估计值。面向综合能源系统的多能流负荷预测的完整流程如图 5-35 所示。

5.4.4　多场景模拟的意义和评价

综合能源系统规划的任务是根据规划期内多能需求的增长情况，在现有电网或者综合能源系统的基础上，选择合理的综合能源建设项目，满足规划期内的负荷增长需求和综合能源系统的安全稳定和经济运行。从供能

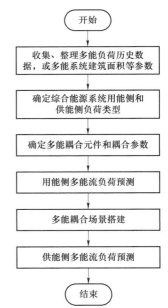

图 5-35　面向综合能源系统的多能流负荷预测流程图

侧的角度看，考虑到用户侧的多能耦合情况，需要根据用户侧电、冷、热、气负荷估计从供能侧供应角度计量的电、冷、热、气负荷量。

电力、天然气、热（冷）系统的差异性，给综合能源系统多能源耦合的规划提出了巨大挑战，如何充分利用多种能源的互补特性，通过典型场景确定规划边界，挖掘源－网－荷－储等各个环节能效提升资源，提升可再生能源的消纳能力，是综合能源系统规划的关键问题。

根据用户侧多能耦合场景的不同，供能侧供应的电、冷、热、气负荷量也会不同，因此有必要对多种可能的多能耦合场景进行模拟计算。不同的规划方案，是进一步进行选择的先决条件，我们以满足未来长期的综合能源负荷需求为目的，对能量耦合设备进行选择，对能量耦合系数进行设置以期得到较好的综合能源规划方案和综合能源规划方案下未来综合能源系统的运行形态。而未来的多能负荷预测不可能完全准确，能源耦合形式也无法完全确定，这就需要全面地对综合能源系统运行的各个场景进行模拟。

因此根据耦合场景和能源耦合系数的可能配比，我们设置了多个多能耦合场景。这里我们以这几种典型的多能耦合场景为例，说明从用户侧电、冷、热、气负荷计算供能侧需供应的电、热、气负荷的方法、过程和计算结果，并对场景进行评价。

为了提高区域综合能源系统的整体利用效率，在规划阶段需深入调研各类供能技术能效范围并进行排序，优先选用高能效的供能技术。现有的供能技术中，现有热电联供（combined heat and power，CHP）效率可达 70% 以上，本地可再生能源电能仅考虑传输损耗效率可达 90% 以上，热泵效率可达 300%～500%。因此在能源规划方案的设计中通常采用提高能效的 3 类措施确保综合能源系统的整体利用效率不太低，具体包括：通过分布式储能装置增加本地分布式光伏的消纳，减少外送电力需求；对全年冷热电负荷预测分析，确定适宜的单机容量和台数配置，确保 CHP 余热的利用，提高 CHP 系统综合能效；通过供能分区合理划分和冷热水网络拓扑结构优化，提高供能管网负载率，降低输送能耗。

本项目设计能效计算为年度冷、热、电负荷总输出比年度一次能源总输入，其中年负荷总量考虑了不同负荷类型、用能种类；总输入的计算考虑了不同供能设备不同一次能源的输入，计算公式为：

$$\xi = \frac{\sum_{i=1}^{n} S_i}{\sum_{j=1}^{h} Q_j} \tag{5-97}$$

式中，$\sum\limits_{i=1}^{n} S_i$ 为用能总量；$\sum\limits_{j=1}^{h} Q_j$ 折合为一次能源系数；ξ 即为所求得能效系数。表 5-31 是输入能源折合一次能源系数，图 5-36 能量流传输和损耗示意图，说明了综合能源系统能量流和能效计算方法。

表 5-31　　　　　　　　　　　　　输入能源折合一次能源系数

输入能源	折合一次能源系数
本地风电	75%
本地光伏	75%
电网	75%
气网	100%
热网	80%

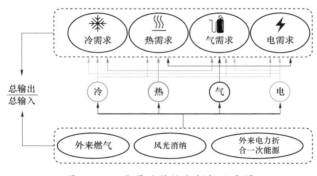

图 5-36　能量流传输和损耗示意图

5.4.5　多能耦合的供能侧多能流负荷预测算例

场景是对未来综合能源系统的模拟和评价的基础。所谓搭建场景是将综合能源系统的规划和负荷等捆绑为一个整体，并在此基础上加入能源转化比例和效率的估计等。场景详细信息包含综合能源系统规划的结构和场景运行信息两个部分。综合能源系统规划的结构包含综合能源系统的设备信息、电网、气网、热网的信息等。场景运行信息包含系统负荷、负荷分布、能源耦合系数等。

对于中长期来说，可以认为储能设备的能量充放是平衡的，但是储能设备的存在会影响到可再生能源的消纳量，可以削峰填谷，根据分时电价合理利用储能设备可以增加经济效益。但是我们这里只考虑长期的能源消耗，因此这些小时间尺度的用能变化全都忽略不计了。

这里规定一些记号，如表 5－32 所示。

表 5－32 纯负荷和外部负荷符号表

用能侧纯负荷		外部供能	
L_e	电负荷	P_{wind}	风力发电
L_h	空间加热负荷	P_{PV}	光伏发电
L_c	空间制冷负荷	P_e	外部电网供电
L_g	气负荷	P_h	外部热力管网供热
L_p	生产用热负荷	P_g	外部气网供气

1. 多能耦合场景 1

图 5－37 所示的系统代表了新能源发电量比较充足的综合能源系统，并且转换网络中只有电能向其他能源转换的转换设备。这确实是目前一种比较具有代表性的综合能源系统，因为电向其他能源形式的转换是方便的并且经济的，其他能源向电能的转换目前还不是特别常见，一般只有发电企业或者某些特殊的场景下才会有其他能源向电能进行转换的转换设备。

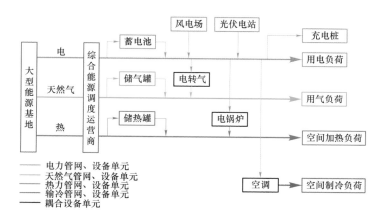

图 5－37 多能耦合场景 1

这个综合能源系统中的参数见表 5－33。这里多能耦合元件的转换系数在 5.4.1 节中调查得到的常见转换系数范围内取值。某种能源转化的占比按照子场景 1、子场景 2、子场景 3 这 3 种假设的不同的子场景取相应的值。

表 5-33 　　　　　　　　　　　多能耦合场景 1 参数表

参数	含义	子场景 1	子场景 2	子场景 3
α_b	电锅炉制热占比	0.06	0.15	0.25
α_{P2G}	电转气提供的气负荷占比	0.04	0.08	0.2
η_b	电锅炉制热效率	0.99	0.99	0.99
η_{P2G}	电转气效率	0.6	0.6	0.6
η_{ac}	空调效率（COP）	3	3	3

风电和光伏输出有功功率设置：对于子场景 1，假设风电输出有功功率随年份增长的表达式为 $y=5000+1500$（year-2020）（万千瓦时），光伏输出有功功率随年份增长的表达式为 $y=8000+1500$（year-2020）（万千瓦时）；对于子场景 2，假设风电输出有功功率随年份增长的表达式为 $y=10000+2000$（year-2020）（万千瓦时），光伏输出有功功率随年份增长的表达式为 $y=16000+2000$（year-2020）（万千瓦时）；对于子场景 3，假设风电输出有功功率随年份增长的表达式为 $y=12000+2500$（year-2020）（万千瓦时），光伏输出有功功率随年份增长的表达式为 $y=20000+2500$（year-2020）（万千瓦时）。

那么可以计算出供给侧需要供给的电能，热能，天然气分别为：

$$P_e = L_e + \alpha_b L_h / \eta_b + L_c / \eta_{ac} + \alpha_{P2G} L_g / \eta_{P2G} - P_{PV} - P_{wind} \quad (5-98)$$

$$P_h = L_h - \alpha_b L_h \quad (5-99)$$

$$P_g = L_g - \alpha_{P2G} L_g \quad (5-100)$$

或者写成矩阵形式：

$$\begin{bmatrix} P_e \\ P_h \\ P_g \end{bmatrix} = \begin{bmatrix} 1 & \alpha_b / \eta_b & 1 / \eta_{ac} & \alpha_{P2G} / \eta_{P2G} \\ 0 & 1-\alpha_b & 0 & 0 \\ 0 & 0 & 0 & 1-\alpha_{P2G} \end{bmatrix} \begin{bmatrix} L_e \\ L_h \\ L_c \\ L_g \end{bmatrix} - \begin{bmatrix} P_{PV} + P_{wind} \\ 0 \\ 0 \end{bmatrix} \quad (5-101)$$

这里子场景 1 表示了对电能的依赖情况较低的情况，这代表了新能源发电不是特别充足时的情况；子场景 2 表示了对电能的依赖比例较高的情况，这代表了新能源开发程度较高的情况；子场景 3 表示了电能的占比非常高的情况，这代表了新能源的开发比例非常高的情况，这种情况下当综合能源系统内新能源发电有富余时甚至可以向电网卖电或者进行电转气，然后使用储气罐把气储存起来。

用能侧纯电、冷、热、气负荷数据如表 5-34 所示，这里数据由 5.3.6 节中的负荷预测数据得来，并且把气负荷的单位转化为万千瓦时（1 立方米=9.88 千瓦时），冷、热负荷的单位转化为万千瓦时（1 千瓦时＝3600 千焦）。

表 5－34 用能侧电、冷、热、气负荷数据

年份	电负荷（万千瓦时）	气负荷（万立方米）	热负荷（万千瓦时）	冷负荷（万千瓦时）
2020	33801.78	585.6864	9158.5	12806.2
2021	39920.79	616.3144	10290.4	13574.5
2022	47147.50	673.2232	10907.8	14389.0
2023	55682.43	717.0904	11562.3	15252.4
2024	65762.41	745.3472	12256.0	16167.5
2025	77667.13	793.0676	12991.3	17137.5
2026	91726.93	838.5156	13770.8	18165.8
2027	108331.91	860.8444	14597.1	19255.7
2028	127942.83	912.8132	15472.9	20411.1
2029	151103.84	952.8272	16401.3	21635.8
2030	178457.60	990.964	17385.4	22933.9
2035	410046.22	1188.268	23265.6	30690.8
2040	942172.80	1386.362	29372.2	41071.1

根据三种参数计算出的供能侧需要供给的电、热、气数据如表 5－35、表 5－36 和表 5－37 所示。

表 5－35 子场景 1 供能侧需要供给的电、热、气数据

年份	P_e（万千瓦时）	P_h（万千瓦时）	P_g（万千瓦时）	能效指标
2020	25664.62	8608.99	562.2589	0.89
2021	29110.37	9672.976	591.6618	0.88
2022	33649.79	10253.33	646.2943	0.87
2023	39515.11	10868.56	688.4068	0.86
2024	46944.05	11520.64	715.5333	0.85
2025	56219.85	12211.82	761.3449	0.84
2026	67672.69	12944.55	804.975	0.83
2027	81692.54	13721.27	826.4106	0.83
2028	98745.14	14544.53	876.3007	0.82
2029	119373.3	15417.22	914.7141	0.81
2030	144222	16342.28	951.3254	0.81
2035	363765.7	21869.66	1140.737	0.78
2040	884735.7	27609.87	1330.907	0.77

表 5-36   子场景 2 供能侧需要供给的电、热、气数据

年份	P_e（万千瓦时）	P_h（万千瓦时）	P_g（万千瓦时）	能效指标
2020	13536.26	7784.725	538.8315	0.89
2021	16086.95	8746.84	567.0092	0.88
2022	19686.29	9271.63	619.3653	0.87
2023	24614.04	9827.955	659.7232	0.86
2024	31107.93	10417.6	685.7194	0.85
2025	39453.75	11042.61	729.6222	0.84
2026	49980.48	11705.18	771.4344	0.83
2027	63076.94	12407.54	791.9768	0.82
2028	79212.62	13151.97	839.7881	0.82
2029	98927.86	13941.11	876.601	0.81
2030	122868.5	14777.59	911.6869	0.81
2035	337960	19775.76	1093.206	0.78
2040	854498.3	24966.37	1275.453	0.77

表 5-37   子场景 3 供能侧需要供给的电、热、气数据

年份	P_e（万千瓦时）	P_h（万千瓦时）	P_g（万千瓦时）	能效指标
2020	8578.495	6868.875	468.5491	0.89
2021	10249.65	7717.8	493.0515	0.88
2022	12922.74	8180.85	538.5786	0.87
2023	16925.37	8671.725	573.6723	0.86
2024	22494.98	9192	596.2778	0.85
2025	29924.62	9743.475	634.4541	0.84
2026	39539.18	10328.1	670.8125	0.84
2027	51723.56	10947.83	688.6755	0.83
2028	66958.1	11604.68	730.2506	0.82
2029	85775.12	12300.98	762.2618	0.82
2030	108822.8	13039.05	792.7712	0.81
2035	319547.7	17449.2	950.6141	0.79
2040	840742.5	22029.15	1109.089	0.77

三个子场景的供能侧电负荷、热负荷、气负荷如图 5-38～5-40 所示。

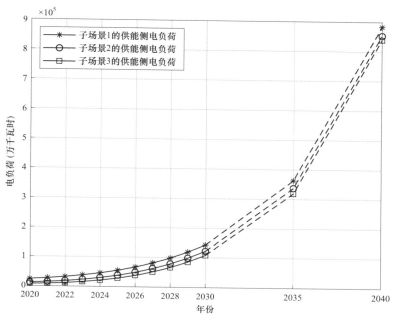

图 5-38　三个子场景的供能侧电负荷图

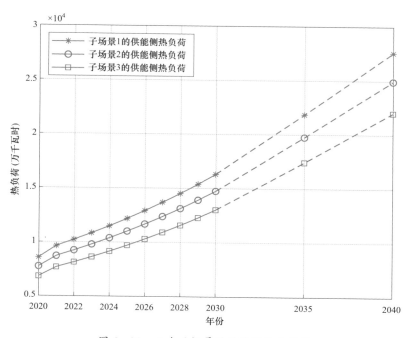

图 5-39　三个子场景的供能侧热负荷图

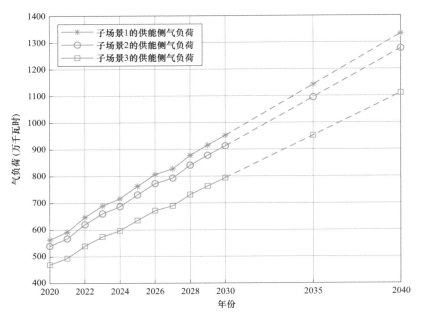

图 5-40 三个子场景的供能侧气负荷图

2. 多能耦合场景 2

图 5-41 所示的场景存在蒸汽热负荷（生产用热负荷），而城市中只有空间加热的热力管网，生产用热负荷全部由 CHP 产生。这个场景也是具有代表性的，比如某综合能源系统中含有需要生产用热的工厂，这个时候工厂会拥有自己的生产用热的供热设备，比如燃煤锅炉、燃气锅炉、电加热、CHP 等，这里我们以 CHP 为代表进行场景模拟。

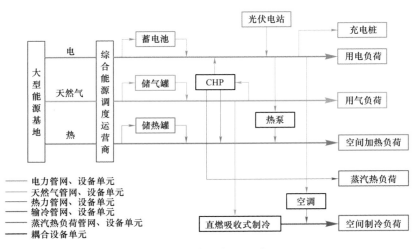

图 5-41 多能耦合场景 2

这个综合能源系统中的参数见表 5-38。这里多能耦合元件的转换系数在 5.4.1 节中调查得到的常见转换系数范围内取值。某种能源转化的占比按照子场景 1、子场景 2、子场景 3 这 3 种假设的不同的子场景取相应的值。这里 CHP 可取抽汽冷凝式蒸汽轮机或者燃气轮机联合循环，参见 5.4.1 节。

表 5-38   多能耦合场景 2 参数表

参数	含义	子场景 1	子场景 2	子场景 3
α_{hp}	热泵制热占比	0.2	0.05	0.1
η_{hp}	热泵制热效率（COP）	3.5	3.5	3.5
α_{ac}	空调制冷占比	0.8	0.8	0.5
η_{ac}	空调效率（COP）	3	3	3
η_{c}	直燃吸收式制冷机的制冷效率	1.3	1.3	1.3
η_{tp}	CHP 总效率	0.68	0.72	0.64
w	CHP 热电比	6	3	1.5
β	CHP 产热中蒸汽热占比	0.9	0.6	0.8

光伏输出有功功率设置：对于子场景 1，2，3，假设光伏输出有功功率随年份增长的表达式均为 $y = 15000 + 4000 \, (year - 2020)$（万千瓦时）。

那么可以计算出供给侧需要供给的电能、热能、天然气分别为：

$$P_e = L_e + \alpha_{hp} L_h / \eta_{hp} + \alpha_{ac} L_c / \eta_{ac} - P_{PV} - L_p / (\beta w) \tag{5-102}$$

$$P_h = L_h - \alpha_{hp} L_h - L_p (1 - \beta) / \beta \tag{5-103}$$

$$P_g = L_g + L_p (1 + w) / (w \eta_{tp} \beta) + (1 - \alpha_{ac}) L_c / \eta_c \tag{5-104}$$

或者写成矩阵形式：

$$
\begin{bmatrix} P_e \\ P_h \\ P_g \end{bmatrix} = \begin{bmatrix} 1 & -1/(\beta w) & \alpha_{hp}/\eta_{hp} & \alpha_{ac}/\eta_{ac} & 0 \\ 0 & (\beta-1)/\beta & 1-\alpha_{hp} & 0 & 0 \\ 0 & (1+w)/(w\eta_{tp}\beta) & 0 & (1-\alpha_{ac})/\eta_c & 1 \end{bmatrix} \begin{bmatrix} L_e \\ L_p \\ L_h \\ L_c \\ L_g \end{bmatrix} - \begin{bmatrix} P_{PV} \\ 0 \\ 0 \end{bmatrix} \tag{5-105}
$$

这里子场景 1 表示了 CHP 主要用于产生蒸汽热负荷（生产用热负荷）的情况；子场景 2 表示了 CHP 除了满足生产用热负荷外还要承担相当一部分空间加热负荷的情况，热泵也承担较大的一部分热负荷减少对热网的依赖；子场景 3 表示了 CHP 除了满足生产用热负荷外还要承担较多的发电任务的情况。

用能侧纯电、冷、热、气负荷数据如表 5-39 所示，这里数据由 5.3.6 节中的负荷预测数据得来，并且把气负荷的单位转化为万千瓦时（1 立方米=9.88 千瓦时），冷热负荷的单位转化为万千瓦时（1 千瓦时=3600 千焦）。蒸汽热负荷也可以根据 5.3 节的计算方法来估计。

表 5-39 纯电、冷、热、气负荷、生产用热负荷数据

年份	电负荷（万千瓦时）	气负荷（万立方米）	热负荷（万千瓦时）	冷负荷（万千瓦时）	生产用热负荷（万千瓦时）
2020	33801.78	585.6864	9158.5	12806.2	9122.2
2021	39920.79	616.3144	10290.4	13574.5	10455.5
2022	47147.50	673.2232	10907.8	14389.0	10465.6
2023	55682.43	717.0904	11562.3	15252.4	11368.4
2024	65762.41	745.3472	12256.0	16167.5	12546.5
2025	77667.13	793.0676	12991.3	17137.5	12946.5
2026	91726.93	838.5156	13770.8	18165.8	13021.8
2027	108331.91	860.8444	14597.1	19255.7	14045.7
2028	127942.83	912.8132	15472.9	20411.1	15876.1
2029	151103.84	952.8272	16401.3	21635.8	16045.8
2030	178457.60	990.964	17385.4	22933.9	17946.9
2035	410046.22	1188.268	23265.6	30690.8	22013.8
2040	942172.80	1386.362	29372.2	41071.1	28854.1

根据三种参数计算出的供能侧需要供给的电、热、气数据如表 5-40、表 5-41 和表 5-42 所示。

表 5-40 子场景 1 供能侧需要供给的电、热、气数据

年份	P_e（万千瓦时）	P_h（万千瓦时）	P_g（万千瓦时）	能效指标
2020	18050.81	6313.222	19945.69	0.86
2021	23292.48	7070.598	22636.21	0.85
2022	29599.8	7563.396	22837.68	0.85
2023	36714.18	7986.684	24735.4	0.84
2024	44882.36	8410.744	27150.27	0.83
2025	54443.2	8954.54	28109.75	0.83
2026	65466.17	9569.773	28456.95	0.82
2027	77875.27	10117.05	30598.83	0.82
2028	91858.02	10614.31	34317.88	0.81
2029	108025.7	11338.17	34869.81	0.81

年份	P_e（万千瓦时）	P_h（万千瓦时）	P_g（万千瓦时）	能效指标
2030	125885.7	11914.22	38731.76	0.80
2035	246925.6	16166.5	47875.23	0.78
2040	364311.2	20291.75	62710.08	0.77

表 5-41　　　　　　子场景 2 供能侧需要供给的电、热、气数据

年份	P_e（万千瓦时）	P_h（万千瓦时）	P_g（万千瓦时）	能效指标
2020	14279.71	2619.108	30710.81	0.85
2021	18979.05	2805.547	34974.76	0.84
2022	25256.17	3385.343	35188.15	0.84
2023	32008.13	3405.252	38151.27	0.83
2024	39710.25	3278.867	41956.42	0.82
2025	49091.43	3710.735	43387.94	0.82
2026	60053.11	4401.06	43823.99	0.82
2027	72047.57	4503.445	47174.19	0.81
2028	85314.85	4115.188	53053.29	0.80
2029	101379.9	4884.035	53805.49	0.80
2030	118493.6	4551.53	59910.92	0.80
2035	237775.2	7426.453	73853.76	0.78
2040	352365.7	8667.523	96760.86	0.77

表 5-42　　　　　　子场景 3 供能侧需要供给的电、热、气数据

年份	P_e（万千瓦时）	P_h（万千瓦时）	P_g（万千瓦时）	能效指标
2020	10595.98	5962.1	35205.81	0.81
2021	14864.3	6647.485	39872.11	0.80
2022	21065.98	7200.62	40275.16	0.80
2023	27490.18	7563.97	43589.91	0.80
2024	34783.45	7893.775	47805.09	0.79
2025	43967.02	8455.545	49527.97	0.79
2026	54816.09	9138.27	50214.03	0.79
2027	66428.95	9625.965	53988.56	0.79
2028	79084.76	9956.585	60443.25	0.78
2029	94993.42	10749.72	61506.71	0.78
2030	111463.3	11160.14	68232.59	0.78
2035	228923.6	15435.59	84651.93	0.77
2040	340663.2	19221.46	111109	0.76

三个子场景的供能侧电负荷、热负荷、气负荷如图 5–42～5–44 所示。

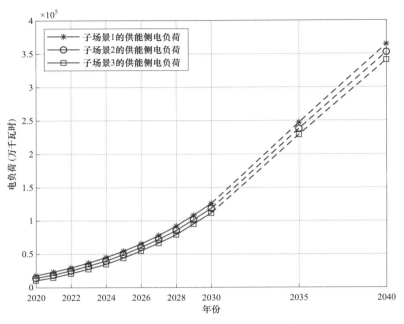

图 5–42　三个子场景的供能侧电负荷图

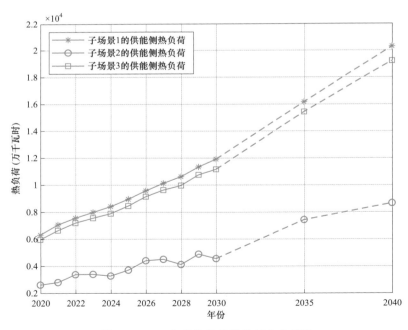

图 5–43　三个子场景的供能侧热负荷图

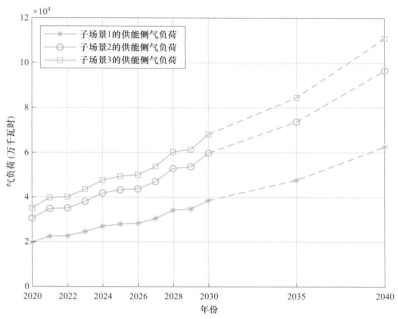

图 5-44 三个子场景的供能侧气负荷图

3. 多能耦合场景 3

图 5-45 所示的场景中没有供热管网，热负荷由 CHP、燃气锅炉和热泵共同满足。这在我国的南方是常见的，我国南方普遍没有供热管网，并且城市大都在规划之初就没有规划过供热网络，并且南方的热力需求远不及北方，所以供热管网很难出现。以杭州为例，由于杭州当前及今后相当长的时间里，冬夏两季的电力缺口都很大，为缓解电力紧张的局面，杭州市政府提倡使用燃气作为空调和加热的能源，并出台了一些优惠政策，因此在今后一段时期里，以燃气为燃料的直燃溴化锂吸收式冷热水机组将有所增加。在一些有市政蒸汽供应点的区域，将会采用蒸汽式溴化锂吸收式冷水机组。

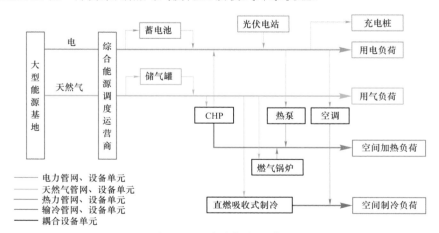

图 5-45 多能耦合场景 3

但由于溴化锂吸收式冷热水机组存在"省电不节能",加之燃气为非清洁能源且为不可再生资源,其价格较之电力不够稳定,受市场供应波动较大,因此溴化锂吸收式冷热水机组的发展也有一定限制,无法成为占主导地位的冷热源方式,当供电缺口得到满足以后,还是将以空调热泵为主要的冷、热来源。

这个综合能源系统中的参数见表 5－43。这里多能耦合元件的转换系数在 5.4.1 节中调查得到的常见转换系数范围内取值。某种能源转化的占比按照子场景 1、子场景 2、子场景 3 这 3 种假设的不同的子场景取相应的值。为方便起见,此处把 CHP 的总效率和热电比换算为气－电转化效率和气－热转化效率。这里 CHP 可取抽汽冷凝式蒸汽轮机或者燃气轮机联合循环,参见 5.4.1 节。

表 5－43　　　　　　　　　多能耦合场景 3 参数表

参数	含义	子场景 1	子场景 2	子场景 3
α_b	燃气锅炉制热占比	0.1	0.5	0.8
α_{CHP}	CHP 制热占比	0.2	0.45	0.1
α_{ac}	空调制冷占比	0.8	0.55	0.4
η_b	燃气锅炉制热(燃烧)效率	0.90	0.90	0.90
η_{ac}	空调效率(COP)	3	3	3
η_{hp}	热泵制热效率(COP)	3.5	3.5	3.5
β_1	CHP 气－电的转化效率	0.2	0.23	0.3
β_2	CHP 气－热的转化效率	0.5	0.47	0.4
η_c	吸收式制冷机的制冷效率	1.3	1.3	1.3

光伏输出有功功率设置:对于子场景 1,2,3,假设光伏输出有功功率随年份增长的表达式均为 $y = 15000 + 3000 \times 1.3^{(year-2020)}$(万千瓦时)。

那么可以计算出供给侧需要供给的电能,天然气分别为:

$$P_e = L_e + \alpha_{ac}L_c / \eta_{ac} + (1-\alpha_{CHP}-\alpha_b)L_h / \eta_{hp} - P_{PV} - L_h\alpha_{CHP}\beta_1 / \beta_2 \qquad (5-106)$$

$$P_g = L_g + L_h\alpha_b / \eta_b + L_h\alpha_{CHP} / \beta_2 + (1-\alpha_{ac})L_c / \eta_c \qquad (5-107)$$

或者写成矩阵形式:

$$\begin{bmatrix} P_e \\ P_g \end{bmatrix} = \begin{bmatrix} 1 & (1-\alpha_{CHP}-\alpha_b)/\eta_{hp}-\alpha_{CHP}\beta_1/\beta_2 & \alpha_{ac}/\eta_{ac} & 0 \\ 0 & \alpha_b/\eta_b + \alpha_{CHP}/\beta_2 & (1-\alpha_{ac})/\eta_c & 1 \end{bmatrix} \begin{bmatrix} L_e \\ L_h \\ L_c \\ L_g \end{bmatrix} - \begin{bmatrix} P_{PV} \\ 0 \end{bmatrix}$$

$$(5-108)$$

这里子场景 1 表示了多能负荷主要通过电能的转化来满足的情况;子场景 2 表示

了多能负荷主要通过气的转化来满足的情况；子场景 3 表示了多能负荷由电和气均衡分担的情况。

用能侧纯电、冷、热、气负荷数据如表 5-44 所示，这里数据由 5.3.6 节中的负荷预测数据得来，并且把气负荷的单位转化为万千瓦时（1 立方米＝9.88 千瓦时），冷、热、负荷的单位转化为万千瓦时（1 千瓦时＝3600 千焦）。

表 5-44　　　　　　　　　　　纯电、冷、热、气负荷数据

年份	电负荷（万千瓦时）	气负荷（万立方米）	热负荷（万千瓦时）	冷负荷（万千瓦时）
2020	33801.78	585.6864	9158.5	12806.2
2021	39920.79	616.3144	10290.4	13574.5
2022	47147.50	673.2232	10907.8	14389.0
2023	55682.43	717.0904	11562.3	15252.4
2024	65762.41	745.3472	12256.0	16167.5
2025	77667.13	793.0676	12991.3	17137.5
2026	91726.93	838.5156	13770.8	18165.8
2027	108331.91	860.8444	14597.1	19255.7
2028	127942.83	912.8132	15472.9	20411.1
2029	151103.84	952.8272	16401.3	21635.8
2030	178457.60	990.964	17385.4	22933.9
2035	410046.22	1188.268	23265.6	30690.8
2040	942172.80	1386.362	29372.2	41071.1

根据三种参数计算出的供能侧需要供给的电、气数据如表 5-45～5-47 所示。

表 5-45　　　　　　　　子场景 1 供能侧需要供给的电、气数据

年份	P_e（万千瓦时）	P_g（万千瓦时）	能效指标
2020	23315.79	7236.882	0.97
2021	25775.5	7964.237	0.95
2022	29293.5	8462.013	0.94
2023	34137.21	8973.233	0.92
2024	40544.46	9496.833	0.91
2025	48796.09	10069.6	0.89
2026	59223.64	10671.66	0.88

续表

年份	P_e（万千瓦时）	P_g（万千瓦时）	能效指标
2027	72218.42	11284	0.87
2028	88242.54	11961.35	0.86
2029	107841.5	12664.3	0.85
2030	131659.6	13405.13	0.84
2035	346022.3	17801.24	0.80
2040	861649.8	22717.45	0.78

表 5－46　　　　　　　子场景 2 供能侧需要供给的电、气数据

年份	P_e（万千瓦时）	P_g（万千瓦时）	能效指标
2020	19263.6	18875.43	0.87
2021	21290.38	20884.58	0.86
2022	24539.27	22157.56	0.85
2023	29097.71	23490.55	0.85
2024	35202.61	24885.15	0.84
2025	43133.74	26381.15	0.83
2026	53221.55	27961.93	0.82
2027	65856.18	29611.73	0.82
2028	81498.58	31388.73	0.81
2029	100692.9	33257.35	0.81
2030	124082	35233.77	0.80
2035	335881.9	47012.91	0.78
2040	848654	60043.49	0.77

表 5－47　　　　　　　子场景 3 供能侧需要供给的电、气数据

年份	P_e（万千瓦时）	P_g（万千瓦时）	能效指标
2020	20084.06	16926.75	0.88
2021	22252.95	18601.09	0.87
2022	25559.6	19737.07	0.87
2023	30179.26	20924.83	0.86
2024	36349.05	22165.49	0.85
2025	44348.96	23498.33	0.84
2026	54509.68	24906.14	0.83
2027	67221.61	26372.57	0.83
2028	82945.93	27955.23	0.82
2029	102227.1	29617.84	0.81
2030	125708.3	31375.88	0.81
2035	338058.1	41850.19	0.79
2040	851285.2	53793.93	0.77

三个子场景的供能侧电负荷、气负荷如图 5－46、5－47 所示。

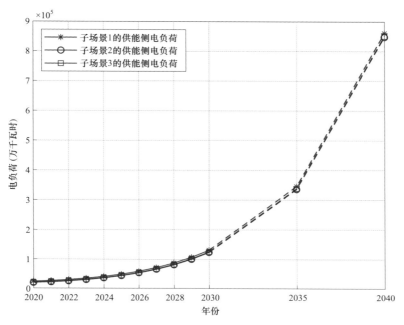

图 5－46　三个子场景的供能侧电负荷图

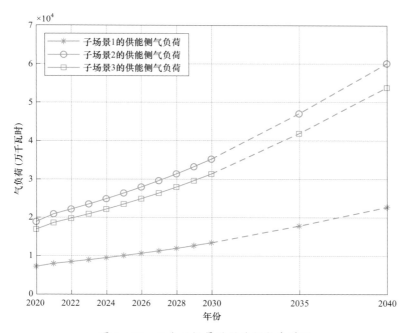

图 5－47　三个子场景的供能侧气负荷图

5.4.6 小结

在多能耦合的重要性越来越凸显并且多能耦合越来越广泛地应用于实际的大背景下，未来将会有越来越多的用户的多能需求会被多能耦合综合供能系统满足，因此提前做好综合能源供给方案的规划非常重要。考虑到用能方的多能耦合情况，需要根据用能侧的电、冷、热、气负荷估计供能侧供应角度计量的电、冷、热、气负荷量，本节正是针对这一点进行了多能耦合的多场景模拟计算。

5.5　总　　结

本章研究了能源互联网环境下的多能流负荷预测的方法，针对当前综合能源系统中的多能流负荷预测进行了研究。本研究报告的第一节介绍了项目的研究背景，并且分析了多能流负荷预测的发展现状。第二节介绍了综合能源系统中各种负荷的分类情况，并对不同负荷的典型分类进行了说明。第三节对多能耦合形式进行了分析，并对综合能源系统的多能耦合方式中的电－热耦合和电－气耦合方式进行了介绍。第四节对电、热、气和冷负荷的预测方法进行了总结，并介绍了综合能源系统用能侧多能负荷预测的方法，最后通过某多能示范区的算例验证了用能侧多能负荷预测方法的可行性。第五节介绍了通过多场景模拟的供能侧多能流负荷预测方法，搭建了三个典型的多能耦合场景，并使用多能示范区算例说明了多场景模拟的供能侧多能流负荷预测方法的可行性。能源互联网环境下多能流负荷预测的结果可为综合能源系统的规划提供数据支持，让电网公司可以合理规划未来的装机容量。而且从算例中可以看出，所提出的方法对各种综合能源区域的负荷都可以很好地进行多能流负荷预测。

虽然本章对能源互联网环境下的多能流负荷预测方法进行了研究，但是相关研究并未考虑多能流负荷之间的相关性，且由于该预测方法的时间尺度是针对中长期负荷预测，因此预测结果无法用于分析电力系统的运行和调度问题。针对计及多能流相关性的多能流负荷预测也值得继续进行研究。

参 考 文 献

［1］ 范明天，谢宁，王承民，张东南，叶小忱. No.6 智能配电网规划与运行协同决策的思路及实践［J］. 供用电，2016，33（11）：36－42＋21.

［2］ 国家发展改革委，国家能源局. 电力发展"十三五"规划（2016—2020 年）. 2017－06－05.

［3］ 范明天，张祖平，苏傲雪，苏剑. 主动配电系统可行技术的研究［J］. 中国电机工程学报，2013，33（22）：12－18＋5.

［4］ 谢宁，范明天，王承民，黄淳驿，张东南，李宏仲. No.4 智能配电网规划的方法和工具［J］. 供用电，2016，33（59）：45－52.

［5］ Shaaban M F，El-Saadany E F.Accommodating high penetrations of PEVs and renewable DG considering uncertainties in distribution systems［J］. IEEE Transactions on Power Systems，2014，29（1）：259－270.

［6］ Silva A，Sumaili J，Silva J，et al.Assessing DER flexibility in a German distribution network for different scenarios and degrees of controllability［J］. 2016.

［7］ Gao Y，Hu X，Yang W，et al.Multi-Objective Bi-level Coordinated Planning of Distributed Generation and Distribution Network Frame Based on Multi-Scenario Technique Considering Timing Characteristics ［J］. IEEE Transactions on Sustainable Energy，2017.

［8］ Amjady N，Attarha A，Dehghan S，et al.Adaptive Robust Expansion Planning for a Distribution Network with DERs［J］. IEEE Transactions on Power Systems，2017.

［9］ Asensio M，de Quevedo P M，Munoz-Delgado G，et al.Joint Distribution Network and Renewable Energy Expansion Planning considering Demand Response and Energy Storage－Part I：Stochastic Programming Model［J］. IEEE Transactions on Smart Grid，2016.

［10］ 沈欣炜，朱守真，郑竞宏，韩英铎，李庆生，农静. 考虑分布式电源及储能配合的主动配电网规划－运行联合优化［J］. 电网技术，2015，39（57）：1913－1920.

［11］ 郑乐，胡伟，陆秋瑜，闵勇，袁飞，高宗和. 储能系统用于提高风电接入的规划和运行综合优化模型［J］. 中国电机工程学报，2014，34（16）：2533－2543.

［12］ 张钦，王锡凡，王建学，等. 电力市场下需求响应研究综述［J］. 电力系统自动化，2008，32（3）：97－106.

［13］ 王梅霖. 电力需求侧管理研究［D］. 北京交通大学，2011.

［14］ WIND L N E T L.Flexibility in 21st Century Power Systems［J］.

［15］ Milligan M，Frew B，Zhou E，et al.Advancing system flexibility for high penetration renewable integration［R］. National Renewable Energy Lab.（NREL），Golden，CO（United States），2015.

［16］ 肖定垚. 含大规模可再生能源的电力系统灵活性评价指标及优化研究［D］. 上海交通大学，2015.

［17］ 肖定垚，王承民，曾平良，孙伟卿，段建民. 电力系统灵活性及其评价综述［J］. 电网技术，2014，38（56）：1569－1576.

［18］ 鲁宗相，李海波，乔颖. 高比例可再生能源并网的电力系统灵活性评价与平衡机理［J］. 中国电机工程学报，2017，37（51）：9－20.

［19］ 施涛，朱凌志，于若英. 电力系统灵活性评价研究综述［J］. 电力系统保护与控制，2016，44（55）：146－154.

［20］ 肖定垚，王承民，曾平良，孙伟卿. 考虑可再生能源电源功率不确定性的电源灵活性评价［J］. 电力自动化设备，2015，35（07）：120－125＋139.

［21］ 李海波，鲁宗相，乔颖，曾平良. 大规模风电并网的电力系统运行灵活性评估［J］. 电网技术，2015，39（56）：1672－1678.

［22］ 吴杰康，曾颖，毛晓明. 含分布式电源配电网运行效率的多指标评价方法［J］. 电力学报，2015，30（52）：93－99＋116.

［23］ Xiao D Y，Wang C M，Zeng P L，et al.Power source flexibility evaluation considering renewable energy generation uncertainty［J］//Electric Power Automation Equipment，2015，35（7）：120－125.

［24］ Zhao J，Zheng T，Litvinov E.A unified framework for defining and measuring flexibility in power system［J］. IEEE Transactions on Power Systems，2016，31（1）：339－347.

［25］ Fei C，Chunyi H，Lei W，et al.Flexibility Evaluation of Distribution Network with High Penetration of Variable Generations［C］. IEEE Conference on Energy Internet and Energy System Integration（EI2），2017：1－6.

［26］ Aalami H A，Moghaddam M P，Yousefi G R.Demand response modeling considering interruptible/curtailable loads and capacity market programs［J］. Applied Energy，2010，87（1）：243－250.

［27］ Moiseeva E，Hesamzadeh M R.Bayesian and Robust Nash Equilibria in Hydro-Dominated Systems under Uncertainty［J］. IEEE Transactions on Sustainable Energy，2017.

［28］ Palensky P，Dietrich D.Demand side management：Demand response，intelligent energy systems，and smart loads［J］. IEEE transactions on industrial informatics，2011，7（3）：381－388.

［29］ Macedo L H，Franco J F，Rider M J，et al.Optimal operation of distribution networks considering energy storage devices［J］．IEEE Transactions on Smart Grid，2015，6（6）：2825 – 2836.

［30］ 伍志婷．配电网规划建设的适应性综合评价［D］．华北电力大学（北京），2016.

［31］ 王璟，杨德昌，李锰，等．配电网大数据技术分析与典型应用案例［J］．电网技术，2015，39（11）：3114 – 3121.

［32］ 郑海雁，金农，季聪，等．电力用户用电数据分析技术及典型场景应用［J］．电网技术，2015，39（11）：3147 – 3152.

［33］ 王相伟，史玉良，张建林，等．基于 Hadoop 的用电信息大数据计算服务及应用［J］．电网技术，2015，39（11）：3128 – 3133.

［34］ 苗新，张东霞，孙德栋．在配电网中应用大数据的机遇与挑战［J］．电网技术，2015，39（11）：3122 – 3127.

［35］ 王继业，季知祥，史梦洁，等．智能配用电大数据需求分析与应用研究［J］．中国电机工程学报，2015，35（8）：1829 – 1836.

［36］ 栾文鹏，余贻鑫，王兵．AMI 数据分析方法［J］．中国电机工程学报，2015，35（1）：29 – 36.

［37］ 李红，牛成英，孙秋碧，林嘉燕．大数据时代数据融合质量的评价模型［J］．统计与决策，2018，34（21）：10 – 14.

［38］ 程永新．大数据时代的数据资产管理方法论与实践［J］．计算机应用与软件，2018（11）：326 – 329.

［39］ 张驰．数据资产价值分析模型与交易体系研究［D］．北京交通大学，2018.

［40］ Prasanna Tambe.Big Data Investment，Skills，and Firm Value［J］．Management Science，2014，60（6）：págs.1452 – 1469.

［41］ Map Reduce 的大数据处理平台与算法研究进展［J］．软件学报，2017，28（3）：514 – 543.

［42］ 李荣胜，赵文峰，徐惠民．基于价值密度和截止期的网格作业调度算法［J］．计算机工程，2011，37（12）：16 – 18.

［43］ HAN T，KAMBER M.Data Mining：Concepts and Techniques［M］．Beijing：Higher Education Press，2001：143 – 177.

［44］ 曲朝阳，陈帅，杨帆，朱莉．基于云计算技术的电力大数据预处理属性约简方法［J］．电力系统自动化，2014，38（58）：67 – 71.

［45］ 李刚，焦谱，文福拴，宋雨，尚金成，何洋．基于偏序约简的智能电网大数据预处理方法［J］．电力系统自动化，2016，40（57）：98 – 106.

［46］ 毛冬，裴旭斌，沈志豪，等．电力大数据属性约简方法的研究［C］//"电子技术应用"智能电网会议．2017．

［47］ 凌武能，杭乃善，李如琦．基于云支持向量机模型的短期风电功率预测［J］.电力自动化设备，2013，33（7）：34－38．

［48］ 张东霞，苗新，刘丽平，张焰，刘科研．智能电网大数据技术发展研究［J］.中国电机工程学报，2015，35（01）：2－12．

［49］ Wu X，Zhu X，Wu G Q，et al.Data Mining with Big Data［J］.IEEE Transactions on Knowledge & Data Engineering，2013，26（1）：97－107．

［50］ Wong P K C，Kalam A，Barr R.A "big data" challenge-turning smart meter voltage quality data into actionable information［C］//International Conference & Exhibition on Electricity Distribution.2013．

［51］ Corrigan D，Zikopoulos P，Parasuraman K，et al.Harness the Power of Big Data The IBM Big Data Platform［J］.Business，2013．

［52］ Kezunovic M，Xie L，Grijalva S.The role of big data in improving power system operation and protection ［C］//Bulk Power System Dynamics & Control-ix Optimization，Security & Control of the Emerging Power Grid，Irep Symposium.2013．

［53］ Tokoro N.Smart Cities and Competitive Advantage：A New Perspective on Competitive Edge［M］//The Smart City and the Co-creation of Value.2016．

［54］ Dewen W，Zhiwei S.Big Data Analysis and Parallel Load Forecasting of Electric Power User Side ［J］.Proceedings of the Csee，2015，35（3）：527－537．

［55］ 张秀东．电力调控大数据集成及管理技术研究与应用［D］.2016．

［56］ 彭小圣，邓迪元，程时杰，et al.面向智能电网应用的电力大数据关键技术［J］.中国电机工程学报，2015，35（3）：503－511．

［57］ 王继业．大数据在电网企业的应用探索［J］.中国电力企业管理，2015（9）：18－21．

［58］ Zhan J，Huang J，Niu L，et al.Study of the key technologies of electric power big data and its application prospects in smart grid［C］//Power & Energy Engineering Conference.2015．

［59］ 张秋雁，程含渺，李红斌，等．数字电能计量系统误差多参量退化评估模型及方法［J］.电网技术，2015，39（11）：3202－3207．

［60］ 史玉良，王相伟，梁波，等．基于 MongoDB 的前置通信平台大数据存储机制［J］.电网技术，2015，39（11）：3176－3181．

［61］ 李子韵，陈楷，龙禹，等．可靠性成本/效益精益化方法在配电网规划中的应用［J］．电力系统自动化，2012，36（11）：97－101．

［62］ Tomoiagă，Bogdan，Chindriş，et al.Pareto Optimal Reconfiguration of Power Distribution Systems Using a Genetic Algorithm Based on NSGA－Ⅱ［J］．Energies，2013，6（3）：1439－1455．

［63］ London Economics，The value of lost load（VoLL）for electricity in Great Britain［R］．Commissioned OFGEM DECC，tech.rep. 2013．

［64］ 宗剑韬．考虑供电区域差异的配电网可靠性成本效益分析与应用研究［D］．华北电力大学（北京），2017．

［65］ 明煦，王主丁，王敬宇，等．基于供电网格优化划分的中压配电网规划［J］．电力系统自动化，2018，42（22）：159－164．

［66］ Gutjahr W J，Katzensteiner S，Reiter P，et al.Multi-objective decision analysis for competence-oriented project portfolio selection［J］．European Journal of Operational Research，2010，205（3）：670－679．

［67］ Deb K，Jain H.An Evolutionary Many-Objective Optimization Algorithm Using Reference-Point-Based Nondominated Sorting Approach，Part I: Solving Problems With Box Constraints［J］．IEEE Transactions on Evolutionary Computation，2014，18（4）：577－601．

［68］ 刘洪，李吉峰，张家安，等．考虑可靠性的中压配电系统供电能力评估［J］．电力系统自动化，2017，41（12）：154－160．

［69］ 刘文霞，刘春雨，高丹丹．配电网建设项目优化模型及求解［J］．电网技术，2011，35（5）：115－120．

［70］ 国家电网公司．Q/GDW 1738—2012，《配电网规划设计技术导则》［S］．北京，2013．

［71］ 付丽伟，王守相，张永武，等．多类型分布式电源在配电网中的优化配置［J］．电网技术，2012，36（1）：79－84．

［72］ Fu Liwei，Wang Shouxiang，Zhang Yongwu.Optimal Selection and Configuration of Multi-Types of Distributed Generators in Distribution Network［J］．Power System Technology，2012，36（1）：79－84．

［73］ 王成山，郑海峰，谢莹华，等．计及分布式发电的配电网随机潮流计算［J］．电力系统自动化，2005（24）：39－44．

［74］ Wang Chengshan，Zheng Haifeng，Xie Chunhua，et al. Probabilistic Power Flow Containing Distributed Generation in Distribution System［J］．Automation of Electric Power Systems，2005（24）：39－44．

［75］ KARAKI S H，CHEDID R B，RAMADAN R. Probabilistic performance assessment of autonomous solar-wind energy conversion systims［J］．IEEE Trans on Energy Conversion，1999，14（3）：766－772．

［76］ 范明天，张祖平，苏傲雪，等．配电网可行技术的研究［J］．中国电机工程学报，2013，36（22）：12 - 18.

［77］ AL KAABI S S，ZEINELDIN H H，KHADKIKAR V.Planning active distribution networks considering multi-DG configurations［J］．IEEE Transactions on Power Systems，2014，29（2）：785 - 793.

［78］ 卫志农，陈妤，黄文进，等．考虑条件风险价值的虚拟电厂多电源容量优化配置模型［J］．电力系统自动化，2018（04）：39 - 46.

［79］ 郑海艳．机组组合基于 Benders 分解与割平面的方法及约束优化 SQP 算法研究［D］．广西大学，2015.

［80］ SINGH H，HAO S，PAPALEXOPOULOS.A transmission congestion management in competitive electricity markets［J］．IEEE Transactions on Power Systems，1998，13（2）：672 - 680.

［81］ 苏海锋，张建华，梁志瑞，等．基于 LCC 和改进粒子群算法的配电网多阶段网架规划优化［J］．中国电机工程学报，2013，33（4）：118 - 125.

［82］ 孟庆海，朱金猛，程林，等．基于可靠性及经济性的配电自动化差异性规划［J］．电力系统保护与控制，2016（16）：156 - 162.

［83］ 邢海军，程浩忠，张沈习，等．配电网规划研究综述［J］．电网技术，2015（10）：2705 - 2711.

［84］ 邢海军，程浩忠，杨镜非，等．考虑多种主动管理策略的配电网扩展规划［J］．电力系统自动化，2016（23）：70 - 76.

［85］ 周玮，孙恺，孙辉，等．基于机会约束规划的配电网最大供电能力双层优化［J］．电力系统保护与控制，2018（54）：70 - 77.

［86］ HAGHIGHAT H，ZENG B.Stochastic and Chance-Constrained Conic Distribution System Expansion Planning Using Bilinear Benders Decomposition［J］．IEEE Transactions on Power Systems，2018，33（3）：2696 - 2705.

［87］ 郑海艳．机组组合基于 Benders 分解与割平面的方法及约束优化 SQP 算法研究［D］．广西大学，2015.

［88］ Clegg S，Mancarella P.Integrated modeling and assessment of the operational impact of power-to-gas（P2G）on electrical and gas transmission networks［J］．IEEE Transactions on Sustainable Energy，2015，6（4）：1234 - 1244.

［89］ FANGER P O.Thermal comfort［M］．New York：McGraw-Hill Company，1970.

［90］ 周来，叶琳浩，杨雄平，et al.有源配电网设备利用率影响因子体系及其价值计算方法［J］．电力自动化设备，2019，39（53）：161 - 168.

［91］ 刘洪，杨卫红，王成山，et al.配电网设备利用率评价标准与提升措施［J］.电网技术，2014，38（2）：419－423.

［92］ 许景峰.浅谈 PMV 方程的适用范围［J］.重庆建筑大学学报，2005，27（3）：13－18.

［93］ 邹云阳，杨莉，冯丽，等.考虑热负荷二维可控性的微网热电协调调度［J］.电力系统自动化，2017，41（6），13－19.

［94］ FU L，JIANG Y.Optimal operation of a CHP plant for space heating as a peak load regulating plant ［J］.Energy，2000，25（3）：283－298.

［95］ Yu Z，Ning L.Parameter selection for a centralized thermostatically controlled appliances load controller used for intra-hour load balancing［J］.IEEE Transactions on Smart Grid，2013，4（4）：2100－2108.

［96］ 顾伟，吴志，王锐.考虑污染气体排放的热电联供型微电网多目标运行优化［J］，电力系统自动化，2012，36（14）：177－185.

［97］ Kang S C.Robust linear optimization using distributional information［D］.Boston：Boston University，2008.

［98］ 韩杏宁，黎嘉明，文劲宇，等.含多风电场的电力系统储能鲁棒优化配置方法［J］.中国电机工程学报，2015，35（9）：2120－2127.

［99］ 《关于发展热电联产的若干规定》，国家能源局，2011－08－17.

［100］ Ioan Sarbu，Calin Sebarchievici.General review of ground-source heat pump systems for heating and cooling of buildings［J］.Energy and Buildings，2014.70：441－454.

［101］ 崔杨，陈志，严干贵，唐耀华.基于含储热热电联产机组与电锅炉的弃风消纳协调调度模型［J］.中国电机工程学报，2016，36（15）：4072－4081.

［102］ 吕泉，姜浩，陈天佑，王海霞，吕阳，李卫东.基于电锅炉的热电厂消纳风电方案及其国民经济评价［J］.电力系统自动化，2014，38（51）：6－12.

［103］ Y.Jiang，C.Wan，C.Chen，M.Shahidehpour and Y.Song，"A Hybrid Stochastic-Interval Operation Strategy for Multi-Energy Microgrids，"in IEEE Transactions on Smart Grid，vol.11，no.1，pp.440－456，Jan.2020.

［104］ 李谦，尹成竹.电转气技术及其在能源互联网的应用［J］.电工技术，2016（10）：109－111.

［105］ 翁一武，闻雪友，翁史烈.燃气轮机技术及发展［J］.自然杂志，2017，39（51）：43－47.

［106］ 区域能源系统中吸收式制冷与电压缩式制冷的对比研究［D］.华南理工大学，2014.

［107］ 白雪亮.城市综合体建筑负荷预测研究［D］.华北电力大学（北京），2018.

［108］ 欧科敏.区域建筑群冷热负荷预测方法研究［D］.湖南大学，2014.

[109] 城市规划用气负荷预测研究 [D]. 哈尔滨工业大学，2014.

[110] 范明天，谢宁，王承民，张东南，叶小忱. No.6 智能配电网规划与运行协同决策的思路及实践[J]. 供用电，2016，33（11）：36－42＋21.

[111] 国家发展改革委，国家能源局. 电力发展"十三五"规划（2016—2020）. 2017－06－05.

[112] 范明天，张祖平，苏傲雪，苏剑. 主动配电系统可行技术的研究 [J]. 中国电机工程学报，2013，33（22）：12－18＋5.

[113] 谢宁，范明天，王承民，黄淳骅，张东南，李宏仲. No.4 智能配电网规划的方法和工具 [J]. 供用电，2016，33（59）：45－52.

[114] Shaaban M F，El-Saadany E F.Accommodating high penetrations of PEVs and renewable DG considering uncertainties in distribution systems [J]. IEEE Transactions on Power Systems，2014，29（1）：259－270.

[115] Silva A，Sumaili J，Silva J，et al. Assessing DER flexibility in a German distribution network for different scenarios and degrees of controllability [J]. 2016.

[116] Gao Y，Hu X，Yang W，et al.Multi-Objective Bi-level Coordinated Planning of Distributed Generation and Distribution Network Frame Based on Multi-Scenario Technique Considering Timing Characteristics [J]. IEEE Transactions on Sustainable Energy，2017.

[117] Amjady N，Attarha A，Dehghan S，et al.Adaptive Robust Expansion Planning for a Distribution Network with DERs [J]. IEEE Transactions on Power Systems，2017.

[118] Asensio M，de Quevedo P M，Munoz-Delgado G，et al.Joint Distribution Network and Renewable Energy Expansion Planning considering Demand Response and Energy Storage-Part I：Stochastic Programming Model [J]. IEEE Transactions on Smart Grid，2016.

[119] 沈欣炜，朱守真，郑竞宏，韩英铎，李庆生，农静. 考虑分布式电源及储能配合的主动配电网规划–运行联合优化 [J]. 电网技术，2015，39（57）：1913－1920.

[120] 郑乐，胡伟，陆秋瑜，闵勇，袁飞，高宗和. 储能系统用于提高风电接入的规划和运行综合优化模型 [J]. 中国电机工程学报，2014，34（16）：2533－2543.

[121] 张钦，王锡凡，王建学，等. 电力市场下需求响应研究综述 [J]. 电力系统自动化，2008，32（3）：97－106.

[122] 王梅霖. 电力需求侧管理研究 [D]. 北京交通大学，2011.

[123] WIND L N E T L.Flexibility in 21st Century Power Systems [J].

［124］ Milligan M，Frew B，Zhou E，et al.Advancing system flexibility for high penetration renewable integration［R］. National Renewable Energy Lab.（NREL），Golden，CO（United States），2015.

［125］ 肖定垚. 含大规模可再生能源的电力系统灵活性评价指标及优化研究［D］. 上海交通大学，2015.

［126］ 肖定垚，王承民，曾平良，孙伟卿，段建民. 电力系统灵活性及其评价综述［J］. 电网技术，2014，38（06）：1569−1576.

［127］ 鲁宗相，李海波，乔颖. 高比例可再生能源并网的电力系统灵活性评价与平衡机理［J］. 中国电机工程学报，2017，37（51）：9−20.

［128］ 施涛，朱凌志，于若英. 电力系统灵活性评价研究综述［J］. 电力系统保护与控制，2016，44（05）：146−154.

［129］ 肖定垚，王承民，曾平良，孙伟卿. 考虑可再生能源电源功率不确定性的电源灵活性评价［J］. 电力自动化设备，2015，35（07）：120−125＋139.

［130］ 李海波，鲁宗相，乔颖，曾平良. 大规模风电并网的电力系统运行灵活性评估［J］. 电网技术，2015，39（06）：1672−1678.

［131］ 吴杰康，曾颖，毛晓明. 含分布式电源配电网运行效率的多指标评价方法［J］. 电力学报，2015，30（02）：93−99＋116.

［132］ Xiao D Y，Wang C M，Zeng P L，et al.Power source flexibility evaluation considering renewable energy generation uncertainty［J］//Electric Power Automation Equipment，2015，35（7）：120−125.

［133］ Zhao J，Zheng T，Litvinov E.A unified framework for defining and measuring flexibility in power system［J］. IEEE Transactions on Power Systems，2016，31（1）：339−347.

［134］ Fei C，Chunyi H，Lei W，et al.Flexibility Evaluation of Distribution Network with High Penetration of Variable Generations［C］. IEEE Conference on Energy Internet and Energy System Integration（EI2），2017：1−6.

［135］ Aalami H A，Moghaddam M P，Yousefi G R.Demand response modeling considering interruptible/curtailable loads and capacity market programs［J］. Applied Energy，2010，87（1）：243−250.

［136］ Moiseeva E，Hesamzadeh M R.Bayesian and Robust Nash Equilibria in Hydro-Dominated Systems under Uncertainty［J］. IEEE Transactions on Sustainable Energy，2017.

［137］ Palensky P，Dietrich D.Demand side management：Demand response，intelligent energy systems，and smart loads［J］. IEEE transactions on industrial informatics，2011，7（3）：381−388.

［138］ Macedo L H，Franco J F，Rider M J，et al.Optimal operation of distribution networks considering energy storage devices ［J］. IEEE Transactions on Smart Grid，2015，6（6）：2825 – 2836.

［139］ 伍志婷. 配电网规划建设的适应性综合评价 ［D］. 华北电力大学（北京），2016.

［140］ 王璟，杨德昌，李锰，等. 配电网大数据技术分析与典型应用案例 ［J］. 电网技术，2015，39（11）：3114 – 3121.

［141］ 郑海雁，金农，季聪，等. 电力用户用电数据分析技术及典型场景应用 ［J］. 电网技术，2015，39（11）：3147 – 3152.

［142］ 王相伟，史玉良，张建林，等. 基于 Hadoop 的用电信息大数据计算服务及应用 ［J］. 电网技术，2015，39（11）：3128 – 3133.

［143］ 苗新，张东霞，孙德栋. 在配电网中应用大数据的机遇与挑战 ［J］. 电网技术，2015，39（11）：3122 – 3127.

［144］ 王继业，季知祥，史梦洁，等. 智能配用电大数据需求分析与应用研究 ［J］. 中国电机工程学报，2015，35（8）：1829 – 1836.

［145］ 栾文鹏，余贻鑫，王兵. AMI 数据分析方法 ［J］. 中国电机工程学报，2015，35（1）：29 – 36.

［146］ 李红，牛成英，孙秋碧，林嘉燕. 大数据时代数据融合质量的评价模型 ［J］. 统计与决策，2018，34（21）：10 – 14.

［147］ 程永新. 大数据时代的数据资产管理方法论与实践 ［J］. 计算机应用与软件，2018（11）：326 – 329.

［148］ 张驰. 数据资产价值分析模型与交易体系研究 ［D］. 北京交通大学，2018.

［149］ Prasanna Tambe.Big Data Investment，Skills，and Firm Value ［J］. Management Science，2014，60（6）：págs.1452 – 1469.

［150］ MapReduce 的大数据处理平台与算法研究进展 ［J］. 软件学报，2017，28（3）：514 – 543.

［151］ 李荣胜，赵文峰，徐惠民. 基于价值密度和截止期的网格作业调度算法 ［J］. 计算机工程，2011，37（12）：16 – 18.

［152］ HAN T，KAMBER M.Data Mining：Concepts and Techniques ［M］. Beijing：Higher Education Press，2001：143 – 177.

［153］ 曲朝阳，陈帅，杨帆，朱莉. 基于云计算技术的电力大数据预处理属性约简方法 ［J］. 电力系统自动化，2014，38（58）：67 – 71.

［154］ 李刚，焦谱，文福拴，宋雨，尚金成，何洋. 基于偏序约简的智能电网大数据预处理方法 ［J］. 电力系统自动化，2016，40（57）：98 – 106.

［155］ 毛冬，裴旭斌，沈志豪，等. 电力大数据属性约简方法的研究［C］//"电子技术应用"智能电网会议. 2017.

［156］ 凌武能，杭乃善，李如琦. 基于云支持向量机模型的短期风电功率预测［J］. 电力自动化设备，2013，33（7）：34-38.

［157］ 张东霞，苗新，刘丽平，张焰，刘科研. 智能电网大数据技术发展研究［J］. 中国电机工程学报，2015，35（51）：2-12.

［158］ Wu X，Zhu X，Wu G Q，et al.Data Mining with Big Data［J］. IEEE Transactions on Knowledge & Data Engineering，2013，26（1）：97-107.

［159］ Wong P K C，Kalam A，Barr R.A "big data" challenge-turning smart meter voltage quality data into actionable information［C］//International Conference & Exhibition on Electricity Distribution. 2013.

［160］ Corrigan D，Zikopoulos P，Parasuraman K，et al.Harness the Power of Big Data The IBM Big Data Platform［J］. Business，2013.

［161］ Kezunovic M，Xie L，Grijalva S.The role of big data in improving power system operation and protection［C］//Bulk Power System Dynamics & Control-ix Optimization，Security & Control of the Emerging Power Grid，Irep Symposium.2013.

［162］ Tokoro N.Smart Cities and Competitive Advantage：A New　Perspective on Competitive Edge［M］// The Smart City and the Co-creation of Value.2016.

［163］ Dewen W，Zhiwei S.Big Data Analysis and Parallel Load Forecasting of Electric Power User Side ［J］. Proceedings of the Csee，2015，35（3）：527-537.

［164］ 张秀东. 电力调控大数据集成及管理技术研究与应用［D］. 2016.

［165］ 彭小圣，邓迪元，程时杰，et al.面向智能电网应用的电力大数据关键技术［J］. 中国电机工程学报，2015，35（3）：503-511.

［166］ 王继业. 大数据在电网企业的应用探索［J］. 中国电力企业管理，2015（9）：18-21.

［167］ Zhan J，Huang J，Niu L，et al.Study of the key technologies of electric power big data and its application prospects in smart grid［C］//Power & Energy Engineering Conference.2015.

［168］ 张秋雁，程含渺，李红斌，等. 数字电能计量系统误差多参量退化评估模型及方法［J］. 电网技术，2015，39（11）：3202-3207.

[169]　史玉良，王相伟，梁波，等. 基于 MongoDB 的前置通信平台大数据存储机制 [J]. 电网技术，2015，39（11）：3176-3181.

[170]　李子韵，陈楷，龙禹，等. 可靠性成本/效益精益化方法在配电网规划中的应用 [J]. 电力系统自动化，2012，36（11）：97-101.

[171]　Tomoiagă，Bogdan，Chindriş，et al.Pareto Optimal Reconfiguration of Power Distribution Systems Using a Genetic Algorithm Based on NSGA-Ⅱ [J]. Energies，2013，6（3）：1439-1455.

[172]　London Economics，The value of lost load（VoLL）for electricity in Great Britain [R]. Commissioned OFGEM DECC，tech.rep.，2013.

[173]　宗剑韬. 考虑供电区域差异的配电网可靠性成本效益分析与应用研究 [D]. 华北电力大学（北京），2017.

[174]　明煦，王主丁，王敬宇，等. 基于供电网格优化划分的中压配电网规划 [J]. 电力系统自动化，2018，42（22）：159-164.

[175]　Gutjahr W J，Katzensteiner S，Reiter P，et al.Multi-objective decision analysis for competence-oriented project portfolio selection [J]. European Journal of Operational Research，2010，205（3）：670-679.

[176]　Deb K，Jain H.An Evolutionary Many-Objective Optimization Algorithm Using Reference-Point-Based Nondominated Sorting Approach，Part I: Solving Problems With Box Constraints[J]. IEEE Transactions on Evolutionary Computation，2014，18（4）：577-601.

[177]　刘洪，李吉峰，张家安，等. 考虑可靠性的中压配电系统供电能力评估 [J]. 电力系统自动化，2017，41（12）：154-160.

[178]　刘文霞，刘春雨，高丹丹. 配电网建设项目优化模型及求解[J]. 电网技术，2011，35（5）：115-120.

[179]　国家电网公司. Q/GDW 1738—2012，《配电网规划设计技术导则》[S]. 北京，2013.

[180]　付丽伟，王守相，张永武，等. 多类型分布式电源在配电网中的优化配置 [J]. 电网技术，2012，36（1）：79-84.

[181]　Fu Liwei，Wang Shouxiang，Zhang Yongwu.Optimal Selection and Configuration of Multi-Types of Distributed Generators in Distribution Network[J]. Power System Technology，2012，36（1）：79-84.

[182]　王成山，郑海峰，谢莹华，等. 计及分布式发电的配电网随机潮流计算 [J]. 电力系统自动化，2005（24）：39-44.

[183]　Wang Chengshan，Zheng Haifeng，Xie Chunhua，et al.Probabilistic Power Flow Containing Distributed Generation in Distribution System [J]. Automation of Electric Power Systems，2005（24）：39-44.

［184］ KARAKI S H，CHEDID R B，RAMADAN R. Probabilistic performance assessment of autonomous solar-wind energy conversion systems［J］. IEEE Trans on Energy Conversion，1999，14（3）：766－772.

［185］ 范明天，张祖平，苏傲雪，等. 配电网可行技术的研究［J］. 中国电机工程学报，2013，36（22）：12－18.

［186］ AL KAABI S S，ZEINELDIN H H，KHADKIKAR V.Planning active distribution networks considering multi-DG configurations［J］. IEEE Transactions on Power Systems，2014，29（2）：785－793.

［187］ 卫志农，陈妤，黄文进，等. 考虑条件风险价值的虚拟电厂多电源容量优化配置模型［J］. 电力系统自动化，2018（54）：39－46.

［188］ 郑海艳. 机组组合基于 Benders 分解与割平面的方法及约束优化 SQP 算法研究［D］. 广西大学，2015.

［189］ SINGH H，HAO S，PAPALEXOPOULOS.A transmission congestion management in competitive electricity markets［J］. IEEE Transactions on Power Systems，1998，13（2）：672－680.

［190］ 苏海锋，张建华，梁志瑞，等. 基于 LCC 和改进粒子群算法的配电网多阶段网架规划优化［J］. 中国电机工程学报，2013，33（4）：118－125.

［191］ 孟庆海，朱金猛，程林，等. 基于可靠性及经济性的配电自动化差异性规划［J］. 电力系统保护与控制，2016（16）：156－162.

［192］ 邢海军，程浩忠，张沈习，等. 配电网规划研究综述［J］. 电网技术，2015（10）：2705－2711.

［193］ 邢海军，程浩忠，杨镜非，等. 考虑多种主动管理策略的配电网扩展规划［J］. 电力系统自动化，2016（23）：70－76.

［194］ 周玮，孙恺，孙辉，等. 基于机会约束规划的配电网最大供电能力双层优化［J］. 电力系统保护与控制，2018（54）：70－77.

［195］ HAGHIGHAT H，ZENG B.Stochastic and Chance-Constrained Conic Distribution System Expansion Planning Using Bilinear Benders Decomposition［J］. IEEE Transactions on Power Systems，2018，33（3）：2696－2705.

［196］ 郑海艳. 机组组合基于 Benders 分解与割平面的方法及约束优化 SQP 算法研究［D］. 广西大学，2015.

［197］ Clegg S，Mancarella P.Integrated modeling and assessment of the operational impact of power-to-gas（P2G）on electrical and gas transmission networks［J］. IEEE Transactions on Sustainable Energy，2015，

6（4）：1234－1244.

[198]　FANGER P O.Thermal comfort ［M］. New York：McGraw-Hill Company，1970.

[199]　周来，叶琳浩，杨雄平，et al.有源配电网设备利用率影响因子体系及其价值计算方法［J］. 电力
自动化设备，2019，39（53）：161－168.

[200]　刘洪，杨卫红，王成山，et al.配电网设备利用率评价标准与提升措施［J］. 电网技术，2014，38
（2）：419－423.

[201]　许景峰. 浅谈 PMV 方程的适用范围［J］. 重庆建筑大学学报，2005，27（3）：13－18.

[202]　邹云阳，杨莉，冯丽，等. 考虑热负荷二维可控性的微网热电协调调度［J］. 电力系统自动化，
2017，41（6），13－19.

[203]　FU L，JIANG Y.Optimal operation of a CHP plant for space heating as a peak load regulating plant
［J］. Energy，2000，25（3）：283－298.

[204]　Yu Z，Ning L.Parameter selection for a centralized thermostatically controlled appliances load controller
used for intra-hour load balancing ［J］. IEEE Transactions on Smart Grid，2013，4（4）：2100—2108.

[205]　顾伟，吴志，王锐. 考虑污染气体排放的热电联供型微电网多目标运行优化［J］. 电力系统自动
化，2012，36（14）：177－185.

[206]　Kang S C.Robust linear optimization using distributional information ［D］. Boston：Boston University，
2008.

[207]　韩杏宁，黎嘉明，文劲宇，等. 含多风电场的电力系统储能鲁棒优化配置方法［J］. 中国电机工
程学报，2015，35（9）：2120－2127.

[208]　《关于发展热电联产的若干规定》，国家能源局，2011－08－17.

[209]　Ioan Sarbu，Calin Sebarchievici.General review of ground-source heat pump systems for heating and
cooling of buildings ［J］. Energy and Buildings，2014.70：441－454.

[210]　崔杨，陈志，严干贵，唐耀华.基于含储热热电联产机组与电锅炉的弃风消纳协调调度模型［J］.中
国电机工程学报，2016，36（15）：4072－4081.

[211]　吕泉，姜浩，陈天佑，王海霞，吕阳，李卫东. 基于电锅炉的热电厂消纳风电方案及其国民经济
评价［J］. 电力系统自动化，2014，38（51）：6－12.

[212]　Y.Jiang，C.Wan，C.Chen，M.Shahidehpour and Y.Song，"A Hybrid Stochastic-Interval Operation
Strategy for Multi-Energy Microgrids,"in IEEE Transactions on Smart Grid，vol.11，no.1，pp.440－456，
Jan.2020.

[213]　李谦，尹成竹. 电转气技术及其在能源互联网的应用［J］. 电工技术，2016（10）：109－111.

［214］ 翁一武，闻雪友，翁史烈．燃气轮机技术及发展［J］．自然杂志，2017，39（51）：43 – 47.

［215］ 区域能源系统中吸收式制冷与电压缩式制冷的对比研究［D］．华南理工大学，2014.

［216］ 白雪亮．城市综合体建筑负荷预测研究［D］．华北电力大学（北京），2018.

［217］ 欧科敏．区域建筑群冷热负荷预测方法研究［D］．湖南大学，2014.

［218］ 城市规划用气负荷预测研究［D］．哈尔滨工业大学，2014.